CHEMISCHE TECHNOLOGIE

IN EINZELDARSTELLUNGEN

HERAUSGEBER: PROF. DR. A. BINZ, FRANKFURT A. M.

ALLGEMEINE CHEMISCHE TECHNOLOGIE

FILTERN UND PRESSEN

ZUM

TRENNEN VON FLÜSSIGKEITEN UND FESTEN STOFFEN

VON

F. A. BÜHLER †
INGENIEUR

ZWEITE AUFLAGE

BEARBEITET VON

PROF. DR. ERNST JÄNECKE

MIT 339 FIGUREN IM TEXT

SPRINGER-VERLAG BERLIN HEIDELBERG GMBH
1921

Ursprünglich erschienen bei Otto Spamer, Leipzig 1912
ISBN 978-3-662-33599-4 ISBN 978-3-662-33997-8 (eBook)
DOI 10.1007/978-3-662-33997-8

Vorwort.

Das Sondern fester Stoffe von Flüssigkeiten ist eine häufig und regelmäßig wiederkehrende Aufgabe der chemischen Fabrikpraxis. Diejenigen Einrichtungen beschreibend und bildlich darzustellen, welche zurzeit die für diese Zwecke gebräuchlichsten sind, ist Gegenstand dieser Abhandlung unter Verzicht auf eine geschichtliche Ableitung des Dargestellten. Eine solche ist in einer Geschichte der Technologie wohl zweckdienlicher unterzubringen.

Bei der überaus großen Mannigfaltigkeit der technischen Hilfsmittel zum Sondern fester Stoffe von Flüssigkeiten, dem schnellen Wechsel der von dem jeweiligen Stand der Technik beeinflußten Einrichtungen hierfür, sowie auch angesichts der in den einzelnen Ländern verschiedenartig ausgebildeten Apparate und Maschinen für gleiche Zwecke, ist es naturgemäß nicht möglich, einen erschöpfenden Überblick über das zu behandelnde Gebiet zu geben. Im allgemeinen war der Standpunkt hier maßgebend, daß die Beschreibung und Darstellung der zur Zeit in der deutschen chemischen Fabrikpraxis gebräuchlichen Einrichtungen Hauptinhalt dieser Abhandlung sei. Demzufolge war neben den eigenen Erfahrungen in chemischen Fabrikbetrieben, denjenigen befreundeter Fabrikleiter, den in der Literatur enthaltenen, als solche durch die Praxis erhärteten und erkenntlichen Erfahrungstatsachen das Material zu berücksichtigen, wie es in den technischen Unterlagen der Lieferanten von Einrichtungen zum Sondern fester Stoffe von Flüssigkeiten niedergelegt ist.

Daneben ist noch die Patentliteratur herangezogen, welche einigermaßen auf die Richtlinien Ausblick gewähren kann, in denen sich der technische Ausbau der vorhandenen Einrichtungen fernerhin vollziehen kann.

Um nicht die falsche Meinung wachzurufen, als ob die Bedeutung der geschichtlichen Seite der Entwicklung der chemischen Technologie unterschätzt würde, sei diese hiermit ausdrücklich auch für die Praxis der chemischen Fabrikbetriebe anerkannt. Die Kenntnis des geschichtlich registrierten Tatsachenmaterials gewährt nicht nur das klare Verständnis des zur Zeit Bestehenden, eröffnet nicht nur Ausblicke auf das Kommende, sondern bewahrt den im Drange intensiver praktischer Arbeit stehenden Chemiker oder Ingenieur bei der Lösung neuer Fragen vor Zeit und Geld raubenden Rückfällen in die Anwendung schon veralteter Arbeitsarten und Geräte. Ein jeder Praktiker weiß, daß solche Tatsachen gar nicht selten zu verzeichnen sind. Eine ausführliche geschichtliche Darstellung würde indessen den Rahmen dieser Erörterungen so weit überschreiten, daß sie besser einer besonderen Bearbeitung zu überlassen ist. Ein Gleiches gilt, wenn auch aus andern Gründen, für die Beschreibung der in den Patentschriften niedergelegten Erfindungen auf den hier in Frage kommenden Gebieten.

Zur Gliederung des Stoffes sei vorweg die Bemerkung gestattet, daß es sich bei der mechanischen Trennung von Flüssigkeiten und festen Stoffen strenggenommen nur um einen einzigen Vorgang handelt: nämlich um das Filtern.

Die Unterteilung in Filtern und Schleudern oder Zentrifugieren wird nur aus äußerlichen Gründen vorgenommen, da die Zentrifuge eigentlich ein rotierendes Druckfilter ist. Die Ausbildung dieses speziellen Filters ist eine so mannigfaltige und von den übrigen Arten von Filtern verschiedene, daß es zulässig erscheint, das Zentrifugieren besonders zu behandeln.

Bei der überaus großen Mannigfaltigkeit der Eigenschaften der zu trennenden Stoffgemische, der hierbei zu erfüllenden Arbeitsbedingungen, sowie der bei ein und demselben Stoffgemisch zuweilen wechselnden Trennungsfähigkeit erscheint ein Versuch, die für den Bau der Filter und Zentrifugen für jeden einzelnen Fall maßgebenden Größen rechnerisch von vornherein festzulegen, aussichtslos.

Man ist bisher für die Beurteilung der Eignung einer bestimmten Einrichtung für einen bestimmten Fall auf die Erfahrung oder den Versuch angewiesen. Nur diejenigen Größen lassen sich rechnerisch insoweit ermitteln, als sie Bauglieder von Filtern oder Zentrifugen betreffen, die auf ihre mechanische Beanspruchung zu untersuchen sind.

Vorwort zur zweiten Auflage.

In der zweiten Auflage des vorliegenden Buches, deren Bearbeitung ich auf Wunsch des Herausgebers übernommen habe, ist versucht worden, dasjenige hinzuzufügen, was an Neuem auf diesem Gebiete entstanden ist. Außerdem sind verschiedene Kapitel umgearbeitet worden. Bei der wohlwollenden Aufnahme, die das Buch allgemein gefunden hatte, war es nicht notwendig, wesentliche Änderungen einzuführen. Einige Kapitel sind neu hinzugekommen, so: Das Wesen des Filtrierens, Permutitfilter, Membranfilter. Eine größere Änderung erfuhr auch das einleitende Kapitel über Filterpressen sowie besonders der Abschnitt über Patente. Diese wurden nicht wieder chronologisch gebracht, sondern nach ihrem Inhalt geordnet. Es wird so leichter sein, sich über die Neuerung auf diesem Gebiete, soweit es Patente betrifft, zu unterrichten.

Hannover, Technische Hochschule.

Ernst Jänecke.

Inhalt.

Die Einrichtungen zum Trennen fester Körper von Flüssigkeiten.

I. Teil: Die Filter.

Das Wesen des Filtrierens. Allgemeines.

Durch das Filtrieren wird beabsichtigt, feste und flüssige Stoffe voneinander zu trennen. Die in der Praxis gebräuchlichen Filter können in mehrfacher Art wirken. Meistens dadurch, daß sie die festen Teilchen zurückhalten, ähnlich wie Sandkörner auf einem Siebe zurückgehalten werden. Bei dieser Siebwirkung können natürlich nur Teilchen zurückgehalten werden, die größer als die Poren des Filters sind. In der chemischen Praxis sind diese Siebfilter die bei weitem wichtigsten. Eine andere Art von Filtern sind die sog. Adsorptionsfilter, deren Wirkung darauf beruht, daß sie die kleinen Teilchen auf der Oberfläche der als Filtermaterial verwendeten Stoffe verdichtet. Es sind dies meistens pulverige oder faserige Stoffe, z. B. Papierbrei oder Asbest, aber auch andere Stoffe, wie Knochenkohle, Fasertonerde, Kieselgur usw. werden als Material für Adsorptionsfilter und damit zur Reinigung von Flüssigkeiten benutzt. Durch solche Adsorptionsfilter werden feste Teilchen zurückgehalten, die mikroskopisch nicht mehr festgestellt werden können, sog. Kolloide. Als Adsorptionsfilter wirken manchmal auch bestimmte Teile in Kiesfiltern, wie sie zur Wasserreinigung und Entkeimung großer Betriebe benutzt werden. Die Bedeutung der Adsorptionsfilter tritt gegenüber den Siebfiltern in der chemischen Praxis zurück.

Bei vielen chemischen Verfahren ist es nicht nötig und auch nicht wünschenswert, die allerfeinsten Stoffe zurückzuhalten. Die Siebe können in diesem Falle ziemlich große Porenöffnungen besitzen. Sie werden vielfach als Nutschen ausgebaut, wie sie beispielsweise in der Kaliindustrie im großen Umfange Verwendung finden. Feste Stoffe geringer Größe werden zurückbehalten bei Benutzung von Filtertüchern als solchen oder in Filterpressen. In vielen Fällen werden durch Filter auch feste Körper zurückbehalten, die eine erheblich geringere Größe als die Porenweite der Filter besitzen. Es geschieht dieses dann, wenn sich aus der Lösung Stoffe gleichmäßig absetzen, die alsdann ihrerseits als Filter wirken. Dieses ist z. B. der Fall bei den Kiesfiltern, wie sie für die Wasserreinigung großer Städte benutzt werden. Die eigentlich filtrierende Schicht ist die aus dem Wasser sich bildende Haut, deren sorgfältige Behandlung deswegen auch von besonderer Bedeutung ist. Durch diesen Absatz eines feinen Schlammes werden Siebe erzeugt von derartiger Siebfeinheit, daß Bakterien zurückgehalten werden. Auch die sog. Berkefeldfilter und solche, die ähnlich gebaut sind, können infolge der Kleinheit der Poren Bakterien zurückhalten. Für diese Filter ist es von Wichtigkeit, daß sie von großer Gleichmäßigkeit sind, und daß sich nicht Stellen in ihnen finden von zu großer Porenweite. Neuerdings sind für äußerst feine Filtration von ultramikroskopischen Stoffen die sog. Membranfilter eingeführt. Ihre äußerst gleichmäßige geringe Porenweite erlaubt es, mit Sicherheit kolloidale Lösungen klar zu filtrieren und auch vor allem Bakterien zurückzuhalten Für solche Zwecke werden diese Filter gewiß auch noch große technische Verwendung finden.

Eine besondere Art von Filtern sind die sog. Permutitfilter, die als Siebfilter wirken und außerdem eine chemische Reaktion veranlassen, obwohl rein äußerlich dem Filtermaterial beim Filtrieren keine Veränderung angesehen werden kann. Auch diese Filterart ist in dem Buche behandelt worden.

Die Anwendung der Filter ist eine so verschiedenartige, daß die Gebiete, auf denen sie benützt werden, sich meist nicht scharf gegeneinander abgrenzen lassen. Es ist deshalb wohl zuzulassen, daß hier auch solche Filter besprochen werden, deren hauptsächliche Verwendung nicht auf dem eigentlichen Gebiete der chemischen Technologie liegt, sondern Zwecken allgemeiner Art dient. Hierfür kommen im wesentlichen die Klärfilter für Frischwasser und Abwasser in Betracht, deren ausgedehnteste Anwendung für die Klärung städtischer Frisch- und Abwässer erfolgt. An diesem Beispiel sei gleich erwiesen, warum die Behandlung solcher Filter mit Recht hier erfolgt. Abgesehen von der Beschaffung geklärten, reinen Wassers für Genußzwecke, ist es auch eine recht häufig wiederkehrende Aufgabe, industrielle Gebrauchswässer in genügender Reinheit zu beschaffen oder sie in geklärtem Zustande zu entlassen. Dieser Fall trifft hauptsächlich zu für Brauereien und sonstige Erwerbsstätten der Gärungschemie, sodann für Färbereien, Papierfabriken, die zuweilen beträchtliche chemische Einrichtungen für die Vorbehandlung der Rohstoffe aufweisen. Im einzelnen kommt nahezu jede Art chemischer Fabrikation hierbei in Betracht. Der wesentliche Teil eines Filters ist die Filterschicht, durch welche die Trennung der Flüssigkeit von den festen Körpern erfolgt. Diese Schicht kann aus losen, einzelnen Filterkörperchen bestehen, welche so enge Kanäle zwischen sich bilden, daß wohl die Flüssigkeit hindurchfließen kann, nicht aber hierbei die festen Körper mitzunehmen imstande ist.

Die Filterschicht kann aus durchlässigen, festen Filterkörpern bestehen, die eine durch Bindemittel erzielte unbewegliche Häufung von Filterkörpern, in bestimmten Formen angeordnet, darstellen, oder die aus sonst undurchlässigen indifferenten Massen bestehen, denen zwecks Erzielung der Filterfähigkeit durch die nachfolgende Einwirkung wie Feuer, Nässe usw. wieder entfernbare Teilchen beigemischt sind, die durch ihr Verschwinden die Filterkanäle erzeugen.

Eine andere Art die Filterkörper in der Filterschicht festzustellen erfolgt in der Form eines gewebten Tuches.

Die Einrichtungen zum Filtern lassen sich auch nach anderen Merkmalen unterscheiden, beispielsweise nach der Art der Beeinflussung des Filtervorganges. Wenn die Flüssigkeit, lediglich dem Gesetz der Schwerkraft folgend, die Filterschicht durchsinkt, kann man von offenen Filtern sprechen, da sowohl der Raum vor als hinter dem Filter mit der Atmosphäre in Verbindung steht beziehungsweise stehen kann. Wird die Durchflußgeschwindigkeit durch Anwendung eines geeigneten Mittels wie Unterdruck auf der Abflußseite des Filters oder Überdruck auf der Zuflußseite künstlich gesteigert, so kann von geschlossenen Filtern gesprochen werden.

Eine scharfe Trennung der Filtereinrichtungen kann man nach keinem der beiden Gesichtspunkte erzielen.

Um eine gewisse Übersicht zu haben, möge die Reihenfolge der Beschreibungen, nach der Art der Filterschicht geordnet, festgestellt sein.

A. Filter mit loser Filterschicht.

1. Offene Filter.

a) Grubenfilter ohne Flüssigkeitsregelung.

Die einfachste Form von Filtereinrichtungen wird durch die offenen Filter ohne Flüssigkeitsregelung dargestellt.

Der Boden einer Grube wird mit einer Filterschicht bedeckt, wobei besondere Einrichtungen vorhanden sein können behufs Bildung einer Zwischenschicht.

Das Filtermaterial besteht aus Sand und Kies. Unmittelbar über den Abflußkanälen des filtrierten Wassers befinden sich grobe Steine, darauf folgt ein grober Kies von 6 bis 3 cm Durchmesser, dann Mittelkies von 3 bis 2 cm, dann Feinkies von 2 bis 1 cm, darauf grober Sand von 4 bis 5 mm Durchmesser. Jede dieser „Tragschichten" erhält eine Stärke von ungefähr 10 cm. Auf den Grobsand folgt zuletzt eine 60 bis 120 cm starke Schicht Sand mit einem Durchmseser von 1 bis $^1/_2$ mm. Die Kiese und Sande müssen durch Waschen von Tonteilchen befreit sein.

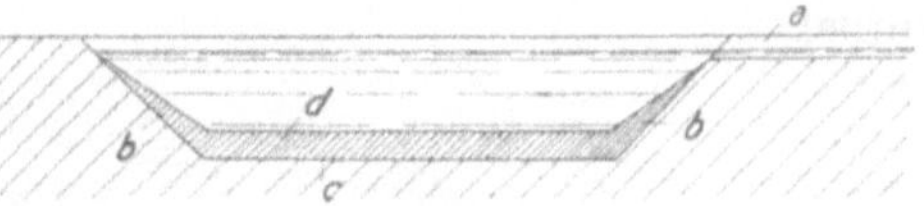

Fig. 1.

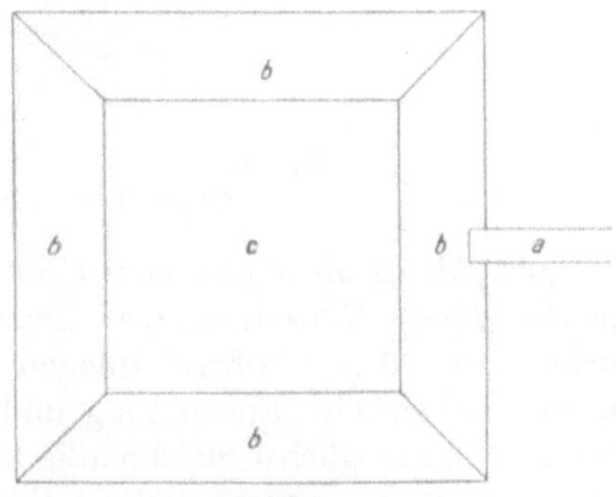

Fig. 2.
Einfachstes Grubenfilter.

Wenn der Untergrund und das Gelände es gestatten, können die Wände und der Boden der

Grube selbst als Filterschicht dienen, vorausgesetzt, daß der Untergrund genügend durchlässig ist. Das von den festen Bestandteilen getrennte Filtrat wandert durch die umschließenden Wände in den Untergrund und versickert. In den Fig. 1 und 2 ist eine solche Filtergrube dargestellt. Das Gemenge fließt, falls es dünnflüssig genug ist, durch eine Rinne *a* in die Grube (oder wird in sonst irgendeiner geeigneten Weise hineingebracht), die festen Stoffe sinken an den Wänden *b*, *b* nieder und bedecken den Boden *c*. Das Filtrat entweicht in den durchlässigen Untergrund. Diese einfachste Art der Filtration wird zuweilen zur Klärung von Abwässern angewendet und bedingt meistens einen erheblichen Aufwand an Grundfläche. Die Wirkung der Filtergruben läßt mit der zunehmenden Durchsetzung des Untergrundes mit eingeschwemmten Fremdkörpern allmählich nach und hört schließlich ganz auf.

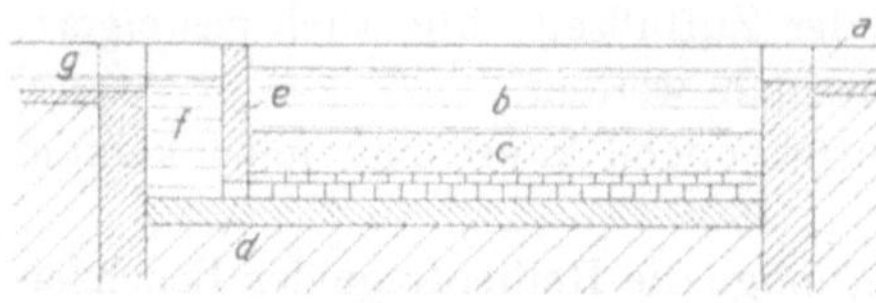

Fig. 3. Grubenfilter mit wasserdichten Wänden und Boden.

Um diesen Übelstand zu vermeiden, verzichtet man meistens auf die Mitwirkung der Wände und nützt nur die Bodenfläche selbst aus. Diese wird mit einem geeigneten Filtermaterial bedeckt, welches erneuert oder gereinigt werden kann, falls die Filterwirkung nachläßt. Wände und Boden der Filtergrube können nunmehr wasserdicht hergestellt werden. In vielen Fällen ist dies eine Vorbedingung ihrer Anlegung. In der einfachsten Form zeigt sich die Anordnung einer solchen Filtergrube gemäß Fig. 3.

Das Gemenge tritt bei *a* in die Filtergrube *b* ein: Die Flüssigkeit durchsinkt die Filterschicht *c* und steigt durch die Öffnungen *d* der Trennwand *e* in den Schacht *f*, um alsdann bei *g* abzufließen.

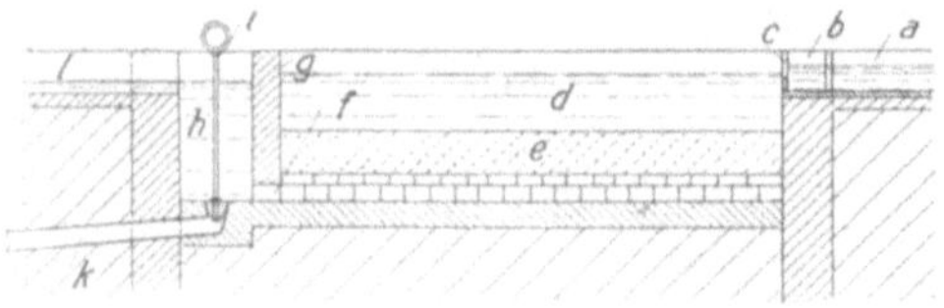

Fig. 4. 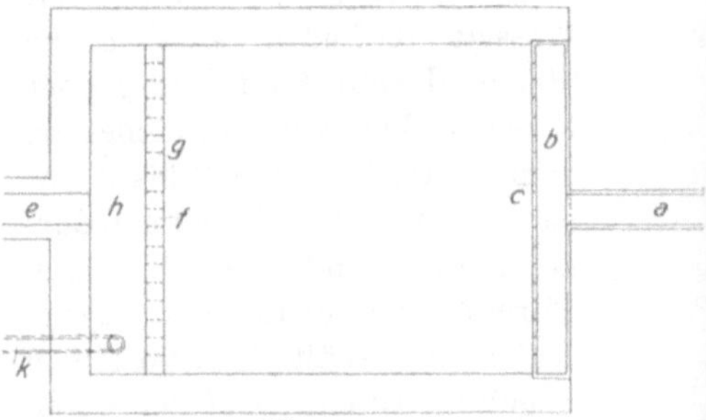 Fig. 5.
Grubenfilter mit Verteilungsrinne.

Bei Filtergruben kleineren Umfangs ist eine besondere Einrichtung zur gleichmäßigen Verteilung des Gemenges über die Filterschicht meistens nicht notwendig. Größere Anlagen zeigen aber fast immer eine mehr oder minder verwickelte Einrichtung und Formgebung, um die ganze Menge der Filterschicht möglichst gleichmäßig zu beanspruchen. Man hat in den meisten Fällen damit zu rechnen, daß die Filtergruben nicht allein als Filter, sondern auch als Sinkgruben wirken, d. h., daß die in der Flüssigkeit schwebenden festen Stoffe infolge Geschwindigkeits- oder Richtungsänderung selbsttätig sich absetzen. Dieses Absetzen erfolgt in der Nähe des Eintritts am schnellsten bzw. da, wo die größten Geschwindigkeitsunterschiede sich zeigen. In der Nähe dieser Stellen wird die Filterschicht naturgemäß durch Überlagerung mit Sinkstoffen am schnellsten unwirksam.

In Fig. 4 und 5 ist eine, für gewerbliche Zwecke oft gewählte, einfache Ausführung dargestellt.

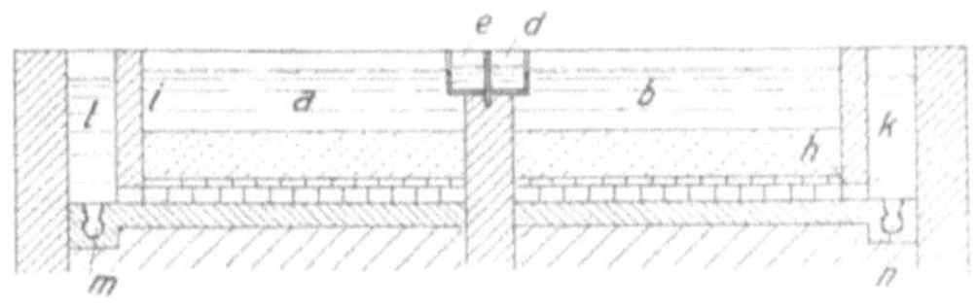

Das Gemenge tritt bei *a* in eine Verteilungsrinne *b* ein, welche durch eine Anzahl nach der Durchflußgeschwindigkeit abgestufte Öffnungen *c* mit dem Becken *d* verbunden ist. Die Flüssigkeit durchdringt die Filterschicht *e*, sammelt sich über dem Boden der Grube und strömt, durch die Öffnungen unter der trennenden Wand *g* hinweg in den Raum *h*, um bei *l* abzufließen. Zur Spülung und Entleerung der Filtergrube dient eine Abflußleitung *k*, die durch das Absperrorgan *i* geöffnet werden kann.

Eine größere Filterfläche läßt sich durch Unterteilung in einzelne Gruben gleichmäßig beschicken.

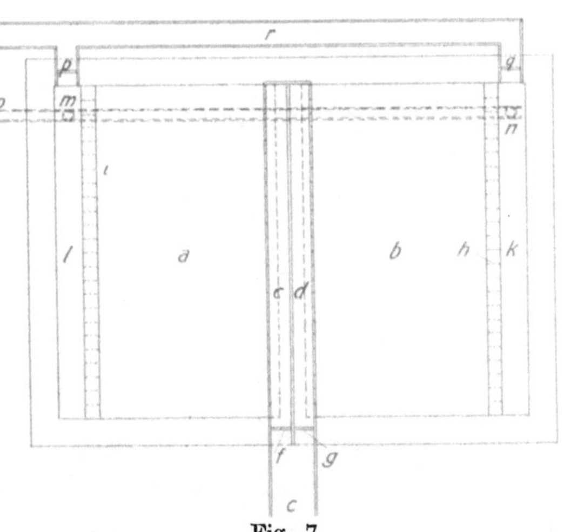

Fig. 7.
Doppelte Filtergrube.

Eine doppelte Filtergrubenanlage besteht, wie Fig. 6 und 7 zeigt, aus den Filtergruben *a* und *b*, denen das Gemenge durch einen Zulauf *c* zufließt. Dieser teilt sich in zwei Rinnen *d* und *e*, welche durch Schützen *f* und *g* jeweils abgesperrt werden können.

Die weitere Einrichtung entspricht derjenigen der einfachen Klärgruben. Das Gemenge fließt in die Gruben *a* und *b*, durchsinkt die Filterschicht, fließt unter der Wand *h* bzw. *i* in die Räume *k* und *l*, in denen sie aufsteigt, um durch die Abflüsse *p* und *q* in die Abflußleitung *r* zu gelangen.

Die Entleerung erfolgt durch die Leitungen *m* und *n*, die sich in *o* vereinigen.

Eine Vereinigung mehrerer Filtergruben zeigt Fig. 8, zu der nach dem Vorstehenden nichts Weiteres zu bemerken ist.

b) Grubenfilter mit Flüssigkeitsregelung.

In größtem Umfange macht man von der Anlage von Filtergruben für die Klärung städtischer Frischwässer sowie für die Reinigung städtischer und gewerblicher Abwässer Gebrauch.

Der Gehalt von festen Teilen in dem hier als Verdünnungsmittel dienenden Wasser ist sehr verschieden, bei Frischwasser naturgemäß viel geringer als bei Abwässern.

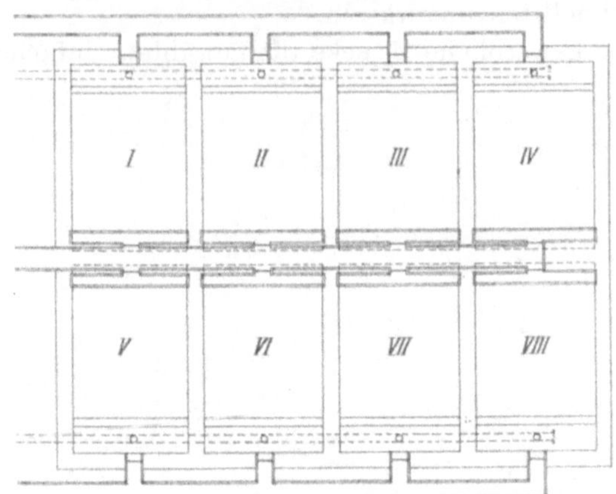

Fig. 8. Vereinigung mehrerer Filtergruben.

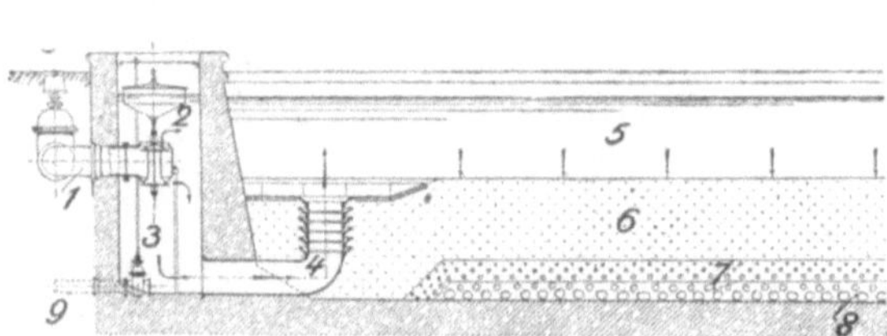

Fig. 9. Regelung des Zuflusses eines Filters durch ein Schwimmerventil.

Es ist in den meisten Fällen von Wichtigkeit, die Filtrationsgeschwindigkeit durch Regelung der zufließenden Wassermenge zu beherrschen. In dem idealen Fall, daß der Zufluß gleichmäßig erfolgt, genügt ein gewöhnlicher Regulierschieber vor dem Eintritt in jede Filterkammer. Man kann das regelnde Organ auch vor die Ablaufleitung setzen.

Bei der in Fig. 9 angegebenen Regelung ist in die Rohwasserleitung 1 mit Schieber ein Schwimmerventil *2* eingebaut, welches den Zulauf in Abhängigkeit vom Stand des Wasserspiegels in der Grube regelt. Das Wasser sinkt in dem Schacht *3* nach unten und gelangt durch die Leitung *4* in die Grube. Der aufsteigende Teil der Leitung *4* besteht aus abnehmbaren Ringen, welche die Höhe der Filterschicht bzw. des Rohwasseraustritts in den Rohwasserraum *5* zu regeln gestatten. Das Wasser durchsinkt die Filterschicht *6*, die aus Sand bestehen kann, durchdringt den Kies *7* und fließt in den Zwischenräumen der Steinfüllung *8* ab. Durch die Rohrleitung *9* kann die Filtergrube entleert werden.

Eine Regelung der Filtergeschwindigkeit durch Beeinflussung der Ablaufmenge zeigt Fig. 10.

In die Abflußleitung *a* ist ein Schieber *b* eingebaut, welcher das geklärte Wasser in den Schacht *c* entläßt. Hierbei ist nicht erkenntlich, welcher Filterdruck *H* in der Kammer herrscht, ebensowenig läßt sich erkennen, welche Filtergeschwindigkeit in der Abzugsleitung *d* vorhanden ist.

Einen Fortschritt stellt die Anordnung gemäß Fig. 11 dar, da das geklärte Wasser durch die Leitung *a* erst in dem Schacht *b* hochsteigt, ehe es zum Regulierschieber *c* gelangt. Der Filterdruck ergibt sich unmittelbar durch den Vergleich der beiden Höhen der Flüssigkeitsspiegel. Die Filtergeschwindigkeit ist wieder nicht erkenntlich.

Beide Größen sind in der Ausführung der Fig. 12 kontrollierbar. Das Rohwasser tritt aus dem Rohr *a* und dem Schacht *b* nach Passieren des Regulierschiebers *c* in eine Zwischenkammer *d*, deren Abschlußwand *e* als

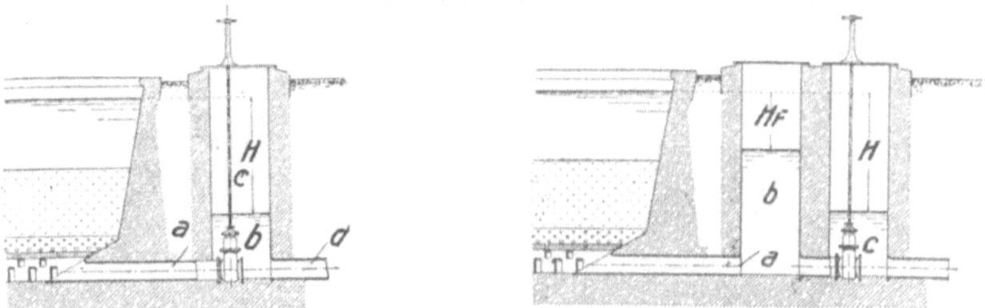

Fig. 10. **Fig. 11.**
Regelung des Filtrierens durch die Abflußgeschwindigkeit.

Überfallwehr ausgebildet ist. Der unmittelbare Augenschein läßt die Filtergeschwindigkeit erkennen.

Eine Regelung der Abflußgeschwindigkeit gleichzeitig mit der Kontrolle der Filtergeschwindigkeit ist in einfacher Weise erreicht, wenn man das Überfallwehr verstellbar einrichtet nach der Anordnung der Fig. 13.

Das Rohwasser tritt durch die Leitung *a* in die Kammer *b*, an deren

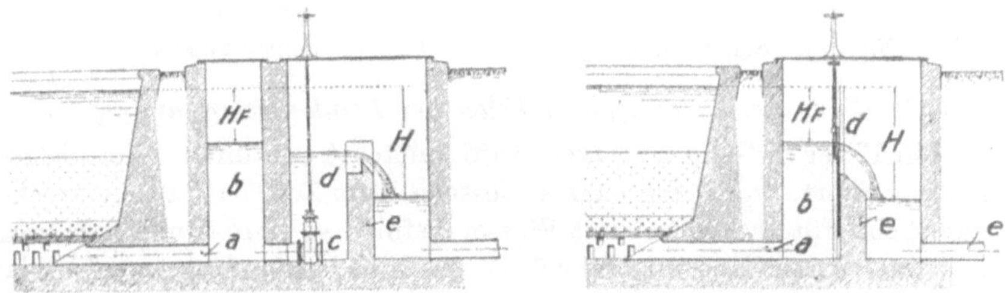

Fig. 12. Fig. 13.
Regelung der Abflußgeschwindigkeit mit gleichzeitiger Kontrolle.

Trennwand *c* die verstellbare Schütze *d* angeordnet ist. Das geklärte Wasser fließt über den Überfall hinweg und bei *e* ab.

Die vorerwähnten Reglerarten bedingen, daß die Regelung periodisch und von Hand erfolgt.

Aus verschiedenen Gründen ist es zuweilen erwünscht, die Filtergeschwindigkeit selbsttätig zu regeln. Eine der verschiedenen möglichen Lösungen ist in Fig. 14 angegeben nach einem Vorschlag von *Lindley*.

Das Filtrat fließt aus dem Rohwasserbecken *a* nach Passieren der Filterschicht *b*, *c* und der Sohlenräume *d* durch die Leitung *e* in den Schacht *f*. In diesem ist eine bewegliche Rundschütze in Form eines beweglichen Rohres *g* aufgestellt, das sich in seiner Führung *h* der Ablaufleitung *k* mit geringer Reibung bewegt. Das Schützenrohr *g* wird durch einen großen Schwimmer *i* so beeinflußt, daß die Filtergeschwindigkeit und der Filterdruck möglichst unverändert bleibt. Zur Kontrolle des Filterdrucks dienen zwei Zeigervorrichtungen, von denen der eine Zeiger *m* durch eine Schwimmervorrichtung den Stand des Rohwassers auf einer Skala *n* anzeigt, die auf dem Schwimmer *i* des Schützenrohres *g* sitzt. Ein zweiter Zeiger *o* gibt die Überlaufhöhe über dem Rande des Schützenrohres auf einer Skala *p* an, die auch auf dem Schwimmer *i* sitzt.

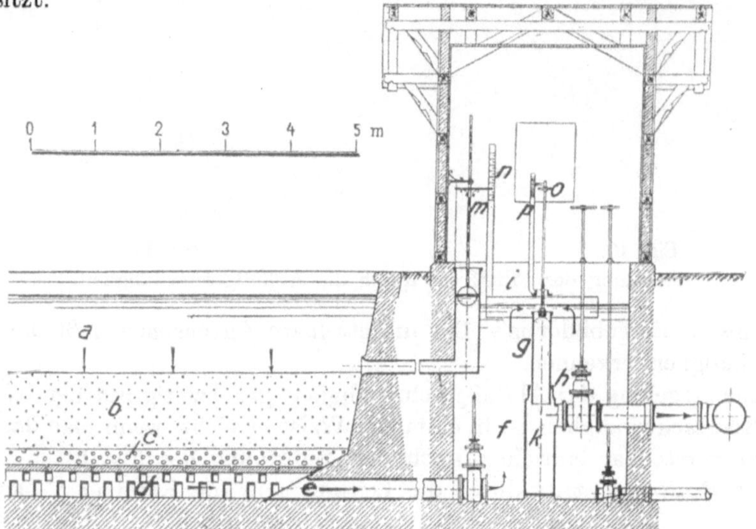

Fig. 14. Selbsttätige Regelung der Filtriergeschwindigkeit.

c) *Wirkungsweise der offenen Filter bei Trinkwasserreinigung.*

Um ein Filter in Gang zu setzen, wird zunächst von unten reines Wasser langsam zugeführt, wobei die eingeschlossene Luft Zeit hat, zu entweichen. Sind sämtliche Filterschichten mit Wasser gefüllt, so wird Rohwasser zugelassen, so daß es den Sand ungefähr 60 cm hoch bedeckt. Das einen Tag lang über dem Sande ruhig stehende Wasser läßt die in ihm enthaltenen feinen Teilchen größtenteils ausfallen. Sie lagern sich als eine sehr dünne, etwas schleimige Schicht, die sog. „Filterhaut", oben auf dem Feinsand auf. Durch Regelung des Abflusses des geklärten Wassers und Zuflusses des Rohwassers wird erreicht, daß sich an den ersten Tagen der Wasserspiegel um höchstens 60 mm, später um 100 mm in der Stunde senkt.

Im Laufe der Zeit wird die Filterhaut immer stärker und undurchlässiger. Deswegen muß der Druck vergrößert, also die Wassersäule erhöht werden. Der Wasserstand soll aber höchstens 1,2 m hoch werden, da sonst an dünnen Stellen die Filterhaut durchbrochen werden kann, so daß das Wasser in das Loch eindringen und das Filter ungereinigt verlassen kann.

Bei richtigem Arbeiten sind die Filter soweit bakteriendicht, daß durchschnittlich von 1000 Bakterien 999 zurückbehalten werden.

d) *Vorfilter.*

Die häufige Reinigung, die bei manchen Sandfiltern nötig war, hat dazu geführt, in einzelnen Fällen Vorfilter einzuführen, die häufiger und leichter gereinigt werden können als die Hauptfilter. Zu diesem Zwecke werden Filtertücher gebraucht, wie z. B. in Remscheid, wodurch ein großer Teil des Planktons zurückgehalten wird, und damit ein wesentliche Entlastung der Hauptfilter eintritt.

In anderen Fällen werden als Vorfilter Sandfilter nach *Puech-Chabal* benutzt, die mit einer ausgiebigen wiederholten Lüftung verbunden sind. Diese erlauben eine recht bequeme Entfernung des Schlammes. Eine solche Anlage arbeitet seit 1909, wo sie in Magdeburg eingeführt wurde, ausgezeichnet. Die Fig. 15 zeigt schematisch die Anordnung der Filter. Auch die in einem späteren Abschnitt behandelten Trommelfilter werden als Vorfilter benutzt.

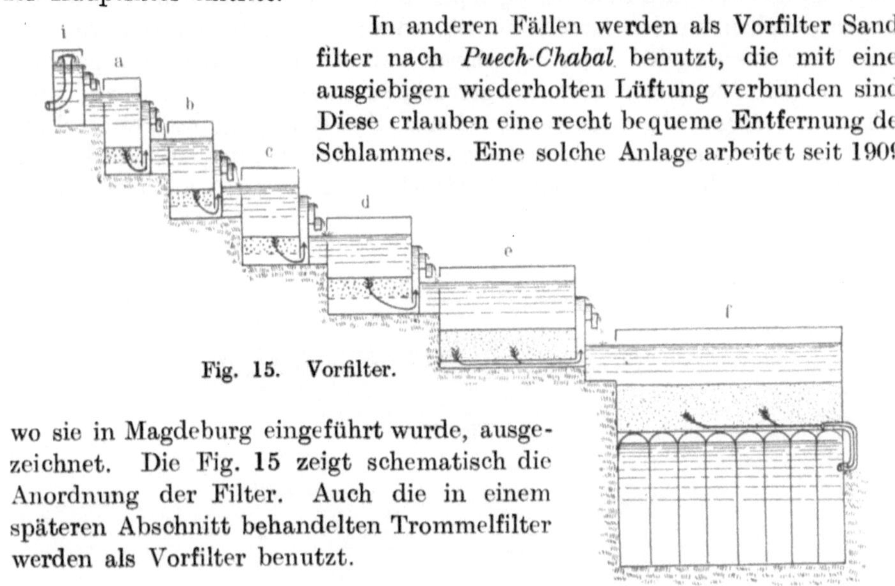

Fig. 15. Vorfilter.

e) *Einrichtungen für Sandreinigung.*

Da mit der Zeit die Filterschicht durch die eintretende Verschlammung an Wirksamkeit einbüßt, muß sie von den Fremdkörpern befreit werden. Bei kleineren Filtern erfolgt die Reinigung durch Handarbeit. Der Sand wird, nach Abheben der Deckschicht, auf Haufen gefahren und mit Wasser durchgearbeitet. Bei größeren Anlagen ist ohne maschinelle Einrichtung nicht mehr auszukommen.

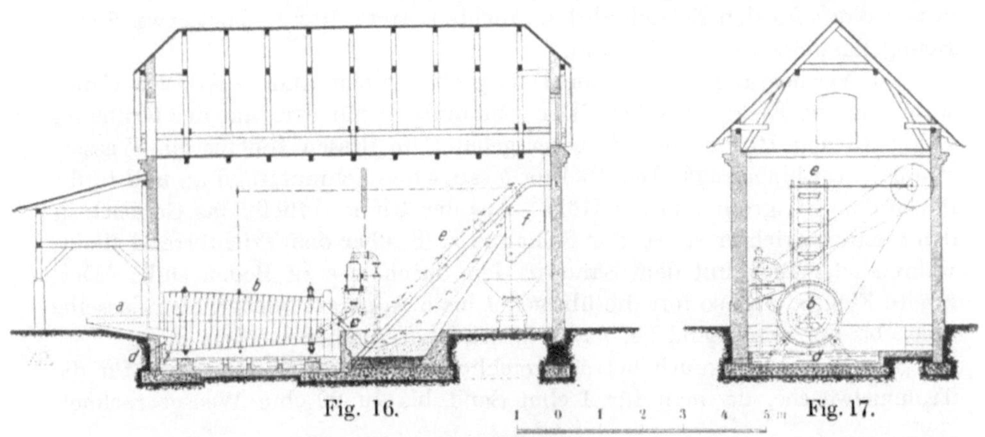

Fig. 16. Fig. 17.

Sandreinigung.

Eine solche ist in den Fig. 16 und 17 angegeben. Der Sand wird durch einen Sandeinwurf *a*, der nötigenfalls mit einem Sieb ausgestattet sein kann, in eine konische Trommel *b* geworfen. Diese erhält eine mäßige Umdrehungsgeschwindigkeit, 6 bis 8 Umdrehungen per Minute, und ist innen mit Schraubengängen versehen, um den Sand in aufsteigender Richtung am engeren Trommelende bei *c* auszuwerfen. Das Waschwasser fließt dem Sande entgegen und bei *d* ab. Ein Elevator *e* hebt den gereinigten Sand in einen Silo *f*, von wo er in Transportwagen abgezogen werden kann. Zur Bewegung der Trommel und des Elevators kann man jede beliebige Antriebsart benützen. Falls das zum Reinigen dienende Wasser einen Überdruck von 2 bis 2,5 Atm. besitzt, ist es

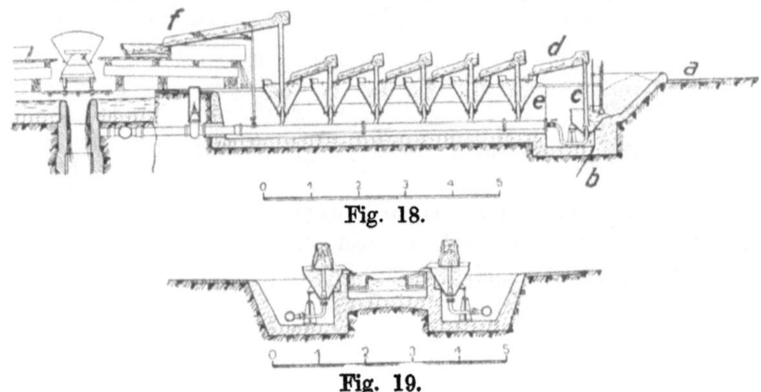

Fig. 18.

Fig. 19.
Sandreinigung mit Wasserstrahlejektor.

zuweilen das einfachste und billigste, hiermit einen Wassermotor zu betreiben, dessen Kraft für den Betrieb alsdann nichts kostet. Man rechnet etwa 8 cbm Reinigungswasser auf 1 cbm Sand.

Die Vermeidung beweglicher Teile gestattet eine andere Art von Sandwäschern: die Ejektorwäscher. Der schmutzige Sand wird aus der Grube *a*, s. Fig. 18 und 19, in einen Trichter geleitet, in dessen Inneres ein Wasserstrahlejektor hineinragt. Der Ejektor *b* saugt den Schmutzsand an und treibt ihn in dem Steigrohr *c* in die Höhe. Aus der Rinne *d* fließt das Gemisch in den zweiten Trichter *e*, wo der Schlamm z. T. über den Trichterrand fließt, während der Rest mit dem Sand in dem Trichter *e* zu Boden sinkt. Der zweite Ejektor und so fort die übrigen 4 bis 5 Apparate wiederholen dasselbe Spiel, bis der reine Sand bei *f* ausfällt und entnommen werden kann.

Der Wasserverbrauch beträgt reichlich das Doppelte desjenigen für die Trommelwäsche, da man für 1 cbm Sand bis zu 20 cbm Wasser rechnet.

f) Säurefeste Filtriereinrichtung.

Ein für viele chemische Zwecke verwendetes offenes Filter, welches gegen Säuren widerstandsfähig ist, wird in Form von Filtrierzylindern mit säurefester Filterschicht verwendet.

Fig. 20 zeigt die Einrichtung dieses Filters, welche wohl keiner längeren

Erörterung bedarf und die Bauart der *Deutschen Ton und Steinzeugwerke* repräsentiert.

Für die Behandlung geringerer Flüssigkeitsmengen dienen solche und ähnliche Filter mit gutem Nutzen.

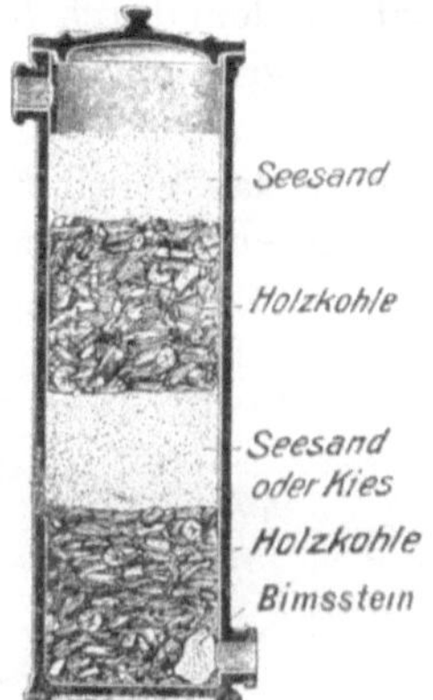

Fig. 20. Säurefeste Filtriereinrichtung.

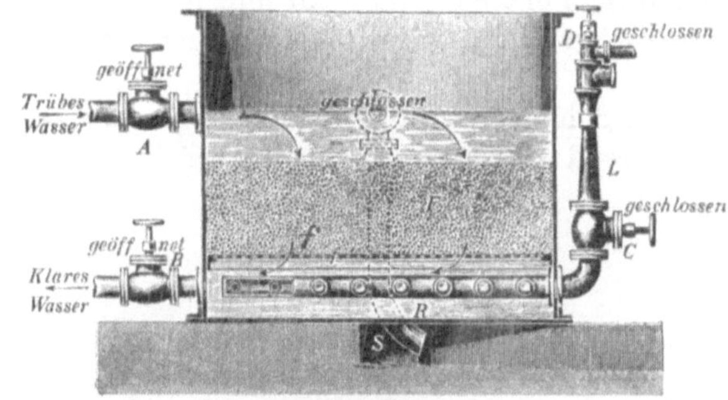

Fig. 21.

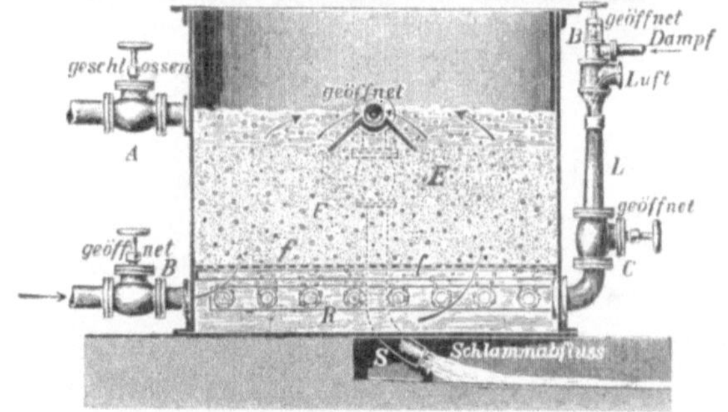

Fig. 22.
Auswaschbare Filter mit Injektor.

g) Auswaschbares Filter von Reisert.

Ein Filter, welches sowohl in offener als auch geschlossener Bauart ausgeführt wird, bei dem jedoch die Reinigung der Filterschicht in anderer Weise, wie bisher beschrieben, bewirkt wird, ist das *Reisert*sche Filter, das als Typus einer großen Zahl ähnlicher Konstruktionen dienen kann.

Beim Auswaschen mittels einfacher Rückströmung des Waschwassers wühlt sich der Wasserstrom am durchlässigsten Punkt der Filterschicht einen Kanal, durch den ein zuweilen beträchtlicher Teil des Filtermaterials verschlammt bleibt. Es erscheint demgemäß rationell, die ganze Filtermasse aufzulockern, so daß jedes einzelne Korn von dem reinigenden Wasserstrom umspült wird. Bei der Verwendung von Luft als Auflockerungsmittel läßt sich das Filter gemäß Fig. 21 und 22 ausführen, und zwar sowohl in offener als auch geschlossener Bauart.

In dem zylindrischen oder prismatischen Filterbehälter liegt das Filtermaterial auf einem Siebboden f aus gelochtem Blech und Drahtgeflecht. Das trübe Wasser strömt durch das Ventil A ein, durchdringt die Filterschicht — meistens feiner gleichmäßiger Perlkies — und fließt, geklärt, bei B ab. Läßt die Filterleistung merklich nach, so muß das Filter ausgewaschen werden. Das Ventil A wird geschlossen, dagegen das Schlammabflußventil geöffnet.

Nachdem noch Ventil *C* geöffnet worden ist, läßt man durch das Dampfventil *D* Dampf in den Injektor *L* eintreten. Dieser saugt Luft an und drückt sie in das Rohrsystem *R*.

Aus diesem strömt sie durch eine große Zahl feiner Bohrungen aus und dann durch *f* in die Filterschicht hinein, wühlt sie auf und gibt so dem durch *B* eintretenden Reinigungswasser Gelegenheit, die Filtermasse gründlich zu reinigen.

Der Schlamm wird hierdurch losgerissen und fließt durch das Ventil *E* ab, während die Luft nach oben entweicht. Nach wenigen Minuten stellt man

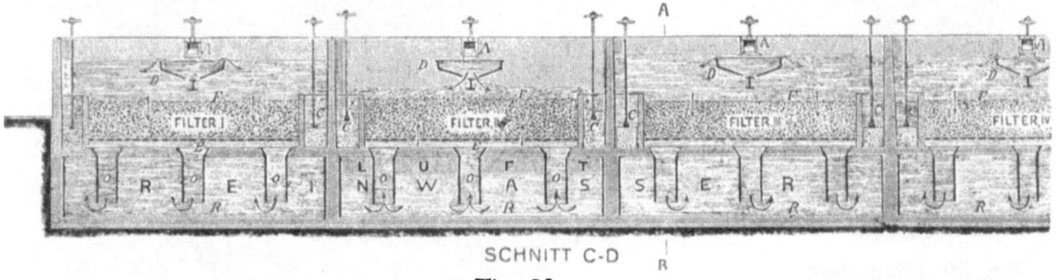

Fig. 23.

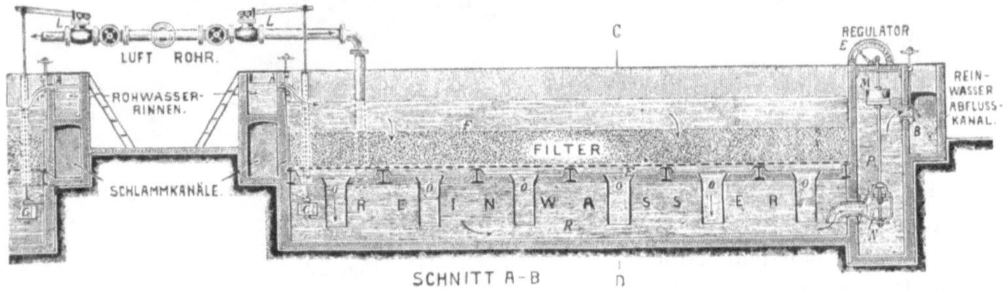

Fig. 24.
Verbessertes offenes Filter mit Sandreinigung.

den Injektor *L* ab und läßt das Wasser noch 2 bis 3 Minuten rückströmen, damit so alle Luft aus dem Filtermaterial entfernt und letzteres völlig rein wird.

Die durchschnittliche Leistung eines solchen Filters wird mit 8 cbm per Stunde für 1 qm Filterfläche angegeben. Die Filtergeschwindigkeit ist also durchschnittlich 8 m per Stunde.

Eine Verbesserung der bisher beschriebenen offenen Filter ist eine neue Anordnung von *Reisert*, wie sie die Fig. 23 und 24 zeigen. Das Rohwasser fließt aus dem Kanal *A* in das Filterbecken und durchdringt die Filterschicht *F*; das Reinwassser sammelt sich unter dem Siebboden über der festen Zwischendecke *E* und fließt durch die Rohre *O* in das Reinwasserbecken *R*. Von hier steigt es durch einen Regulierschacht *P* mit den erforderlichen Reguliereinrichtungen *N*, *M* und *E* in den Reinwasserkanal *B*, um dort abzufließen.

Beim Reinigen wird *N* geschlossen und aus *L* Luft unter die Decke *E* gelassen. Das reine Wasser steigt durch die Rohre O hoch, wirbelt die Filterschicht durcheinander und fließt, mit dem Schlamm beladen, durch die Kanäle C ab.

h) *Offene Filter mit Rührwerk.*

Vielfach wendet man mechanische Rührwerke an, um den Filtersand energisch durchzuarbeiten und ihn so vom Schlamm zu trennen. Diese Rührwerke kommen sowohl bei offenen als geschlossenen Filtern in Frage.

Außer dem Rührwerk bieten diese Filter selten etwas Bemerkenswertes. Ein einfaches offenes Filter ist in Fig. 25 dargestellt. In dem zylindrischen Mantel *a*, der auch aus Beton oder Mauerwerk hergestellt werden kann, liegt eine Siebplatte *b*, auf der die Filterschicht *c* liegt. Eine senkrechte Welle *d*, welche in zwei Lagern solide gelagert ist, trägt ein konisches Rad *e* und einen wagerechten Arm *f*, an dem die Rührzinken *g* sitzen. Wenn das Filter verschlammt ist, wird der Zulauf *h* geschlossen, der Ablauf *i* geöffnet und durch die Spülwasserleitung *k* Wasser unter das Sieb gelassen. Dasselbe dringt hoch und erfaßt die von dem Rührer, welcher mittels der Vorgelegewelle *l* mit dem konischen Rade *m* und den Riemscheiben *n* und *o* in Umdrehung versetzt wurde, aufgelockerten Schlammteilchen, um sie durch *i* abzuspülen. Das Filter kann durch die Leitung *p* entleert werden.

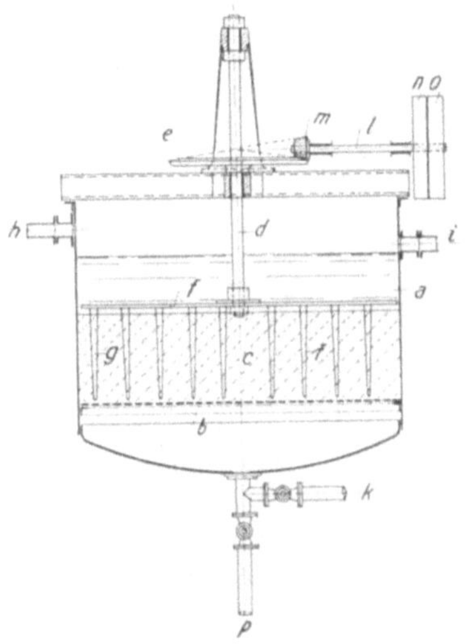

Fig. 25. Offenes Filter mit Rührwerk.

Wenn man durch Platzmangel gezwungen ist, von der Anlage von Filterkammern abzusehen, hat man mehrere Möglichkeiten, die Filterleistung zu steigern und so an Grundfläche zu sparen. Die Lösung dieser Aufgabe besteht darin, daß man die Filter immer möglichst leistungsfähig erhält, oder mit anderen Worten, daß man die Reinigung der Filter in möglichst kurzer Zeit bewirkt. Dies geschieht durch mechanische Bewegung der Teilchen der Filterschicht unter gleichzeitiger Hindurchleitung eines spülenden Wasserstromes.

Solche Filter können offen oder geschlossen gebaut sein in Form von runden oder eckigen Filterbehältern mit Rührwerken oder sonstigen Sandbewegungsvorrichtungen.

2. Geschlossene Filter.

a) *Trommelfilter von Gutmann.*

Ein Filter mit geschlossenem Filterraum und spezieller Einrichtung zur bequemen Reinigung der Filterschicht ist das Trommelfilter von *Gutmann*. Dieses drehbare Filter wird in verschiedenen Größen von 1 bis 50 cbm Stun denleistung hergestellt, welche so zu verstehen ist, daß pro Quadratmeter und Stunde die Filtergeschwindigkeit 5 m beträgt.

Eine kleinere oder größere Filtergeschwindigkeit bedingt eine kleinere oder größere Filterleistung.

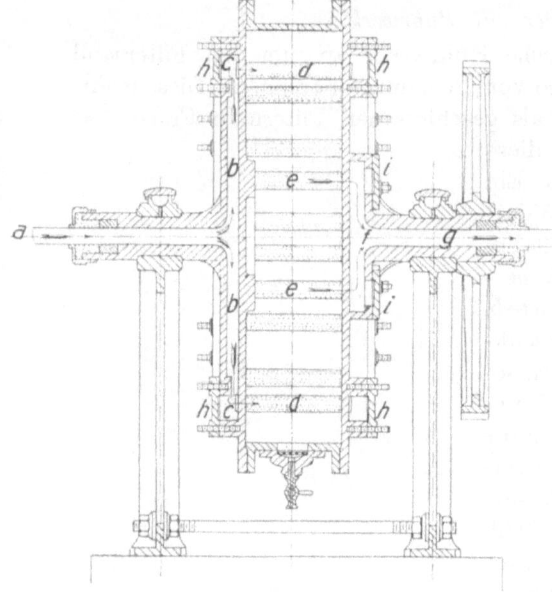

Fig. 26.

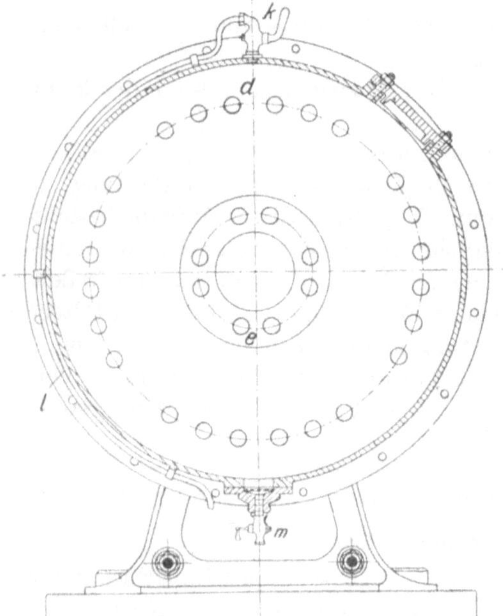

Fig. 27. Trommelfilter.

In den Fig. 26 und 27 ist ein Filter für eine Leistung von 1 cbm pro Stunde dargestellt in zwei Querschnitten. Das Wasser tritt bei *a* durch den Zapfen in das Filter ein, verteilt sich dann in vier Radialkanälen *b* und gelangt in den kreisförmigen Kanal *c*. In diesen Kanal *c* münden auch die Messingröhren *d*, so daß das Wasser auch hierin eintreten kann; diese Röhren sind geschlitzt. Das Wasser fließt in die Filterschicht (Sand) und durchdringt diese. Um die Achse des Filterkörpers herum sind einige Sammelrohre *e* angeordnet — ebenfalls geschlitzte Messingrohre — welche das filtrierte Wasser sammeln. Es fließt von hier aus in den Raum *f* und durch die Bohrung *g* der hohlen Achse ab. Die Rohre *d* und *e* sind leicht zugänglich, wenn man die Deckel *h* und *i* der Kammern *c* und *f* löst.

Nach einer gewissen Betriebszeit wird sich so viel Schlamm in dem Filter angesammelt haben, daß hierdurch die Leistung bedeutend zurückgeht. Um das Filter zu reinigen, wird der Wasserstrom nunmehr umgekehrt. Das Wasser tritt dann bei *g* ein, durchfließt den Raum *f*, die Rohre *e*, den Sand und tritt durch die Rohre *d*, den Raum *c*, die Kanäle *b* und die Bohrung *a* der Welle aus.

Da dieser Gegenstrom allein nicht immer für eine ausreichende

Reinigung genügt, ist Vorsorge getroffen, daß durch Drehen des Filterkörpers diese Wirkung unterstützt wird.

Die Drehung erfolgt um die beiden festgelagerten Zapfen mit Hilfe einer Kurbel, die ein Zahnradgetriebe betätigt. Bei der Drehung kommt das lose geschichtete Filtermaterial in Bewegung, die Teilchen rutschen, die Körner reiben sich untereinander und stoßen den Schlamm ab. Dieser wird nunmehr leicht vom Spülwasser mitgenommen. Die Wirkung wird noch dadurch verstärkt, daß der Sand gegen die äußere Reihe der geschlitzten Röhren stößt und hierdurch weitere Lagenverschiebungen erfährt.

Fig. 28.
Trommelfilter, 1 cbm Stundenleistung.

Die Reinigung des Filters kann durch Einblasen von Luft oder Dampf noch weiter unterstützt werden, wenn es der jeweilige Filterprozeß erfordert. Oben auf dem Filter ist ein Hahn k angebracht. Aus diesem tritt die mit dem Wasser eingeführte Luft wieder aus; das etwa mitgerissene Wasser wird durch das kleine Rohr l nach unten geleitet, um das Umherspritzen zu vermeiden. Durch den Hahn m kann das Filter entleert werden.

Die kleinen Filter besitzen gußeiserne Gehäuse; bei den großen Filtern besteht der Zylinder aus Blech mit aufgeschraubten Kanälen aus Gußeisen. Die großen Filter sind behufs leichter Drehbarkeit auf Rollen gelagert, die kleineren drehen sich, wie schon beschrieben, in festen Zapfen.

Fig. 29.
Trommelfilter, 50 cbm Stundenleistung.

In Fig. 28 ist ein Schaubild eines kleinen Filters von 1 cbm Stundenleistung, in Fig. 29 dasjenige eines Filters von 50 cbm Leistung wiedergegeben.

b) *Filter in Verbindung mit Wasserreinigung.*

Falls sich die Flüssigkeit leicht filtrieren läßt, ist nur ein Rohr- und ein Reinwasserbecken erforderlich. In vielen Fällen reicht eine einfache Sandfiltration nicht aus. Das Gemenge muß alsdann durch Zusatz besonderer Mittel beeinflußt werden, damit die Trennung leichter von statten gehen

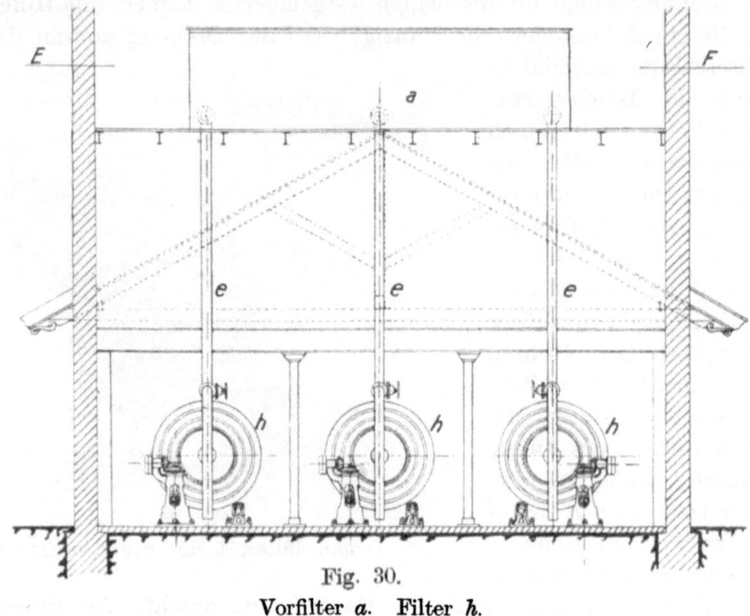

Fig. 30.
Vorfilter *a*. Filter *h*.

kann. In den meisten Fällen ist diese Beeinflussung chemischer Art. Hierdurch bildet sich zuweilen ein flockiger Niederschlag, welcher die Filterschicht wirksamer macht, oder durch die Einwirkung der Zusätze fallen in dem Wasser oder der zu filtrierenden Flüssigkeit gelöste Stoffe in filtrierbarer Form aus.

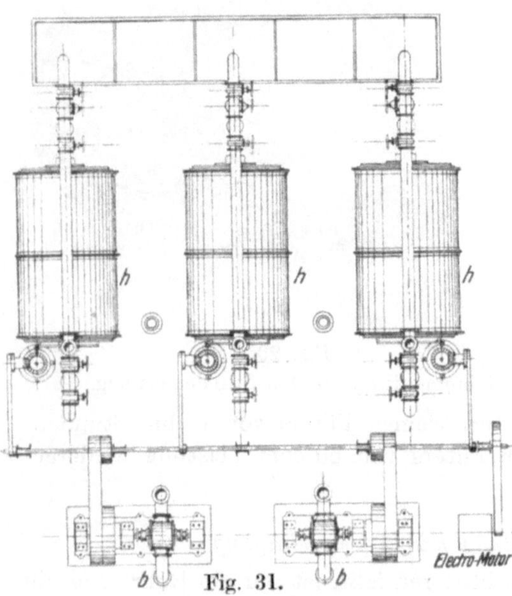

Fig. 31.
Filter *h*, Pumpen *b* zur Rohwasserzuführung.

Diese Vorgänge faßt man gewöhnlich unter dem Begriff der Wasserreinigung zusammen. In großem Umfange macht man hiervon im Dampfkesselbetrieb Gebrauch, doch auch für sehr viele andere gewerbliche und öffentliche Zwecke wird die Wasserreinigung ausgeführt. Hier interessiert dieser Vorgang nur insoweit, als er auf die Anordnung und Ausbildung der Filter einen Einfluß hat.

Eine einfache Einrichtung

dieser Art in Verbindung mit *Gutmann*schen Filtern zeigen Fig. 30 bis 33. Zunächst fällt hier die Aufstellung eines Vorfilterbeckens ins Auge. In dem

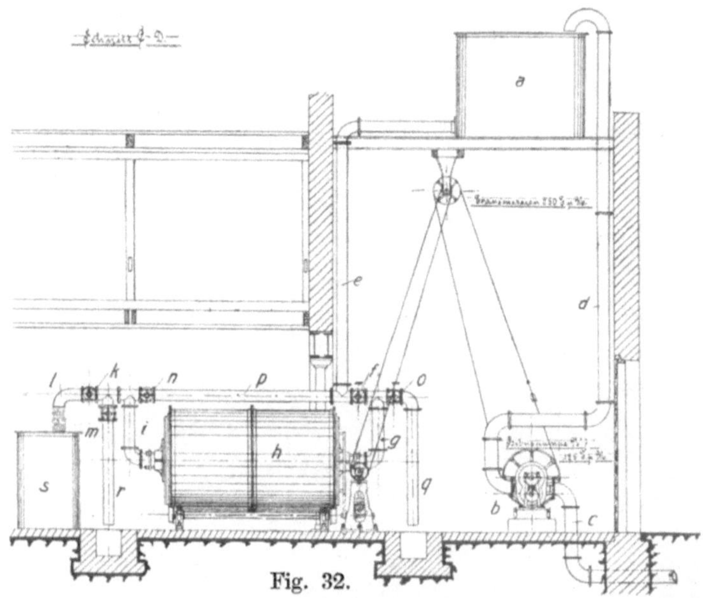

Fig. 32.

Vorfilter *a*, Pumpen *b*, Filter *h*.

Behälter *a*, welchem durch die Pumpen *b*, die aus den Leitungen *c* saugen, das Rohwassser durch die Leitungen *d* zugeführt wird, setzen sich die gröberen Verunreinigungen zu Boden.

Das Wasser fließt alsdann durch die Rohre *e*, die Schieber *f* und die Einlaufstutzen *g* den Filtern *h* zu, um in geklärtem Zustande durch die Ablaufstutzen *i*, die Schieber *k* und die Rohre *l* abzufließen. Hierbei sind die Schieber *m* und *n* und *o* geschlossen. Behufs Reinigung kann man das Wasser aus *e* durch *p*, *n* und *i* in der oben beschriebenen Weise in die Filter *h* treten lassen. Das Schmutzwasser tritt dann durch *g* und *o* aus und läuft durch *q* ab. Setzt man das gereinigte Filter wieder in Gang, dann ist es nicht angängig, das noch in ihm befindliche Rohwasser in den Reinwasserbehälter *s* zu führen. Dieses Roh-

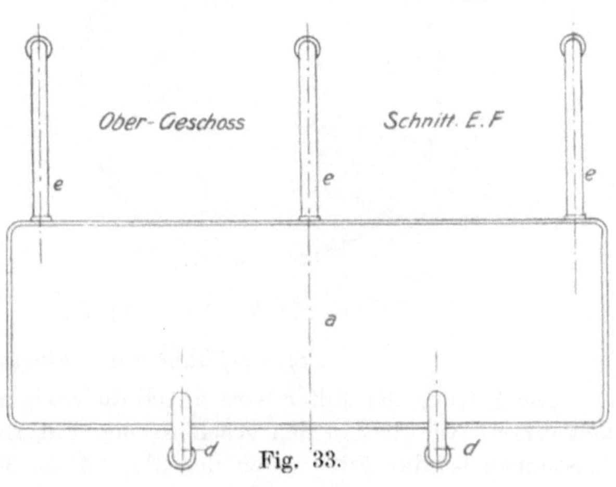

Fig. 33.

Zulauf *d*, Ablauf *e*.

wasser entläßt man alsdann durch *i*, *m* und die Abflußrohre *r* so lange, bis das Filtrat rein genug ist.

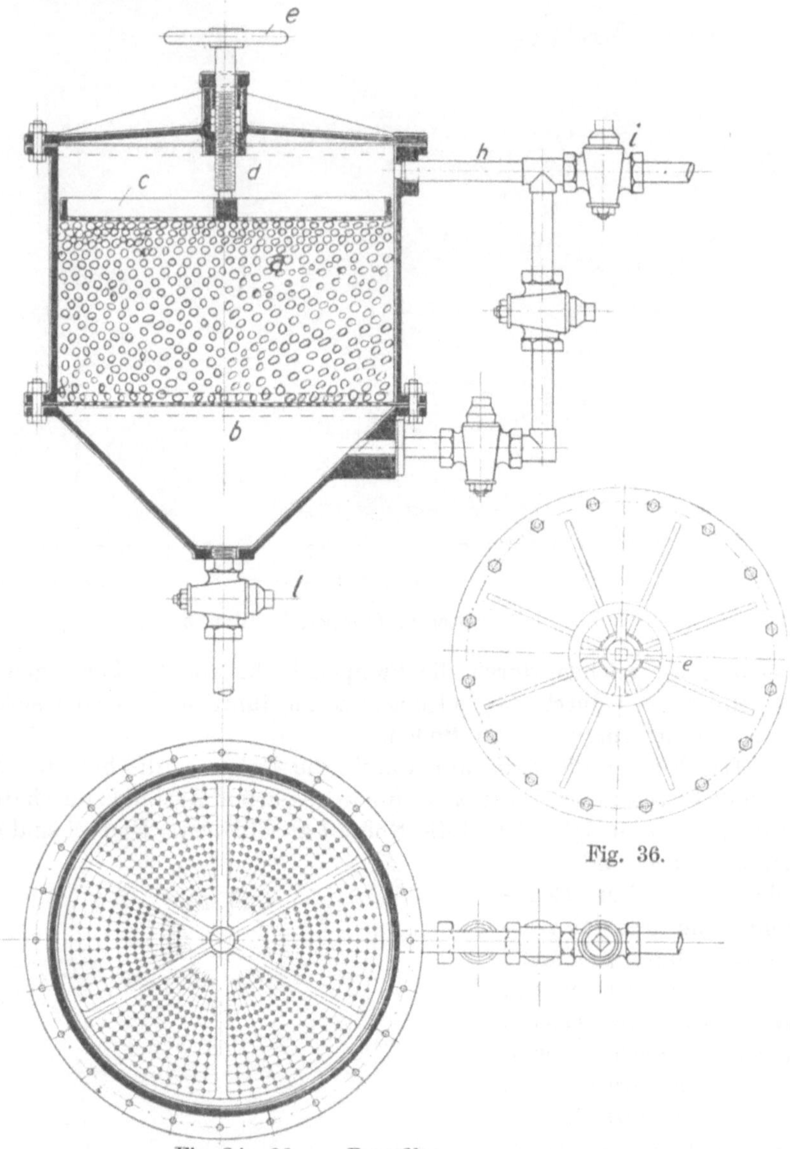

Fig. 34—36. Pressfilter.

c) *Preßfilter von Gutmann.*

Die Leitung der Filter wird durch die Steigerung der Filtergeschwindigkeit erhöht, wie dies in den geschlossenen Filtern möglich ist. Für kleinere Leistungen ist das Filter nach den Fig. 34 bis 36 gebaut.

Das Filtermaterial ist zwischen den beiden Siebböden *a* und *b* eingeschichtet. Der obere Siebboden *a* kann durch eine gelochte Preßplatte *c*, mittels einer Druckschraube *d* mit Handrad *e* gehoben und gesenkt werden.

Die Flüssigkeit tritt durch Rohr *f* und Hahn *g* unter den Boden *b*, durchdringt die Filterschicht und läuft durch *h* und *i* ab. Hahn *k* ist hierbei geschlossen. Beim Auswaschen der Filterschicht kann die Richtung des Flüssigkeitsstromes umgekehrt werden. Hahn *l* dient zur Entleerung des Apparates.

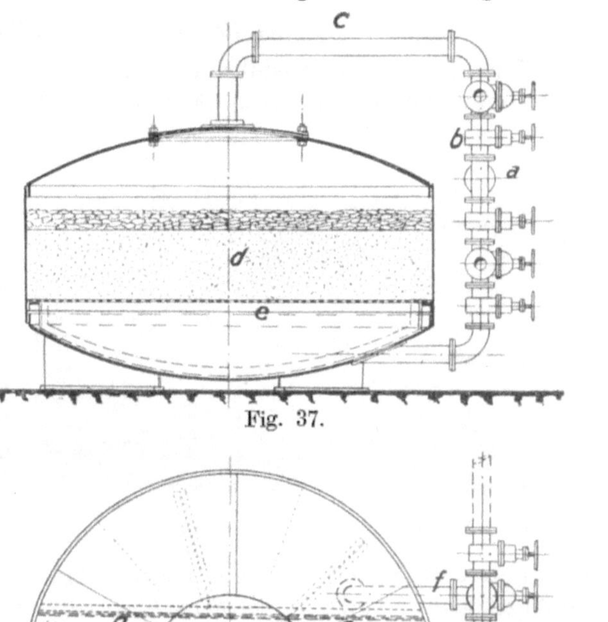

Fig. 37.

Für größere Leistungen dient das Druckfilter nach Fig. 37, 38 und 39 in der Bauart von *Alfred Gutmann*. Das Rohwasser tritt durch Rohr *a*, den Schieber *b* und Rohr *c* in das Filter ein, durchsinkt die Filterschicht *d*, die je nach Bedarf aus einer oder mehreren Lagen über dem Siebboden *e* aufgeschichtet ist und tritt durch drei Rohre *f* aus, welche das Filtrat aus drei durch Scheidewände *g* voneinander geschlossenen Abteilungen abführen. Nach Passieren der Schieber *h* und *i* läuft das geklärte Wasser bei *k* ab. Die Schieber *l*, *m* und *n* sind hierbei geschlossen. Das Reinigen der Filterschicht wird in der wiederholt beschriebenen Weise vorgenommen, wobei dann das Ablaufrohr *o* in Funktion tritt. Praktischerweise bringt man noch zur Entlüftung einen

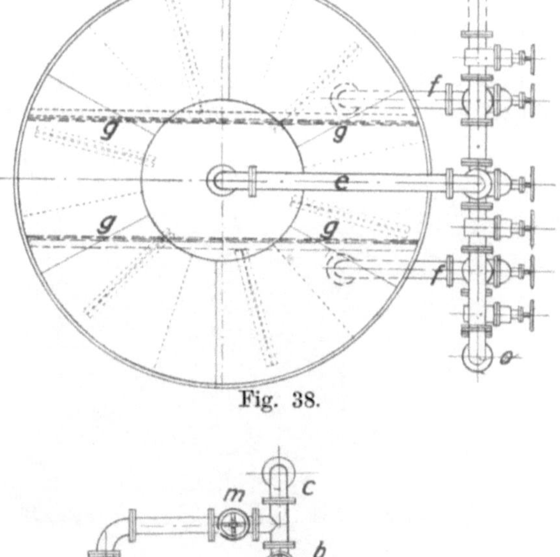

Fig. 38.

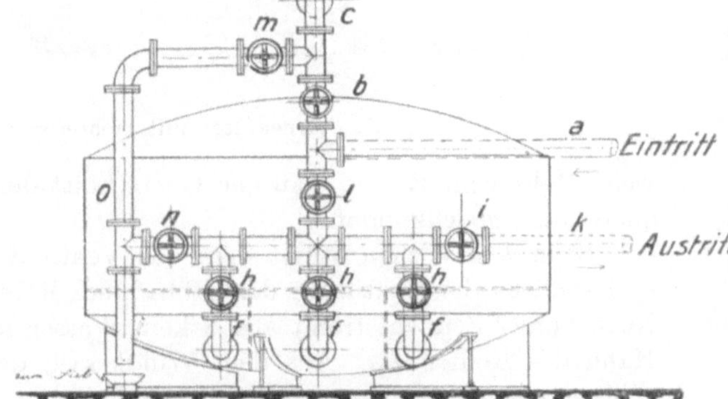

Fig. 39. Gutmanns Druckfilter.

hier nicht gezeichneten Hahn oben auf dem Filter an und unten einen Hahn zur Entleerung.

d) *Reisertsches Druckfilter.*

Eine verbesserte Ausführung eines Druckfilters von *Reisert* ist in der Fig. 40 im Schnitt gezeichnet, während Fig. 41 eine Anordnung mit mehreren Filterkörpern darstellt.

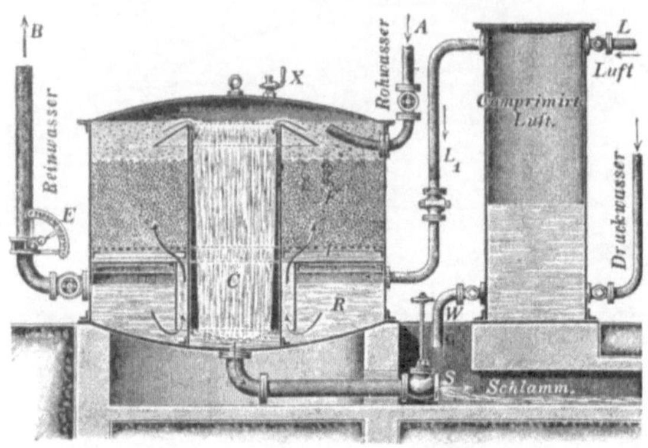

Fig. 40. Reisert's Druckfilter.

In Fig. 40 ist das Filter beim Auswaschen des Schlammes gezeichnet. Es enthält den bekannten Siebboden *f* zum Auflagern des Filtermaterials, darunter aber noch einen festen Boden, von dem ein zentrales Rohr mit weitem Querschnitt nach unten geht. Ein zweites engeres Rohr *C*, welches auf dem Boden des Filterkörpers dicht aufgenietet ist, geht durch das weitere Rohr und die Filterschicht bis unter dem Deckel des Filters hindurch und mündet in solchem Abstand unter demselben, gleichwie das

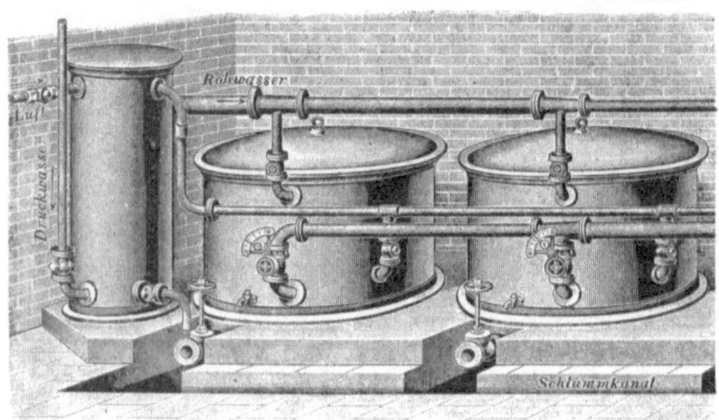

Fig. 41. Druckfilter mit mehreren Filterkörpern.

weite Rohr vom Boden, daß der Querschnitt der Einlaufsfläche dem Rohrquerschnitt gleichkommt.

Beim Auswaschen öffnet man das Ventil *S* und das Lufthähnchen *X* und schließt die Ventile in den Roh- und Reinwasserleitungen *A* und *B*. Nach kurzer Zeit entströmt aus *S* kein Wasser mehr, dann öffnet man den Hahn des Rohres L_1. Aus dem Windkessel, der durch ein Wasserstrahlgebläse, einen Kompressor o. dgl. zum Teil mit Preßluft gefüllt ist, strömt die Luft unter den festen Boden in den Raum *R* und verdrängt das dort befindliche Wasser mit großer Geschwindigkeit. Dieses strömt mit einer solchen Geschwindigkeit in der Pfeilrichtung durch den Siebboden und das Filtermaterial, daß dieses gehoben wird und dann durch reines nachströmendes Wasser hindurch zurückfällt, während das Schlammwasser ebenso schnell in das Rohr C entweicht und bei S abfließen kann. Das Filter wird in den betriebsfertigen Zustand gebracht, indem man A und B öffnet, dagegen S und X schließt. Die in R enthaltene Luft wird durch L in den Luftbehälter zurückbefördert. Verloren gegangene Preßluft kann man ersetzen, indem man aus W einen Teil des Druck-

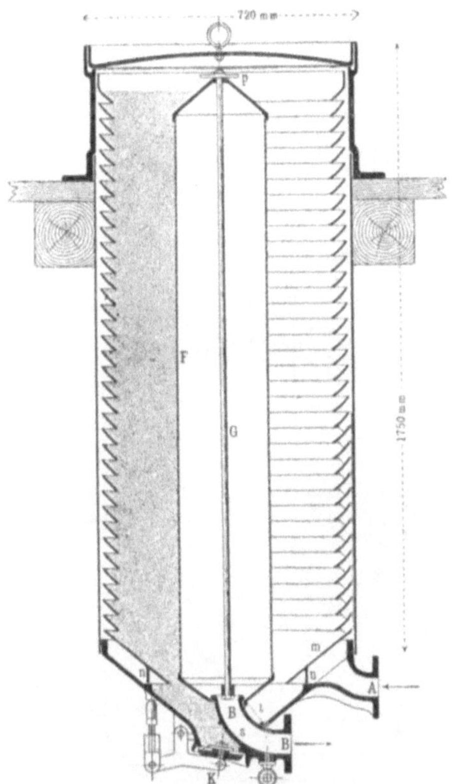

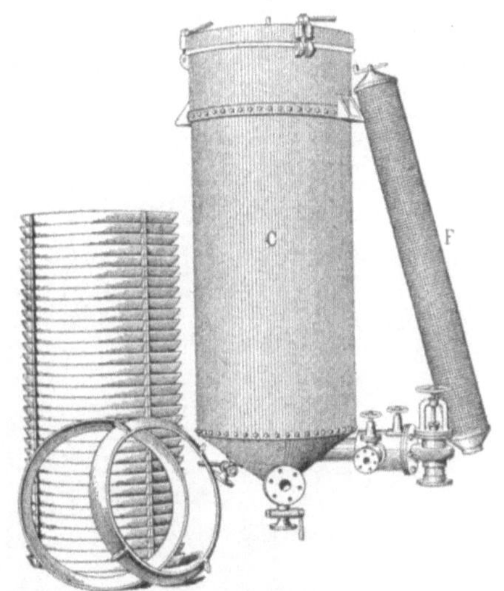

Fig. 42. Filter für Zuckersäfte. Fig. 43.

wassers ausfließen läßt, nachdem L_1 und die Druckwasserleitung geschlossen ist, L dagegen geöffnet. Für eine beliebige Anzahl nebeneinander gestellter geschlossener Filter (siehe Fig. 40) genügt ein Druckwasserbehälter wie eben beschrieben.

e) *Spezialfilter für Zuckersäfte.*

Ein in der Zuckerfabrikation angewandtes Kiesfilter ist in den Fig. 42 und 43 ausgeführt. Der Kies wird vor der Verwendung sorgfältig gereinigt. Dies geschieht durch Waschen mit Salzsäure und Nachspülen mit Wasser. Alsdann wird der Kies durch Behandlung mit Dampf gebrauchsfertig gemacht. Da die zu filtrierenden Flüssigkeiten (Zuckersäfte) wertvoll sind, kann die Reinigung des Kieses von dem abfiltrierten Schlamm nicht allein in der bei den andern Filtern vorbeschriebenen Weise erfolgen, dies geschieht vielmehr noch in einer besonderen Kieswaschmachine.

Das Filter selbst besteht aus einem eisernen Mantel *C* mit kegelförmigem Boden. Im Innern sind schmale konische Ringe mit eingegossenen Böden so aufeinandergesetzt, daß die Last durch die übereinanderstehenden Füße übertragen wird. Zwischen der Außenkante der Ringe und dem Filtermantel

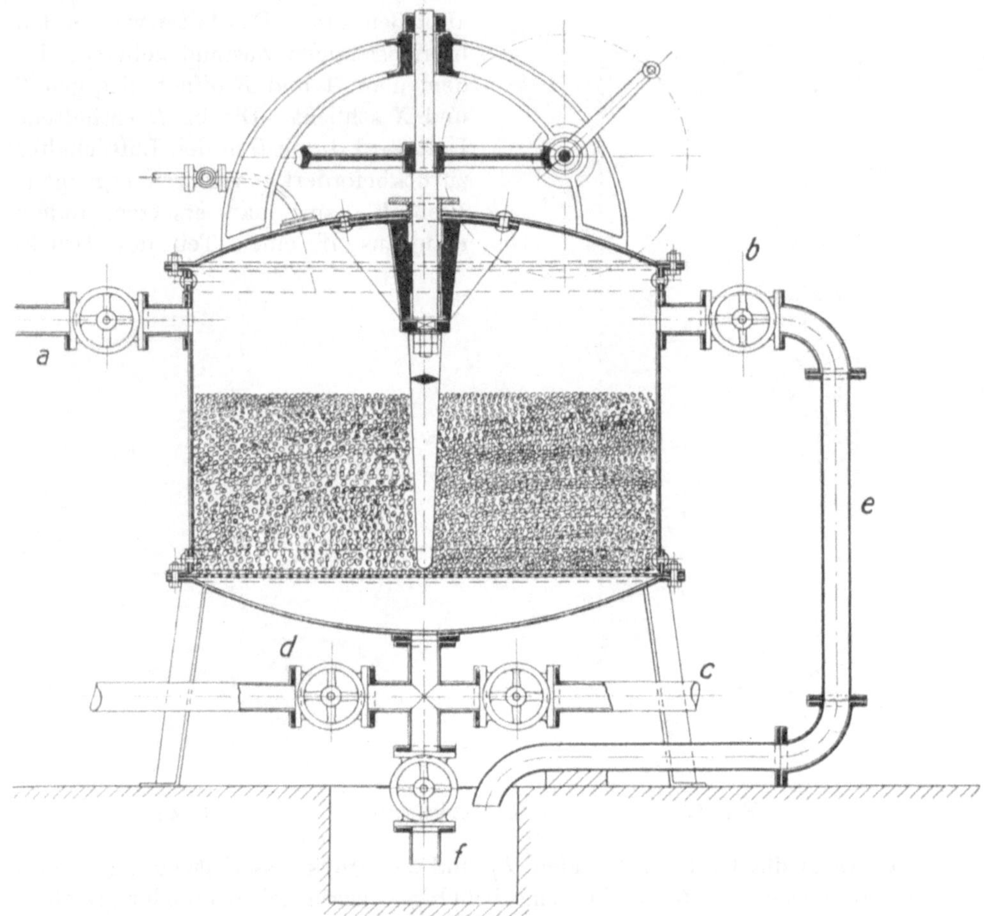

Fig. 44. Druckfilter mit Rührwerk.

bleibt ein kleiner Zwischenraum frei. Der unterste Ring *m* ist breiter als die übrigen und überträgt mittels eines angegossenen zylindrischen Halses *n* die Last auf den Boden. In der Mitte des Zylinders steht ein Siebrohr *F*, dessen beide kegelförmigen Böden durch eine Zugstange *G* mit Handrad *p* zusammengehalten werden. Das Abflußrohr *B* ist in geeigneter Weise mit dem Filterrohr verbunden. Der gereinigte Sand wird von oben eingebracht und füllt den Raum zwischen dem inneren Siebrohr *F* und den Ringen vollständig aus, kann aber nicht aus den Zwischenräumen herausdringen. Läßt man durch das Zuflußrohr Saft in den Apparat treten, dann erfüllt dieser, allmählich aufsteigend, das ganze Filterinnere, dringt durch den Sand und fließt durch das Siebrohr *F* und dann durch *B* ab.

Wenn das Filter verschlammt ist, kann der im Sande noch vorhandene Saft ausgesüßt werden, was durch reines Wasser erfolgt, und alsdann wird der Sand *d* durch die Bodenklappe *K* entleert, um in einer besonderen Kiesmaschine gereinigt zu werden.

Auch bei geschlossenen Filtern wird die mechanische Rührung des Sandes mit Vorteil angewendet.

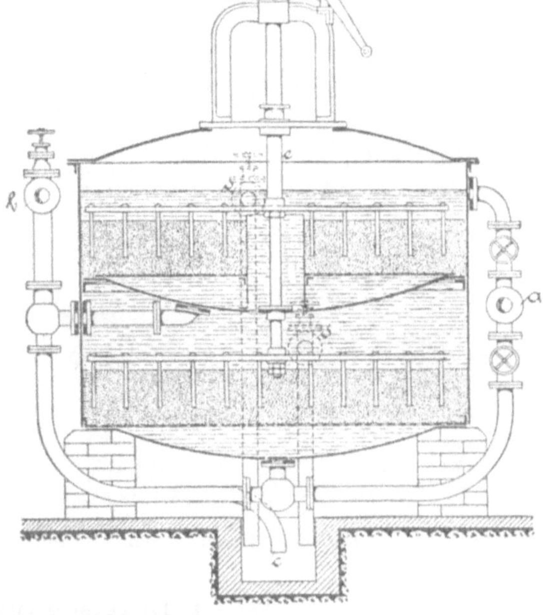

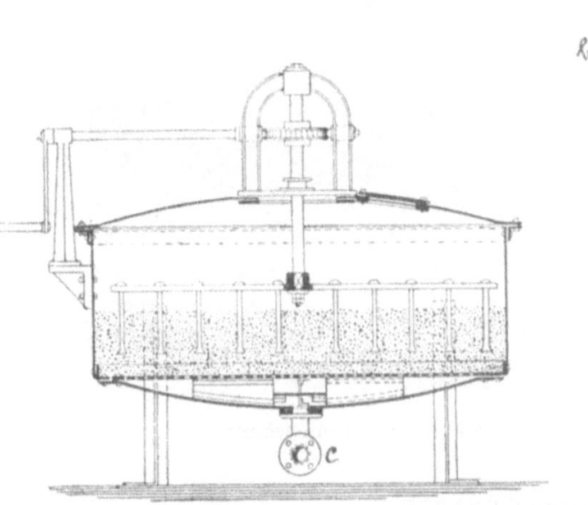

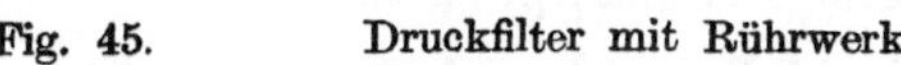

Fig. 45. Druckfilter mit Rührwerk. Fig. 46.

f) Druckfilter mit Rührwerk.

Zwei einander ähnliche Apparate sind in Fig. 44 und 45 im Schnitt dargestellt. Die Einrichtung ist im wesentlichen ganz dieselbe wie bei dem oben beschriebenen Filter Fig. 25. Das Rohwasser fließt durch *a* ein, durchdringt die Kiesschicht und entweicht bei *c*. Die Reinigung erfolgt dadurch, daß Schieber *a* geschlossen und derjenige bei *b* geöffnet wird. Das Spülwasser tritt durch *d* ein, dringt von unten durch die Kiesschicht und fließt durch *b* und das zugehörige Rohr *e* weg. Nach beendeter Spülung wird das erste noch nicht ganz klare Filtrat durch *d* ebenfalls in den Abwasserkanal entlassen.

Um an Grundfläche zu sparen, kann man die Filterschicht in zwei oder mehreren Abteilungen übereinander anordnen. Fig. 46 zeigt ein zweiteiliges Filter. Das Rührwerk, welches von Hand oder maschinell betrieben werden kann, wird durch ein Schneckenrad mit zugehöriger Schnecke in Drehung versetzt.

Eine große Filteranlage von 400 cbm Stundenleistung ist in Fig. 47 in der Ansicht wiedergegeben. Es läßt sich nicht verkennen, daß die Anlage wenig Platz einnimmt und einen einfachen und gedrungenen Bau zeigt. Die

Bewegung der Rührarme wird maschinell bewerkstelligt, so daß für eine intensive Bewegung der Filterschicht beim Spülen Gewähr geleistet ist.

Die geschlossene Filterform läßt die Filtration solcher Gemenge zu, die nur bei erheblichem Überdruck gefiltert werden können. Die Filtergefäße können für jeden vorkommenden Überdruck gebaut werden.

Fig. 47. Große Druckfilteranlage für 400 cbm Stundenleistung.

3. Enteisenungsapparate.

Im Zuhammenhang mit den Filtern ist auch derjenigen Einrichtungen zu gedenken, bei denen das Ausfällen der nachher abzufiltrierenden festen Bestandteile durch besondere Zusätze erreicht wird.

Eine der einfachsten Beeinflussungen von Flüssigkeiten zum Klären von Wasser ist die Behandlung mit Luft. Der Eisengehalt des Wassers läßt sich durch Vermischen mit Luft in flockiger Form ausscheiden. Hierbei scheidet sich das im Wasser gelöste Eisenoxydul in der Form von unlöslichem Eisenoxydhydrat aus. Man nennt diesen Vorgang in der Technik schlechtweg Enteisenung. Die Enteisenung tritt auch beim Stehen des Wassers an der Luft schon ein, doch dauert dieser Prozeß in der Regel zu lange, als daß er für die Zwecke der Technik in Frage käme. Die Beschleunigung des Prozesses erreicht man durch feine Verteilung des Wassers, so daß eine innige Berührung mit der oxydierenden Luft infolge der geschaffenen großen Oberfläche möglich ist.

Am leichtesten erfolgt die Ausscheidung, wenn das Eisen im Wasser als kohlensaures Oxydul gelöst ist, schwerer bei dem schwefelsauren Eisenoxydul. Ist es als sog. Humussaures Eisen gelöst, so bleibt ein erheblicher Teil im Wasser. Der Bildung des flockigen Eisenoxydhydrat geht die Bildung eines löslichen Hydrosols vorauf. In Berührung mit festen Stoffen der Wände, Sandkörner oder schon ausgeschiedenen Hydrogelteilchen von Eisenhydroxyd fällt das Eisen vollständig aus.

In den Fig. 48 und 49 ist ein Enteisenungsapparat für die Behandlung kleinerer Mengen Wassers dargestellt.

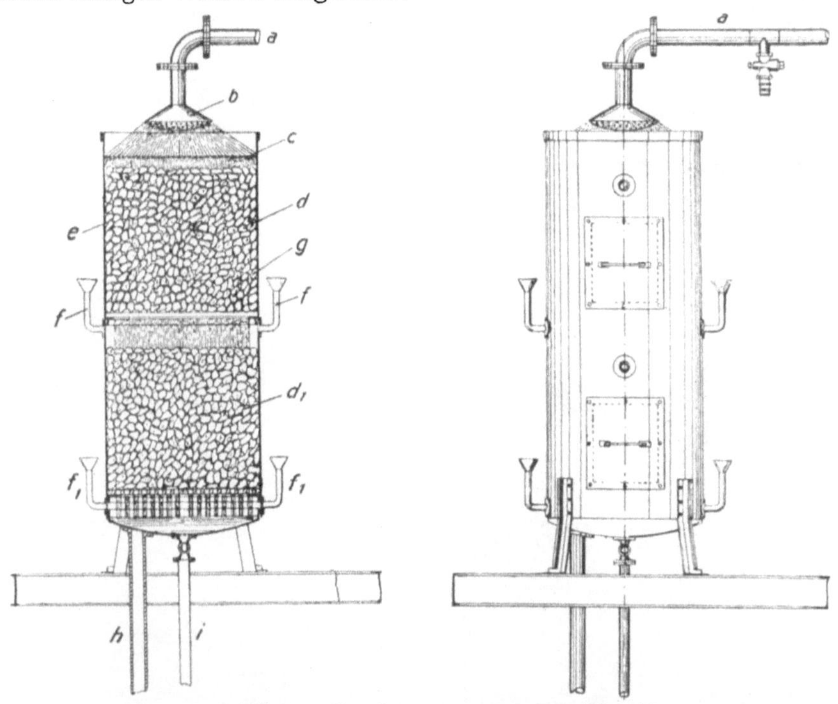

Fig. 48. Kleiner Enteisenungsapparat. Fig. 49.

a) Kleiner Enteisenungsapparat von Gutmann.

Das Rohwasser wird aus der Leitung *a* durch ein Brause *b* auf einen Siebboden *c* verteilt und mischt sich hier innig mit der Luft In der Koksschicht *d* rieselt das Wasser in feinen Strahlen und Tropfen durch den Zylinder *e* nach abwärts, um unter dem Rost *g* nochmals mit frischer Luft in Berührung zu kommen. Zur Zuführung der Luft dienen die Rohre *f*.

Die oxydierende Wirkung wird in der zweiten darunter liegenden Schicht d_1 weiter verstärkt und kann, falls nötig, noch in einer dritten oder vierten Schicht beendet werden. Durch das Ablaufrohr *i* wird das Wasser mit dem ausgefällten Eisenoxydhydrat abgezogen, um in einem Klärfilter von dem Niederschlag gereinigt zu werden Falls die Wirkung der durch die Rohre f, f_1 angesaugten Luft nicht genügt, kann durch ein Rohr *h* zwangsläufig Luft eingeblasen werden.

b) Enteisenungsapparat von 1 cbm Stundenleistung in Verbindung mit Druckfilter Bauart Gutmann.

Ein solches Filter mit maschinellem Betrieb stellt Fig. 50 dar. Das Rohwasser wird von der Wasserpumpe *a* durch die Leitung *b* in den Enteisener c gedrückt, wo das Wasser sich in feinen Strahlen über die Koksfüllung e ergießt. Die mit der Wasserpumpe a zusammengebaute Luftpumpe d drückt die oxydierende Luft zunächst durch die Rohrleitung f unter den Rost g_1 des unteren Enteisenermantels c_1.

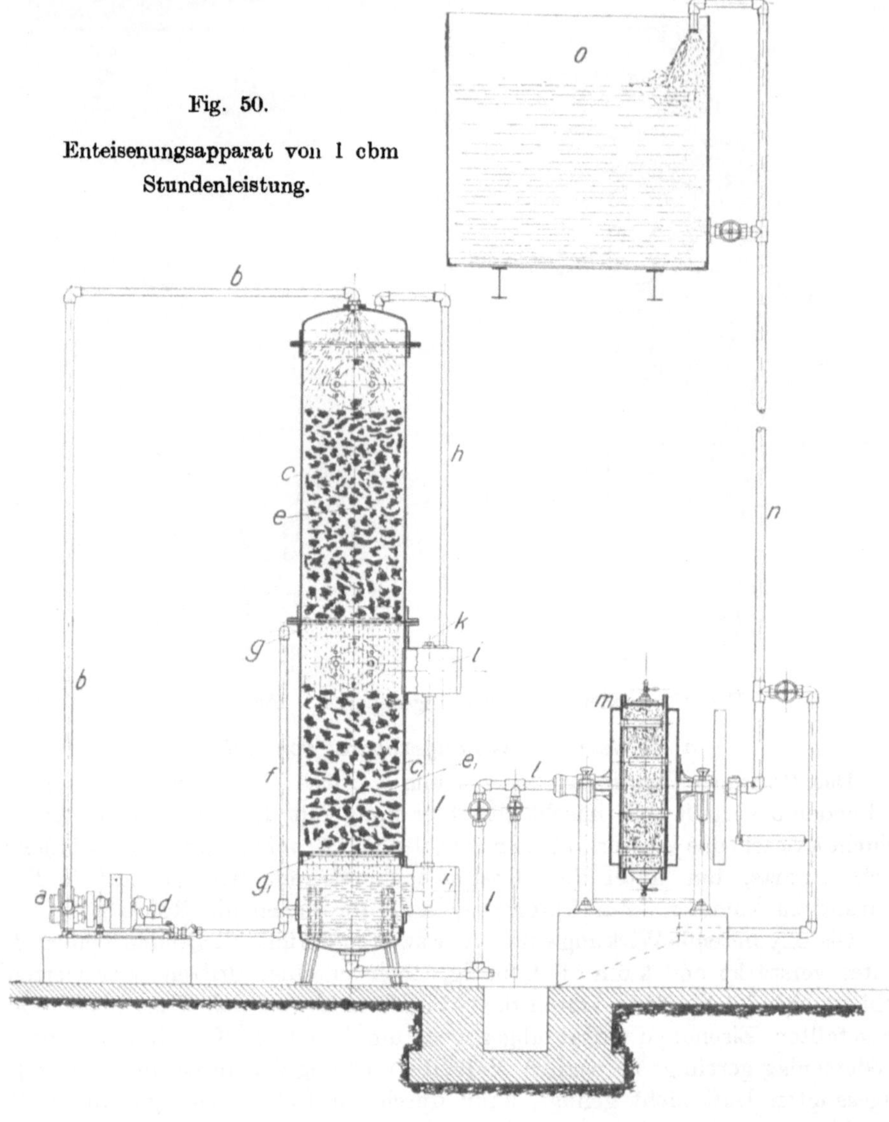

Fig. 50.

Enteisenungsapparat von 1 cbm Stundenleistung.

Die Luft durchstreicht die Koksfüllung e_1, passiert den Rost g und durchdringt die Füllung e. Die verbrauchte Luft entweicht durch Rohr h in den Ventilkasten i. Dieser steht durch Rohr l und den Kasten i mit dem Unterteil von c_1 in Verbindung. Durch das selbsttätige Ventil k entweicht die verbrauchte Luft, während das mit Eisenschlamm beladene Wasser durch *l* nach dem Trommelfilter *m* gelangt, um schließlich durch Leitung *n* nach dem Reinwasserbehälter *o* zu fließen. Die Luftleitung *f* ist in Form eines u-Rohres gebogen, um zu verhindern, daß Wasser in die Luftpumpe *d* gelangt. Der Überdruck der Luft wird so reguliert, daß kein Wasser durch das Ventil *k* entweichen kann. Die Reinigung des Filters *m* erfolgt in der bekannten oben beschriebenen Weise.

c) *Apparat für 20 cbm Stundenleistung.*

Die Reaktionsgefäße sind in Form zweier flachgebauter Druckfilter angeordnet. Eine Luftpumpe preßt die Luft durch die Filterschicht, die in der schon vorhin beschriebenen Weise von dem Niederschlag gereinigt werden

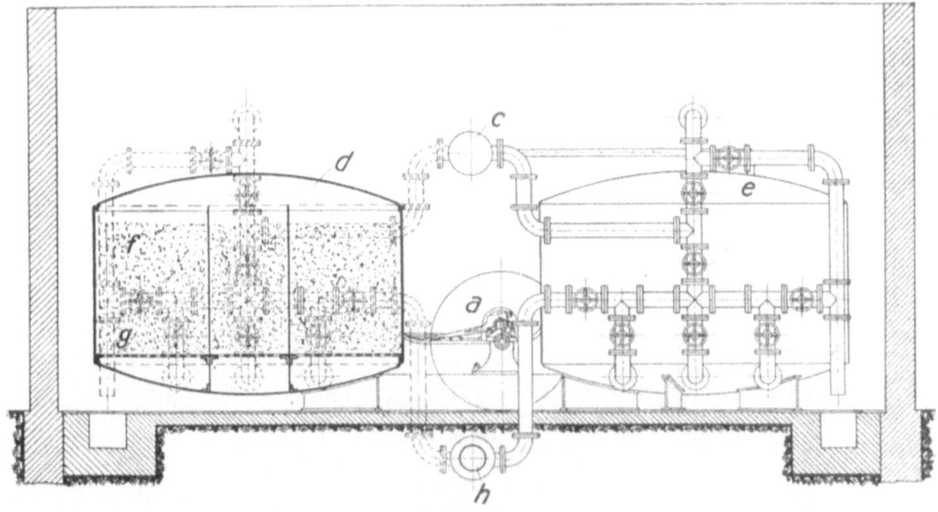

Fig. 51.

kann. Die Fig. 51 und 52 zeigen diese Anordnuug. Die unter Druck arbeitenden Filter der schon oben gekennzeichneten Art (und naturgemäß ähnlicher Bauarten) lassen sich auch ohne Zwischenschaltung eines Koksturmes direkt zur Enteisenung benützen.

Der Luftkompressor *a* drückt die Luft durch einen Windkessel und die Leitung *b* direkt unter Einschaltung eines Rückschlagventils in das Wasserleitungsrohr *c*, welches das Rohwasser zu den Filtern *d* und *e* führt, siehe Fig. 52. Der Enteisenungsvorgang vollzieht sich in der oberen *f* Filterschicht, während in der unteren feinkörnigen Schicht *g* die Filtration vor sich geht.

Die Reinigung erfolgt durch Rückspülung in bekannter Art. Sie kann besonders energisch noch dadurch eingeleitet werden, daß man die Spülung durch die im unteren Teil des Apparates abgetrennten drei Abteilungen gesondert vornimmt. Durch die Leitung *h* fließt das gereinigte Wasser der Verbrauchsstelle zu.

d) *Einrichtung für 60 cbm Stundenleistung.*

Eine Anlage zur Enteisenung für 60 cbm Wasser pro Stunde ist in den Fig. 53, 54 und 55 dargestellt.

Der Koksbehälter *a* ist auf einem eisernen Turm *b* aufgestellt und erhält das Wasser durch eine große Brause *c*. Das Gemisch von Wasser und Eisenoxydhydrat wird unter dem natürlichen Gefälle behufs Abscheidung der Eisenverbindung vermittels der Leitung c_1 durch eines der vorbeschriebenen Trommelfilter *d* geschickt und das reine Wasser in einem Reinwasserbecken *e* gesammelt.

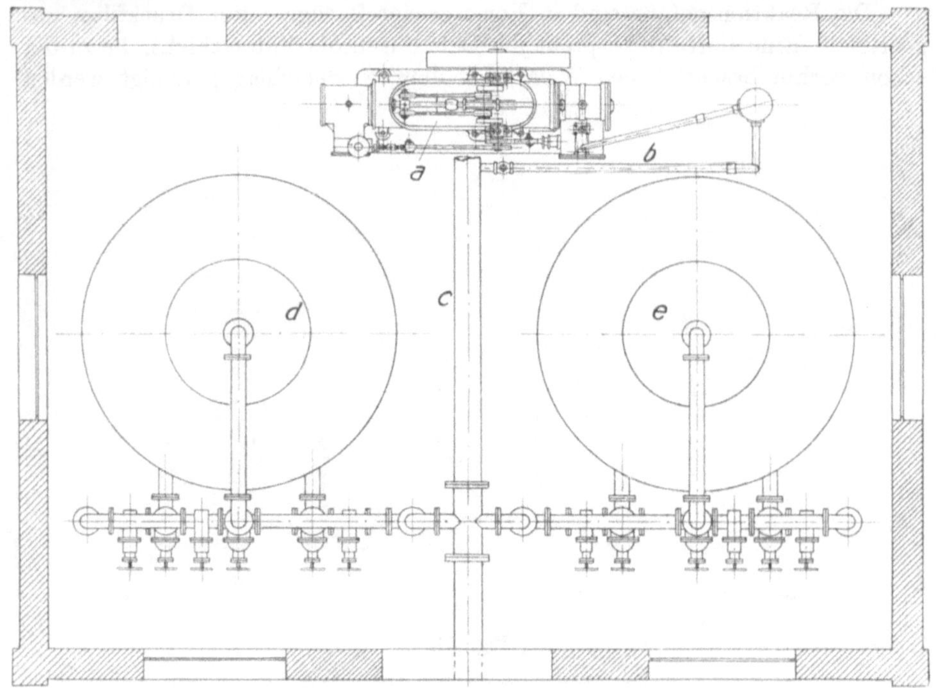

Fig. 52. Enteisenungsanlage für 20 cbm Stundenleistung.

e) *Offener Enteisenungsapparat der Voran Apparatebau-Gesellschaft.*

Eine bemerkenswerte Bauart eines Enteisenungsapparates stellt die in Fig. 56 veranschaulichte Anordnung dar.

Das Schaubild ist nach den eben erörterten Grundsätzen ohne weiteres verständlich. Der Apparat gewährt neben der mit einfachen Mitteln erreichten guten Wirkung die Annehmlichkeit, daß man jederzeit den Wasserzulauf von außen kontrollieren kann.

4. Die Wasserreiniger.

Für viele Zwecke wird die Ausscheidung von anderen Stoffen aus dem Wasser verlangt, als sie durch die Behandlung mit Luft erreichbar ist. In diesem Falle greift man zu chemischen Mitteln, die man dem Wasser zusetzt.

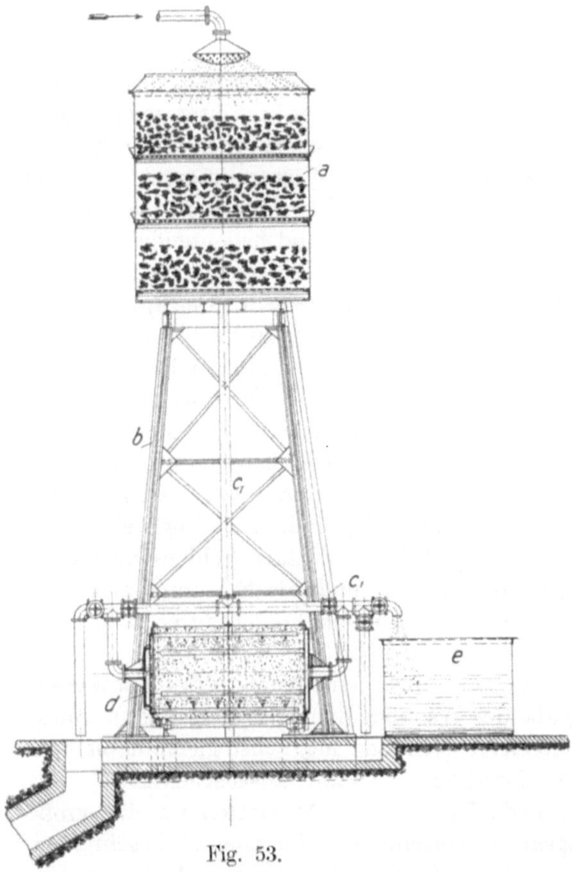

Fig. 53.

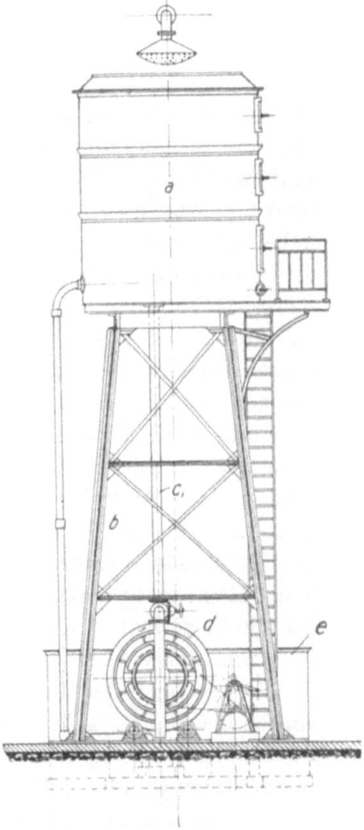

Fig. 54.

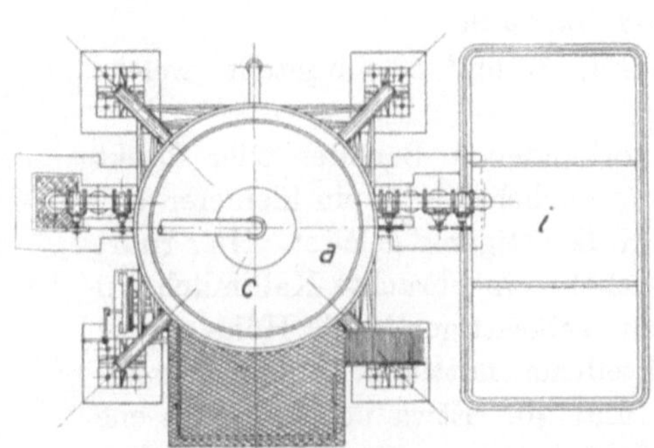

Fig. 55.

Enteisenungsanlage für 60 cbm Stundenleistung.
(Fig. 53, 54, 55.)

Offener Enteisenungsapparat.

Je nach der Beschaffenheit und dem späteren Verwendungszweck des Wassers ändern sich die Zusatzmittel und die Einrichtungen zu ihrer nachherigen Wiederausscheidung; man nennt den Prozeß der chemischen Beeinflussung und nachherigen Klärung des Wassers kurzweg Wasserreinigung, während man von Abwasserreinigung spricht, wenn gebrauchte Nutzwässer von schädlichen Beimengungen zu befreien sind. Ein großes und bedeutendes Feld für die Anwendung der Wasserreinigung ist die Entfernung der sogenannten Kesselsteinbildner aus dem Speisewasser von Dampfkesseln. Das Speisewasser enthält sehr oft neben freier Kohlensäure, doppelkohlensauren Kalk, schwefelsauren Kalk, kohlen- und schwefelsaure Magnesia, neben in der Regel kleinen Mengen von Kochsalz, auch Chlorcalcium, Chlormagnesium, Kalk- und Magnesiumnitrat, Kieselsäure usw. Zur Ausfällung bedient man sich der verschiedensten Zusätze; am weitesten verbreitet jedoch ist die Behandlung des Wassers mit Ätzkalk und Soda. Der Ätzkalk, in Form von Kalkmilch angewendet, zerlegt die Kalk- und Magnesiumsalze, indem er ihnen ein Molekül Kohlensäure entzieht. Hierdurch entsteht ein einfach kohlensaurer Kalk bzw. Magnesiahydrat, die schwerlöslich sind und als Schlamm ausfallen. Die Soda zerlegt den schwefelsauren Kalk, indem kohlensaurer Kalk ausfällt und schwefelsaures Natron in Lösung geht.

Die Mengen der Zusatzstoffe werden durch eine Analyse des Rohwassers vorher jeweilig festgelegt. Aufgabe der Wasserreinigungsapparate ist es, diese Zusätze in den festgesetzten Mengenverhältnissen möglichst gleichmäßig dem Wasser zuzuführen und die Niederschläge alsdann auszuscheiden.

Entsprechend dem großen Bedarf an solchen Apparaten ist eine große Zahl verschiedener Ausführungsarten vorhanden. Sie alle zu beschreiben, dürfte keinen Zweck haben, zumal die Bauart der meisten Apparate verwandte Züge zeigt.

a) Wasserreiniger von Gutmann.

Eine typische Ausführung ist in den Fig. 57 und 58 mitgeteilt, welche die Bauart der Firma *Gutmann* zeigt.

Das Rohwasser strömt von einem vorhandenen Behälter oder direkt von der Pumpe durch das Rohr *a* nach dem Vorbehälter *b*; ein kleinerer Teil wird durch das Rohr *c* nach unten in den Kalksättiger *d* geleitet. Hier rührt es die vor Beginn der Arbeit durch den Deckel *e* eingebrachte Kalkmilch auf und steigt in dem zylindrisch ausgebildeten Kalksättiger in die Höhe, wobei es den Kalk auflöst. Die ungelösten Kalkteilchen flottieren in dem Wasserstrome bis zu ihrer völligen Lösung auf und ab. Etwa noch mitgerissene feste Teilchen werden durch die beiden Siebe *f* und *g* zurückgehalten. Das klare Kalkwasser fließt durch Rohr *h* in die Behälter *k*. *h* ist mit einem Schwimmerventil versehen, welches den Zufluß regelt.

Die Sodalösuug wird zu Beginn der Arbeit in dem Gefäß *l* fertiggestellt und fließt durch das Rohr, welches ebenfalls mit einem Schwimmerventil ansgestattet ist, in den Behälter *n*.

Der Hahn *o* am Vorbehälter *b* wird so eingestellt, daß der Wasserspiegel darin beim Abfluß der normalen Menge eine bestimmte Höhe hat, welche sich zu den Höhen der Flüssigkeitsspiegel in den Gefäßen *k* und *n* genau so verhält, wie die Arme *p* zu den Armen *q* der Schwimmerhebel auf dem Vorbehälter. Am Ende der Arme *q* sind Schläuche aufgehängt. Mittels der Hähne *r* und *s* wird die ausfließende Menge Kalkwasser und Sodalösung so reguliert, daß bei normalem Wasserzufluß aus *b* genau das richtige Quantum zugegeben wird. Ändert sich die in *b* strömende Wassermenge, dann wird der Wasserspiegel in *b* steigen oder fallen und mit ihm die Schwimmer *t*. Dadurch werden dann aber die Ausflußöffnungen der Schläuche niedriger oder höher, so daß, wenn *H* die Druckhöhe des Wassers in *b*, *h* die Druckhöhe der Flüssigkeit in *k* und *n*, immer das gleiche Verhältnis stehen bleibt. Da die Ausflußmengen sich verhalten wie $\sqrt{2\,g\,H}$ und $\sqrt{2\,g\,h}$, so stehen die Mengen der chemischen Zusätze immer im gleichen Verhältnis zu Wassermenge.

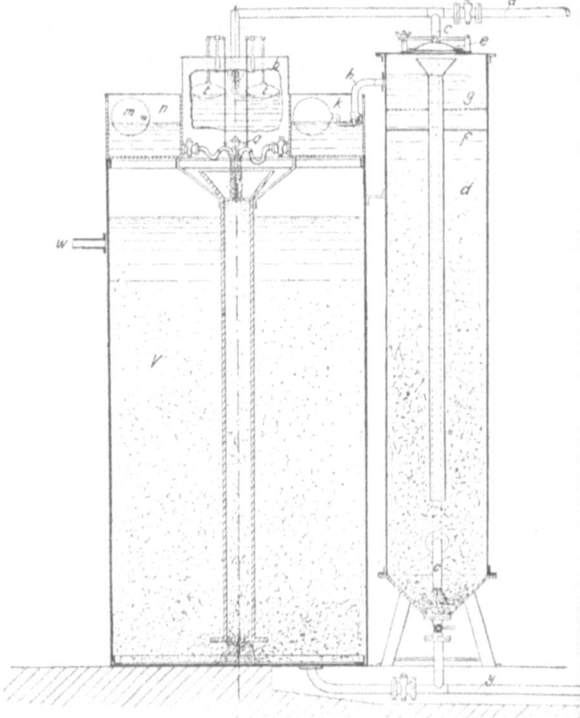

Fig. 57.

Das Wasser und seine Zusätze werden in dem zentralen Trichter innig gemischt, sinken abwärts und treten aus dem Rohr *u* unten in den Klärbehälter *v*. Hier wird die chemische Umsetzung beendet. Das Wasser steigt allmählich in die Höhe und läßt den Schlamm langsam zu Boden sinken, der aus *b* und *e* durch das Rohr *g* abgelassen werden kann. Nur die feinsten Teilchen bleiben noch schwebend erhalten und müssen durch ein Filter abgeschieden werden.

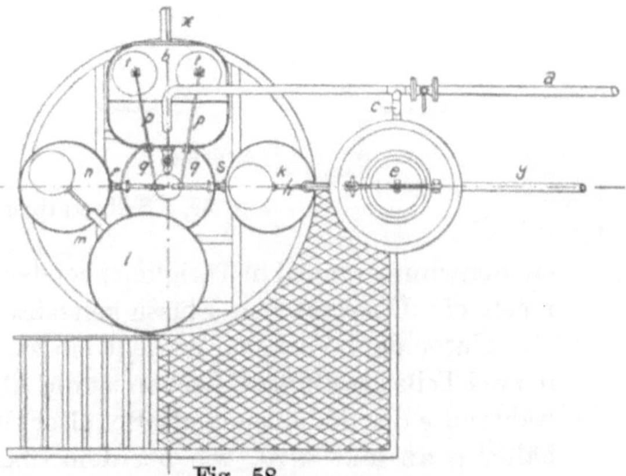

Fig. 58.
Wasserreiniger von Gutmann.

b) *Selbsttätige Wasserreiniger* (*z. B. von Halvor Breda oder Reisert-Dowaux.*)

In dem vorbeschriebenen Wasserreiniger erfolgt die Ausfällung im kalten Zustande. Ein Apparat, bei welchem die Reinigung sowohl in warmem wie kaltem Zustande erfolgen kann, wird von *Halvor Breda* in den verschiedensten Größen ausgeführt. Bei den kleineren Apparaten ohne besonderes Filter gelangt das Wasser zuerst in einen Vorbehälter *a*, siehe Fig. 59, in welchem der Wasserspiegel durch eine besondere Reguliereinrichtung immer auf derselben Höhe erhalten wird. Bei der Entnahme aus einer Druckleitung tritt

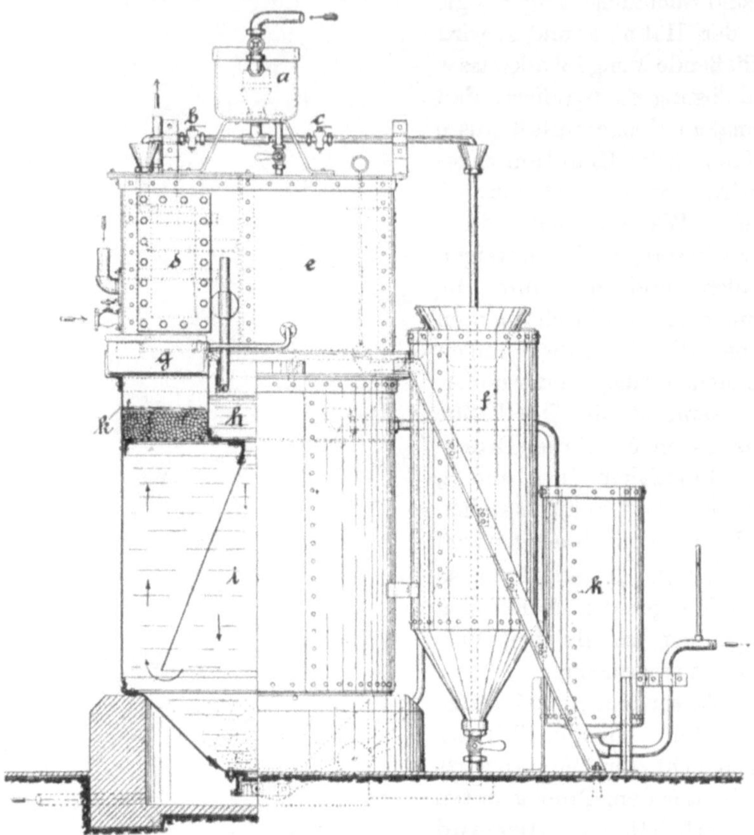

Fig. 59. Selbsttätiger Wasserreiniger.

ein Schwimmerventil in Tätigkeit, bei der Zuführung durch die spezielle Pumpe regelt ein Überlauf den Flüssigkeitsstand.

Unter dem Vorbehälter liegt ein zweiter Behälter, der durch eine Wand in zwei Teile geteilt ist. Hiervon ist die Abteilung *d* als Vorwärmer ausgebildet, während *e* der Sodalösung als Behälter dient. Das Wasser fließt aus dem Behälter *a* ab und wird, wie bei dem oben beschriebenen Apparat durch die beiden Hähne *b* und *c* in zwei Ströme zerlegt. *b* und *c* sind mit Zeiger und Skala versehen. Die beiden Ströme fließen nach dem Vorwärmer *d* bzw. dem Kalkwasserbehälter *f*. Durch die Einstellung der beiden Hähne *b* und *c* werden die Wassermengen so reguliert, daß *f* genau die jeweils erforderliche Wassermenge erhält bzw. abgeben kann. Damit ist auch die Menge des nach dem

Vorwärmer fließenden Wassers bestimmt. Sind die Hähne *b* und c einmal genau eingestellt, dann können sie dauernd in der richtigen Stellung belassen werden.

Der Kalkwasserbehälter ist ein zylindrisches Gefäß mit spitzkegelförmigem Boden. Das Rohwasser fließt in den Trichter auf dem zentralen Zuführungsrohr, welches bis nahe an den Behälterboden reicht. Hierbei wird Luft mitgerissen. Die Luftblasen steigen in die Höhe und bringen die Kalkteilchen in Bewegung. Ein weiteres in *f* befindliches Trichterrohr fängt diese Blasen auf und leitet sie nach oben, daß eine Beunruhigung des langsam nach oben steigenden sich allmählich sättigenden Kalkwassers nicht stattfinden kann.

In dem Sodalösungsbehälter *e* wird die für den jeweiligen Tagesbedarf nötige Menge Soda in Lösung gebracht und fließt dem Reglerkasten *g* zu. Ein Schwimmerventil regelt die Höhe des Flüssigkeitsspiegels. Die Lösung fließt alsdann durch einen Regulierhahn in den Mischraum *h*. In diesen Mischraum fließt auch das Kalkwasser aus *f* und das Rohwasser aus *d*. Im Vorwärmer kann das Rohwasser erst durch Abdampf oder Frischdampf vorgewärmt werden. Die Vorwärmung ist nämlich insofern zuweilen wichtig, weil kaltes Wasser nach seiner Behandlung immer noch 6 bis 7 Grade der deutschen Härteskala, Wasser von 60° C dagegen nur 1 bis 2 Härtegrade zeigt.

In dem Mischraum *h* treffen sich die Zusätze und das Rohwasser, wobei die Umsetzung vor sich geht. Das Gemisch gelangt erst in das nach unten sich erweiternde Trichterrohr *i* und sinkt langsam abwärts. Die ausgeschiedenen Teilchen sinken in Flockenform zu Boden, sammeln sich in dem trichterförmigen Boden und können durch ein Ablaßventil zeitweise entfernt werden. Das nur noch die feinsten Teilchen der ausgeschiedenen Salze mit sich führende Wasser fließt alsdann zum Filter *k*. Dies ist ein gewöhnliches offenes Filter, welches als wirksame Filterschicht Holzwolle enthält. Die Holzwolle wird auf dem unteren Siebboden aufgeschichtet und durch eine oder mehrere wegnehmbare Siebplatten beschwert. Ist das Filtermaterial erschöpft, wird es durch neues ersetzt. Die Apparate in dieser Ausführung werden mit Stundenleistungen von 0,35 bis 1,5 cbm ausgeführt.

Die Apparate von größerer Leistungsfähigkeit werden in etwas abgeänderter Ausführung hergestellt, sie verarbeiten 2 bis 100 cbm per Stunde, doch werden auch Apparate von noch erheblich größeren Abmessungen gebaut.

Während bei den kleineren Apparaten die Einstellung der Menge der chemischen Zusätze von Hand zu geschehen hat, sind die größeren Apparate so eingerichtet, daß diese Einstellung selbsttätig sich der Rohwassermenge anpaßt. Hierzu ist gemäß Fig. 60 folgende Einrichtung getroffen:

Das Rohwasser fließt in das zylindrische Gefäß *a* und gelangt zu einem Überlauf *b*, wo es durch einen Stromteiler in zwei Ströme zerlegt wird. Wie bei dem vorbeschriebenen geht der eine Flüssigkeitsstrom zum Vorwärmer *e*, der andere geht zum Kalksättiger *d*. Dieser Teil des Rohwassers wird nun nochmals in zwei Ströme zerlegt. Der eine fließt direkt in den Kalksättiger, der andere passiert einen Kippkasten *f*, der in der Minute etwa fünf Mal sich füllt und durch Kippen entleert. Dieser Kippkasten bezweckt einerseits, daß beim jeweiligen Entleeren Luft in den Kalkwasserbehälter hineingerissen wird, andererseits soll er bei jedem Hube einen Schöpfbecher voll Sodalösung dem mit dem Sodabehälter verbundenen Reglerkasten entnehmen und dem Misch-

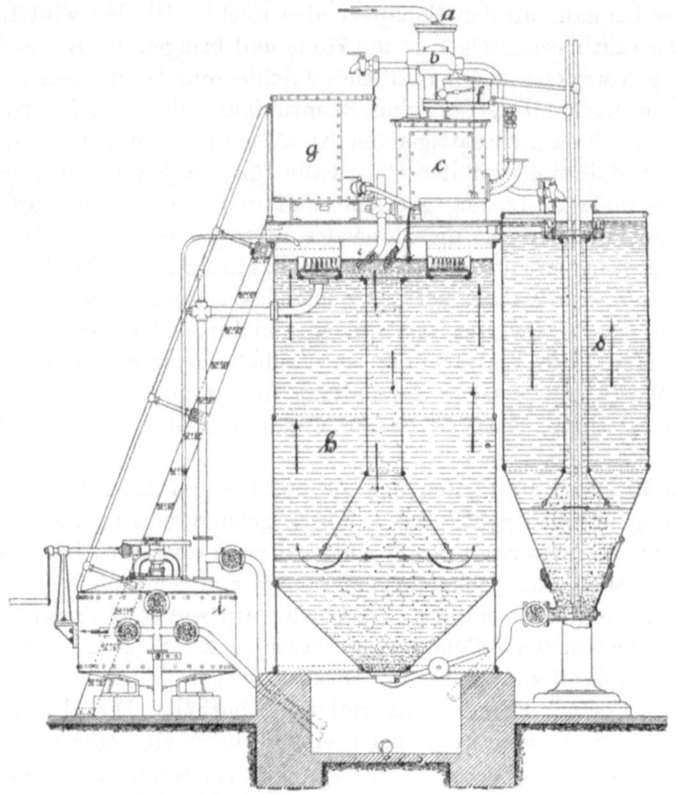

Fig. 60. Selbsttätiger Wasserreiniger.

raume *e* zuführen. Der Flüssigkeitsstand wird in dem Reglerkasten durch ein Schwimmerventil auf gleicher Höhe gehalten.

In dem Mischraum vollzieht sich der oben beschriebene Vorgang. Das Wasser fließt alsdann aus dem Klärbehälter *h* einem besonderen Filter *i* zu von der auf S. 22 in Fig. 44 näher dargestellten Art.

Die äußere Ansicht eines größeren Wasserreinigers von 28 cbm Stundenleistung ist in Fig. 61 dargestellt. Wesentlich größere Leistungen besitzen die größten Apparate, und zwar bis zu 200 cbm per Stunde.

Diese selbsttätigen Wasserreinigungsapparate werden in den verschiedensten Ausführungsgrößen auch von der Firma *Reisert* in Köln gebaut.

c) *Wasserreinigungsanlage von Gutmann.*

Eine Anlage zur Klärung von 200 cbm Wasser per Stunde durch Zusatz chemischer Mittel und nachheriger Filtration zeigen die Fig. 62, 63 und 64 in geometrischer Darstellung. Aus den beiden Zumischbehältern *a* uns *b* fließen die Zusatzmittel erst in eine gemeinsame Rinne *c* und von da aus durch ein Fallrohr *d* in den Klärbehälter *e*. In diesem steigt das Wasser in die Höhe und gelangt durch eine Leitung *f* zu den Kiesfiltern *g* der oben beschriebenen Anordnung. Den Umlauf der Flüssigkeit bewirken zwei Pumpen *h*. Das reine Wasser fließt durch die Leitungen *i* in den Reinwasserbehälter *k*.

Die Regelung der Mischung ist hier nicht selbsttätig angeordnet, vielmehr bedarf die Einrichtung der Nachhilfe seitens einer überwachenden Person.

Fig. 61. Großer Wasserreiniger (200 cbm Stundenleistung).

d) *Das Jewellfilter.*

Zu den Schnellfiltern, die ein gereinigtes Wasser herstellen unter Zusatz von schwefelsaurer Tonerde, gehört das in Amerika in industriellen Anlagen vielbenutzte *Jewellfilter*. Die schwefelsaure Tonerde bewirkt eine Ausfällung der meisten suspendierten Teilchen in kurzer Zeit. Das Wasser durchläuft zwangsmäßig innerhalb von sechs Stunden verschiedene Becken, in denen es gröberen Niederschlag absetzt. Alsdann tritt das Wasser, in dem noch freie Flöckchen von gebildeten Tonerdehydrat schwimmen, in große Eisen- oder Zementbottiche, die einen sehr scharfen gleichmäßigen Sand enthalten, und wird hier mit großer Schnelligkeit filtriert. Das Filter verschlammt rasch und muß alle 12 bis 24 Stunden gereinigt werden, indem Reinwasser unter kräftigem Druck hindurchgepreßt wird. Die Filter nehmen vor allem auch die auf Humussubstanzen beruhende braune Färbung des Wassers fort, und das Eisen wird vollständig entfernt.

e) *Die Permutitfilter.*

Eine neue Art, Wasser zu enthärten, ist die mit Hilfe des sog. Permutits, die von *Gans* eingeführt wurde. Permutit sind im mineralogischen Sinne künstliche Zeolithe, das sind Silikate von der Formel $Al_2O_3Na_2O\ 2\ SiO_2$ 4 bis 6 H_2O. Sie werden hergestellt durch Zusammenschmelzen von Feldspat, Kaolin, Ton, Sand und Soda. Die in Wasser unlösliche, aber stark wasserdurchlässige körnige oder blätterige perlmutterartig glänzende Verbindungen haben die merkwürdige Eigenschaft, ihr Natrium sehr leicht gegen

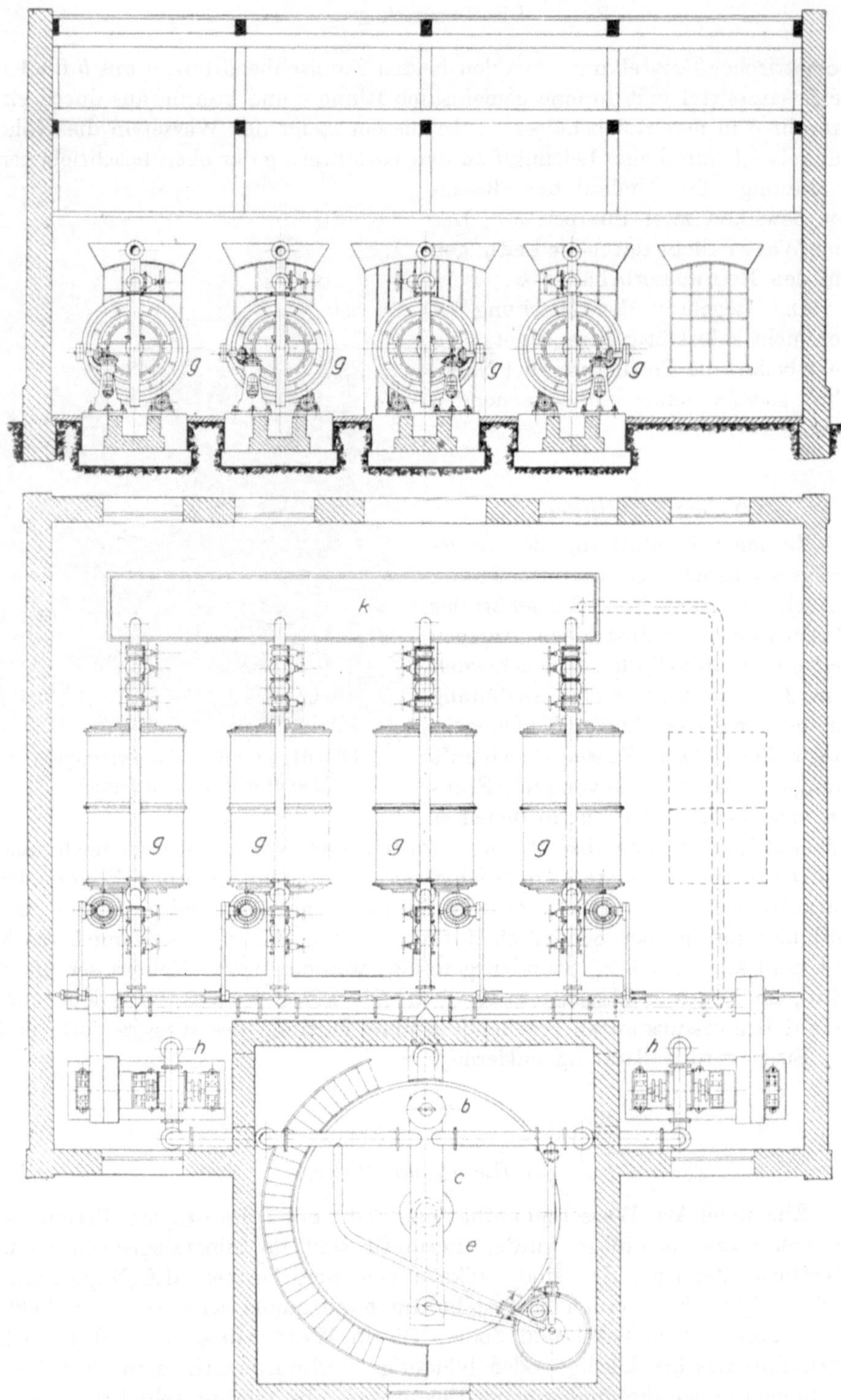

Fig. 62 und 63. Große Wasserreinigungsanlage von Gutmann.

Kalzium oder Magnesium auszutauschen, ohne daß sich die Masse äußerlich irgendwie verändert. Man kann die Gleichung schreiben:

$$Al_2O_3Na_2O\,2\,SiO_2 + Ca(CO_3H)_2 = Al_2O_3CaO\,2\,SiO_2 + 2NaHCO_3$$

oder

$$Al_2O_3Na_2O\,2\,SiO_2 + CaSO_4 = Al_2O_3CaO\,2\,SiO_2 + Na_2SO_4$$

Es werden also bei diesem Vorgang die im Wasser vorhandenen Erdalkalien an den „Permutitrest“ gebunden, während das Natrium als Bikarbonat oder

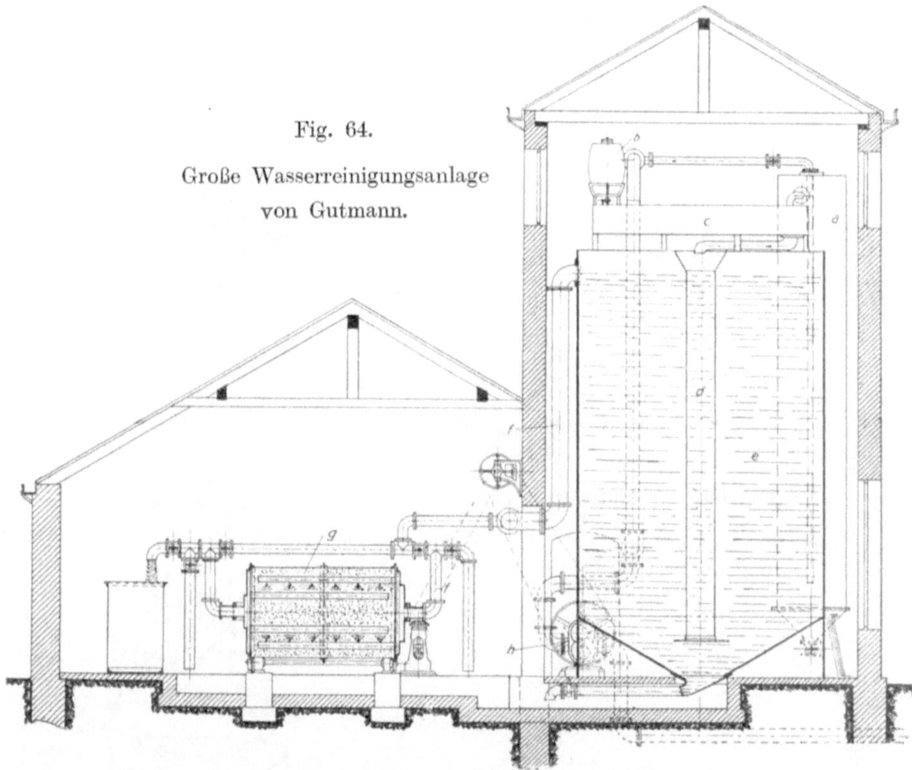

Fig. 64. Große Wasserreinigungsanlage von Gutmann.

Sulfat in das Wasser übergeht. Die Filtration von Wasser durch eine Schicht von Permutit bewirkt also nicht nur ein Zurückhalten fester Bestandteile, sondern es findet auch ein chemischer Austausch statt. Sie erlaubt also in kurzer Zeit, ohne besondere Aufsicht, ein Wasser vollständig zu enthärten. Auch die Entfernung des Eisens erfolgt hierbei. Permutit hat deswegen in verschiedenen Betrieben, besonders in der Wäscherei Verwendung gefunden.

Da die Permutitenthärtung auf Filtration beruht, müssen mechanische Verunreinigungen, wie Öl, Schlamm, Eisen, welche die Poren verstopfen und damit die Wirkung herabsetzen, entfernt werden. Die Filtration erfolgt in offener oder geschlossener Anlage. Die Figur 65 zeigt offene Permutitfilter. Benutzt wird eine 40 bis 100 cm hohe Schicht aus Permutit von 0,5 bis 2 mm

Korngröße. Das Wasser durchläuft diese am besten mit einer Geschwindigkeit von 3 bis 4 m in der Stunde. Über der Permutitschicht ist als Schutz eine Filtrierschicht aus Sand, Marmor, Kies oder Kalkstein, darunter eine solche aus Sand und Kies, die auf einem Siebboden ruht, angebracht. Das Permutit verliert durch Verlust des Natriums allmählich an Wirksamkeit,

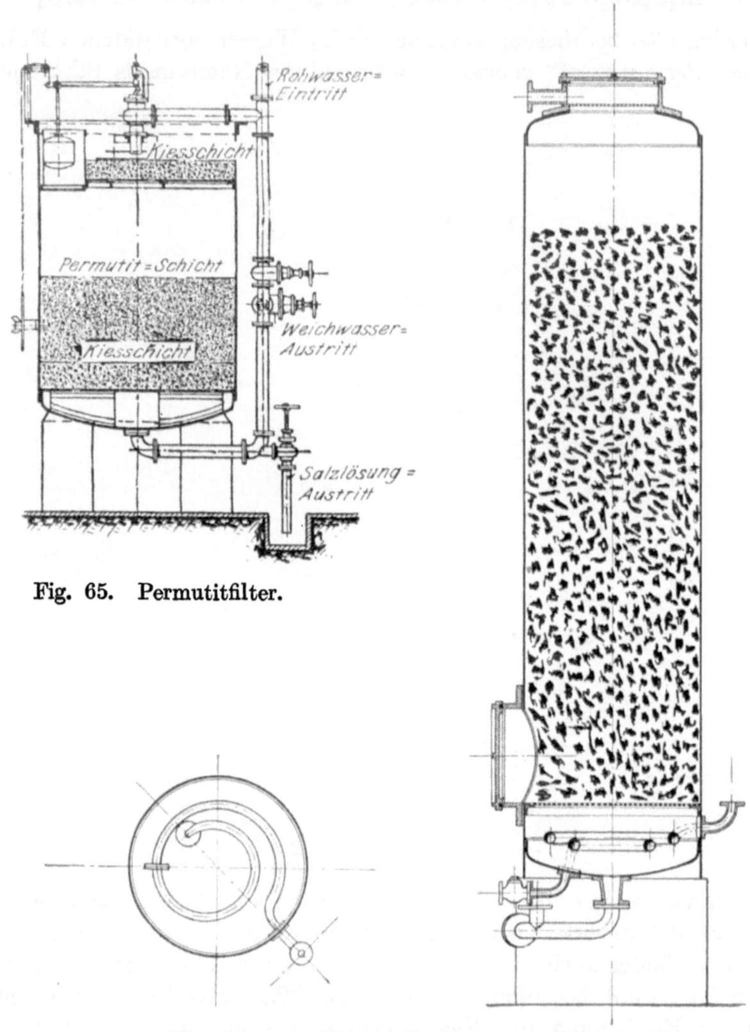

Fig. 65. Permutitfilter.

Fig. 66. Spiritusfilter. Fig. 67.

es kann aber durch Kochsalzlösung in einfacher Weise regeneriert werden. Die Enthärtung mit Permutit hat gegenüber anderen Arten der Enthärtung Vorzüge. Sie ist unempfindlich gegen Schwankungen der Härte, die sich bei Verwendung löslicher Fällungsmittel unangenehm bemerkbar machen. Es entsteht kein Schlamm, wodurch ein Zusetzen der Poren unmöglich wird. Ein gewisser Nachteil ist für die allgemeine Verwendbarkeit die Bildung von Natriumbikarbonat, das sich beim Erhitzen im Dampfkessel in freie Kohlensäure und Soda zerlegt und zu Beschädigungen führen kann. Es ist deswegen ein periodisches Abblasen der Kessel notwendig. Die Bildung dieser Salze soll auch ein manchmal lästiges Schäumen verursachen.

5. Spiritusfilter.

Der Vollständigkeit halber sei noch eine Anwendungsart von Filterapparaten erwähnt, bei denen, streng genommen, ein eigentlicher Filterprozeß, d. h. die Trennung fester Körper von Flüssigkeiten nicht stattfindet, die aber ihrer ganzen Bauart nach hierher gehören. Dies sind die in der Spiritusindustrie viel verwendeten Holzkohlenfilter. Mit ihrer Hilfe werden dem vorgereinigten Spiritus die Fuselöle entzogen, ehe er in die Rektifizierapparate gelangt. In den Fig. 66 und 67 ist ein solches Filter dargestellt. Die feinstückigen Holzkohlen werden über dem Siebboden aufgeschichtet und erfüllen den ganzen Innenraum. Der Spiritus tritt oben ein und kommt mit dem Filtergut in innige Berührung. Unterstützt wird der Vorgang noch durch gelinde Erwärmung. Unter dem Filterboden liegt eine Dampfschlange, mit deren Hilfe die Temperaturerhöhung bewirkt werden kann. Die Einfüllung des Filtermaterials erfolgt durch das obere Mannloch, in dessen Boden eine Siebplatte eingelegt ist. Die Entleerung der verbrauchten Holzkohle nimmt man durch den unteren Verschluß in bequemer Weise vor.

Solche Filter werden gewöhnlich in Batterien zu mehreren Stück angeordnet, ihre innere Einrichtung ist aber mit der vorbeschriebenen identisch.

B. Filter mit gewebter oder verfilzter Filterschicht.

1. Offene Filter.

Im Gegensatz zu den Filtern mit loser Filterschicht dienen diese Filter hauptsächlich zur Verarbeitung kleinerer Flüssigkeitsmengen und für die Zwecke der Gewerbetätigkeit fast ausschließlich.

Die Filterschicht kann aus den verschiedensten Stoffen bestehen: aus vegetabilischen Faserstoffen, in der Form von Papier, Pappe oder Tüchern; aus tierischen Fasertoffen: Haare, Wolle; aus mineralischen Faserstoffen: Asbest oder aus verwebten Metallfäden: Metallgeweben, Metalltüchern.

Die Verwendungszwecke sind so verschiedenartige, daß es unmöglich erscheint, die Filter nach diesen Gesichtspunkten zu unterteilen. Je nach der Art des Gemenges, der angewandten Temperatur, dem Säure- oder Alkaligehalt wechselt der Filterstoff und die Filterform.

a) Papier- und Beutelfilter.

Ein jedem Chemiker schon vom Laboratorium her vertrautes Filter ist das Papierfilter aus reiner Zellulose. Auch für gewerbliche Zwecke zuweilen angewendet — besonders wo es sich um geringe Mengen wertvoller Flüssigkeiten handelt — zeigen diese Filter die Annehmlichkeit, daß das Filtermaterial sich ohne Schwierigkeit veraschen läßt, ohne viel eigenen Rückstand zu hinterlassen. Dies ist zuweilen erwünscht, weshalb mit Rücksicht hierauf die Papierfilter aus möglichst aschefreier Zellulose, die zuweilen noch mit Säuren zur Entfernung der Pflanzensalze behandelt wird, aus bester Rohware gewonnen, hergestellt wird.

Da das Filtrierpapier in nassem Zustande keine eigene Festigkeit besitzt, sind zur Unterstützung seiner Form besondere Hilfsmittel erforderlich. In der Regel formt man aus dem Papier einen Trichter und steckt diesen in einen Glas-, Holz- oder Metalltrichter, der zweckmäßig einige abwärtslaufende Rillen erhält, um dem Filtrat das Ablaufen zu erleichtern.

Eine einfache Form eines Faserfilters ist der Filterbeutel. Dieser kann aus pflanzlichen oder tierischen Fasern hergestellt sein. In der Regel ist seine Form die eines spitzen Kegels, der mit seiner Grundfläche nach oben aufgehangen ist. Die Flüssigkeit durchdringt die Wand des Beutels, während der Rückstand sich in der Spitze sammelt.

Die bildliche Darstellung der Papierfilter und der Filterbeutel dürfte sich erübrigen. Eine weitere einfache Form ist das Planfilter, wie es in Form von Filtertüchern zur Verwendung gelangt. Um die Flüssigkeitsschicht in entsprechender Höhe über dem Filter zu sammeln, sind besondere Einrichtungen nötig. In zweckmäßiger und einfacher Form findet man sie bei den Nutschen.

b) *Offene Nutsche.*

Die Nutschen sind runde oder eckige Behälter, welche einen Filterboden erhalten, der aus einer widerstandsfähigen Siebplatte mit einer Überdeckung aus Filtertuch besteht. Die Nutschen werden als offene Gefäße ohne Deckel und festem Boden mit Flüssigkeitsdruck, mit Anwendung von Unterdruck unter dem Filterboden und mit Anwendung von Überdruck über dem Filter betrieben.

In Fig. 68 ist eine sehr einfache Ausführung einer Nutsche dargestellt. Über den durchlochten Boden *a* aus widerstandsfähigem Material ist ein Filtertuch *b* glatt aufgelegt. Ein zylindrischer oder eckiger Aufsatz *c* — die Zarge — ist mit dem Filterboden fest verschraubt, so daß das Filtertuch gleich die Abdichtung der Fuge bilden kann.

c) *Unten geschlossene einfache Nutschen.*

Bei der Verwendung von Nutschen handelt es sich meistens um im Verhältnis zur Flüssigkeitsmenge beträchtliche Mengen von Rückständen, deren Gewinnung zuweilen der Hauptzweck ist. Bei der in Fig. 66 dargestellten Nutsche entweicht die Flüssigkeit in eine Grube, Abzugskanal o. dgl. Will man die abfiltrierte Flüssigkeit sammeln, bringt man unter dem Siebboden *a* einen geschlossenen Boden *d* mit Ablauf *e* an, wie Fig. 69 zeigt.

d) *Nutschen mit Bodenverstärkung.*

Bei Nutschen von beträchtlichem Durchmesser ist es angezeigt, den Siebboden zu unterstützen, da er sonst zu schwer ausfallen würde. In den einfacheren Füllen genügt eine Unterstützung durch Unterzüge von Flach- oder Profileisen, wie die Fig. 70 und 71 zeigen. Die Flacheisen *f* und *g* sind

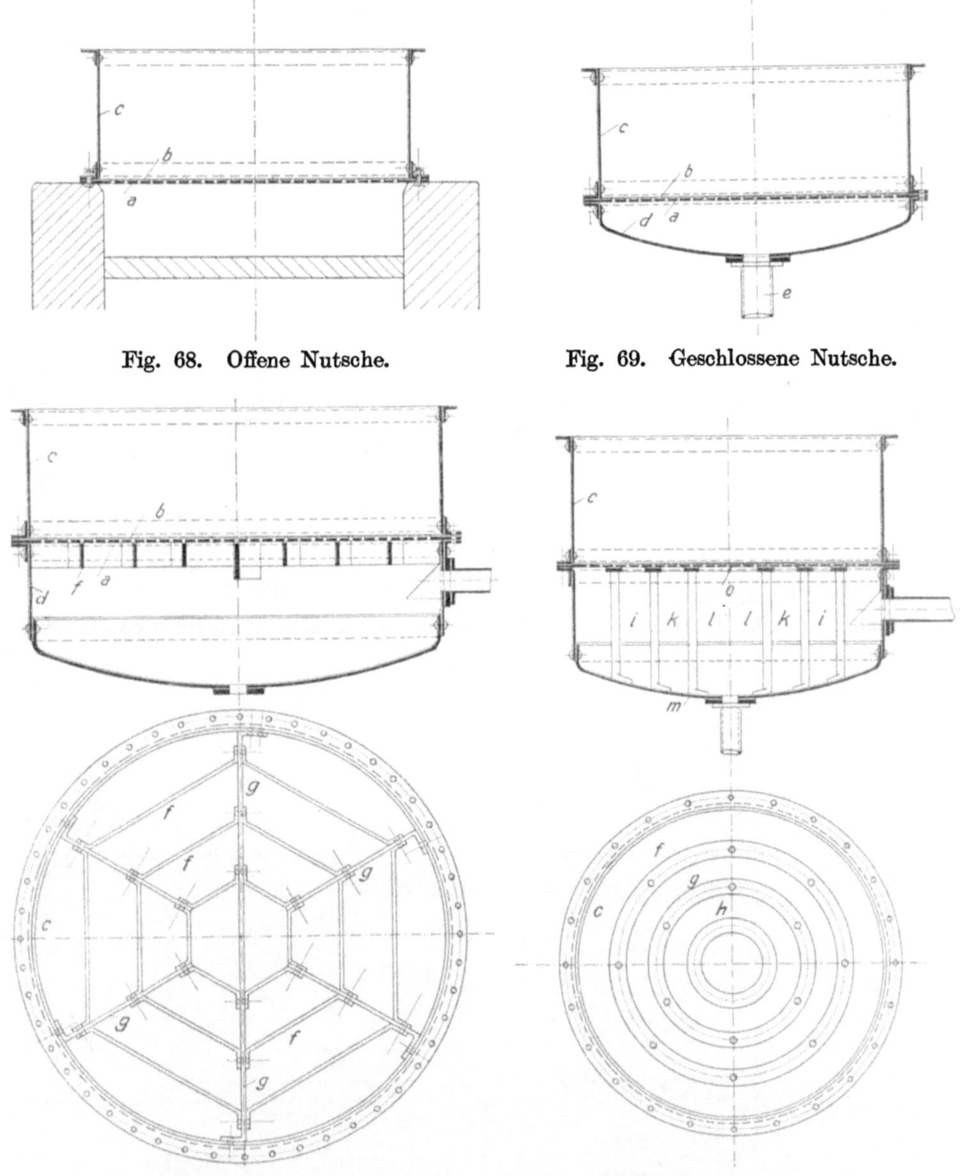

Fig. 68. Offene Nutsche.

Fig. 69. Geschlossene Nutsche.

Fig. 70 u. 71. Fig. 72 u. 73.
Nutschen mit verstärkten Boden.

an die Wandung von *d* angeschraubt oder angenietet und gewähren dem Siebboden *a* eine zuverlässige Auflage. Die Unterstützung des Bodens kann noch in anderer Weise erfolgen, indem man eiserne Schemel, gebildet aus starken eisernen Ringen mit Füßen, unter den Siebboden stellt. Die Füße stemmen sich gegen den Boden und übertragen die Last auf diesen wider-

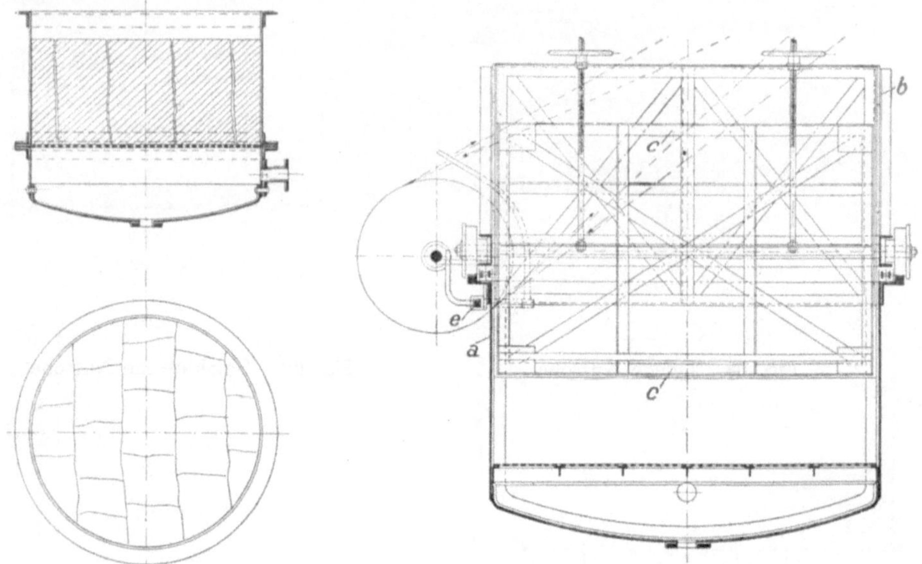

Fig. 74 und 75.
Rissebildung beim Nutschen.

Fig. 77.
Nutsche mit mechanischer Zustreichvorrichtung.

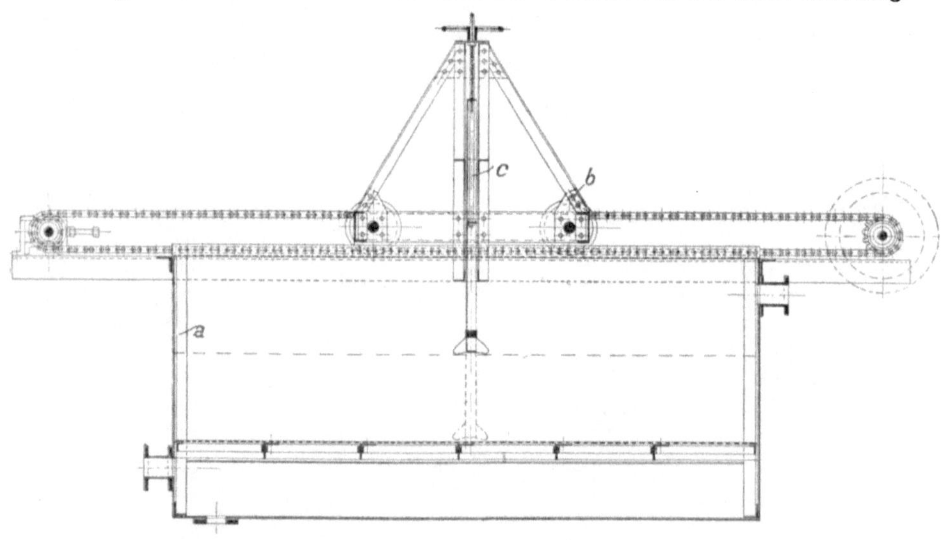

Fig. 76.

standsfähigen Konstruktionsteil. In den Fig. 72 und 73 ist eine solche Anordnung wiedergegeben, die Schemel bestehen aus den Ringen *f*, *g* und *h* und stützen mittels der Füße *i*, *k* und *l* die Last gegen den Boden *m* ab.

Mit Ausnahme der Nutschen nach Fig. 68 sind die dargestellten Typen geeignet, die Filtration unter Anwendung von Vakuum in beschleunigter Weise vorzunehmen. Zu dem Zweck ist nur nötig, den Raum unter dem Siebblech *a* mit einem luftverdünnten Raum in Verbindung zu setzen. Die über dem Siebblech lagernde Schicht Filtergut bildet einen mehr oder minder vollkommenen luftdichten Abschluß. Der atmosphärische Überdruck treibt die Flüssigkeit alsdann durch das Filtergut hindurch.

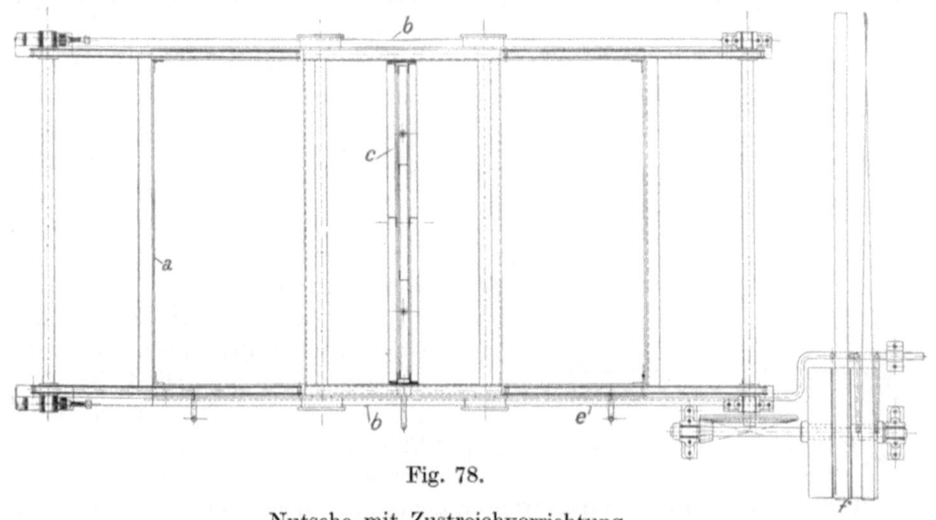

Fig. 78.

Nutsche mit Zustreichvorrichtung.

e) *Nutsche mit mechanischer Zustreichvorrichtung.*

Bei den gewöhnlichen Nutschen besteht der Übelstand, daß in dem trockener werdenden Materialkuchen sich durch das Schwinden der Masse Risse bilden, siehe Fig. 74 und 75, durch welche die Luft wirkungslos einströmt. Die Luft hat die Aufgabe, die in den kapillaren Zwischenräumen der Masseteilchen befindliche Flüssigkeit zu verdrängen.

Die einzelnen Teilchen dürfen also nicht zu groß sein, da sonst die Luft freie Querschnitte findet, durch welche sie entweichen kann. Die Rissebildung ist also ein Übelstand, den man beseitigen muß, indem die Oberfläche immer wieder glattgestrichen wird. Meistens geschieht dies von Hand. Da die Handarbeit teuer ist, hat man für Massenprodukte mechanisch betriebene Streichapparate konstruiert, wie die Fig. 76, 77 und 78 zeigen.

Auf dem Rand der Nutsche *a* läuft ein Wagen *b*, der den in der Höhe verstellbaren Streicher *c* trägt. Der Wagen wird mittels zweier endloser Ketten *d* hin und her gezogen. Die Bewegungsumkehr erfolgt durch Anschläge am Wagen *b* bzw. einer Zugstange *e*, welche den offenen bzw. gekreuzten Riemen abwechselnd auf die Antriebsscheibe *f* schalten.

Die Wirkung des andauernden Zustreichens der Risse ist eine vorzügliche. Massen, die sich sonst nur sehr schwer oder ungenügend abnutschen lassen, wie gefällter Gips, präzipitierter Kalk, lassen sich auf der mechanisch betriebenen Nutsche mit Erfolg verarbeiten.

f) Luftpumpen für Nutschenbetrieb.

Die Luftverdünnung wird durch Vakuumpumpen hervorgebracht. Solcher Pumpen gibt es zwei verschiedene Systeme. Bei den Naßluftpumpen saugt die Pumpe aus dem zu evakuierenden Raum Flüssigkeit und Luft zugleich an und stößt sie gleichzeitig wieder aus. Als Nutschenpumpen werden sie seltener verwendet, da in vielen Fällen die abgenutschte Flüssigkeit mit dem Innern der Pumpe nicht in Berührung kommen soll.

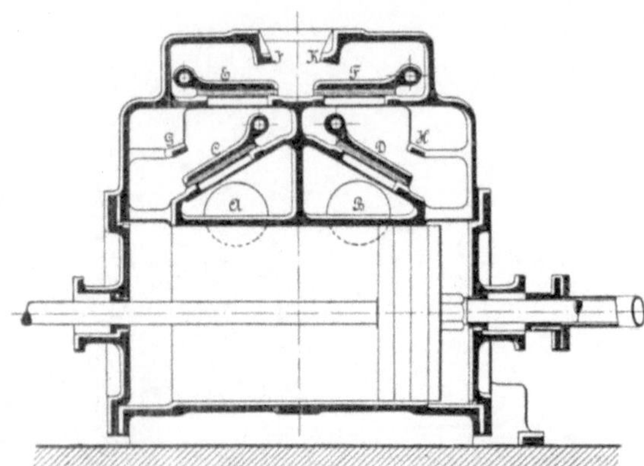

Fig. 79. Luftpumpe mit Klappenventilen.

Bei der Verwendung von trockenen Luftpumpen ist die Zwischenschaltung eines Scheidegefäßes erforderlich, in welchem die Flüssigkeit und die Luft sich trennen können.

Die trockenen Luftpumpen werden heutzutage noch meistens als Kolbenluftpumpen ausgeführt. Rotierende Luftpumpen, entweder mit rotierenden Kolben oder rotierenden Schleuderrädern sind in der Minderzahl, letztere sind bei hoher Luftleere nicht anwendbar.

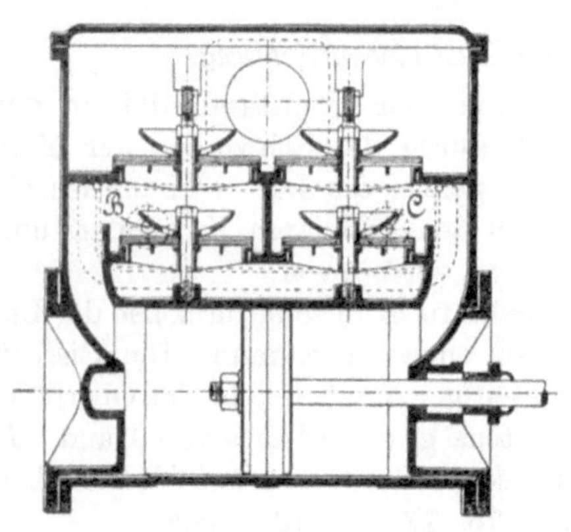

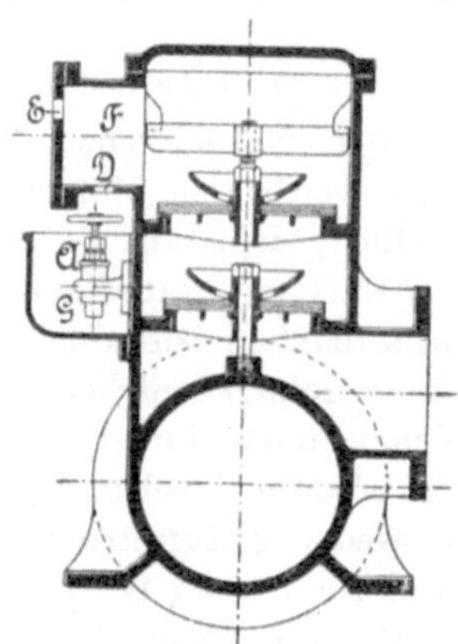

Fig. 80. Tellerventilluftpumpe. Fig. 81.

α) Einfache amerikanische Luftpumpe mit Klappenventilen.

In Fig. 79 ist das Prinzip einer solchen Luftpumpe dargestellt. Die angesaugte Luft dringt durch die Öffnungen *A* und *B* in den Saugraum, welchen die Klappen *C* und *D* abschließen. Diese Klappen öffnen sich bei Unterdruck nach dem Innern des Zylinders und schließen sich bei Überdruck. Die weggedrückte Luft entweicht unter den Klappen E und F nach der Auspuffleitung. Die Anschläge G und H, bzw. I und K regeln den Hub der Ventilklappen a bis l.

β) *Tellerventilpumpe von Heckmann.*

Neben dieser einfachen amerikanischen Bauart ist diejenige von *Heckmann* bemerkenswert, siehe Fig. 80 und 81.

An Stelle der Klappenventile sind Tellerventile angewendet und außerdem ist eine Einrichtung vorhanden, um die bei jedem Hubwechsel sich geltend machenden schädlichen Räume zu kompensieren.

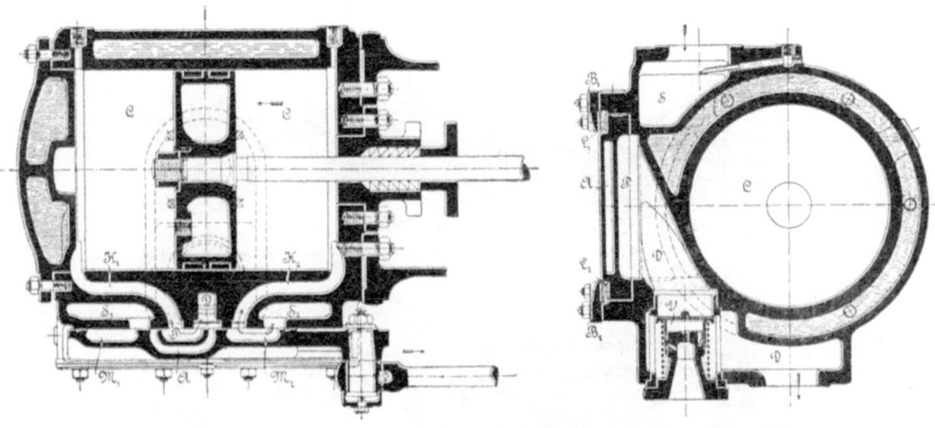

Fig. 82. Schieberluftpumpe. Fig. 83.

Zu dem Zweck sind zwei Einspritzventile A vorhanden, die vor den Öffnungen B und C sitzen. Durch diese wird aus dem Trog G eine zum Ausfüllen des schädlichen Raumes jeweilig erforderliche Menge Wasser oder Glyzerin angesaugt. Durch die Öffnung D am Boden des Stutzens F fließt dieses Wasser oder das Glyzerin dem Trog G wieder zu; während die Luft durch E ins Freie entweicht.

γ) *Schieberluftpumpe von Pokorny & Wittekind.*

Eine Luftpumpe, bei welcher die Luftbewegung durch ein besonderes Organ, einen Schieber, gesteuert wird, ist diejenige von *Pokorny & Wittekind* in der Kösterschen Konstruktion.

Das Wesentliche dieser Pumpe besteht darin, daß die Gase durch die Kanäle M_1, M_2 und P im Schieberspiegel, siehe Fig. 82 und 83, angesaugt und fortgedrückt werden. Durch diese Einrichtung kann der Schieber offen, ohne Abdeckung arbeiten. Für die Zugänglichkeit und Betriebssicherheit ist dies ein nicht zu unterschätzender Vorteil.

In der gezeichneten Stellung strömt die Luft aus der Saugleitung durch S_2 und den Kanal M_2 des Schiebers, sowie K_2 in den Raum C rechts hinter dem Kolben. Die auf der anderen Kolbenseite vorhandene Luft wird durch

K_2 und den Kanal P nach dem Auspuff D gedrückt. Der Druckausgleich, d. h. die Überleitung der in den schädlichen Räumen jeweils vorhandenen Luftmenge, welche das Vakuum verschlechtert, nach der anderen Kolbenseite, wo sie entfernt wird, erfolgt in der Nähe der Totpunktlage des Kolbens. Zu diesem Zweck ist im Schieber ein Kanal A ausgespart, durch welchen diese Verbindung hergestellt wird.

δ) *Drehschieberluftpumpe von G. A. Schütz.*

Eine Luftpumpe mit einem Drehschieber ist in Fig. 84 wiedergegeben. Der Drehschieber B leitet die bei A angesaugte Luft abwechselnd durch die

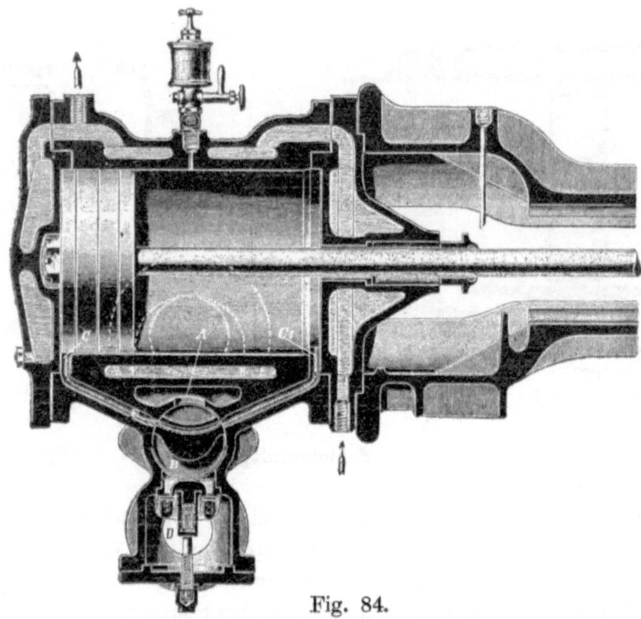

Fig. 84.
Drehschieberluftpumpe.

Kanäle C und C_1 hinter den Kolben. In der gezeichneten Stellung tritt die Luft aus den schädlichen Räumen der einen Zylinderseite durch den Schlitz E des Drehschiebers auf die andere Seite über und bewirkt so den Druckausgleich. Die angesaugte Luft wird durch den Stutzen D ausgestoßen.

Die Gesamtansicht einer solchen Pumpe ist in Fig. 85 dargestellt. Der Antrieb der Pumpe kann durch Riemen oder Seilantrieb, durch einen Elektromotor oder eine Dampfmaschine erfolgen.

ε) *Naßluftpumpen.*

Die Bauart der Naßluftpumpen kennzeichnet sich durch die Verwendung eines Tauch-(Plunger) Kolbens oder eines Ventilkolbens. Beide Bauarten werden in liegender oder stehender Anordnung ausgeführt. In den Fig. 86 und 87 sind zwei einfache Pumpen dargestellt, bei denen die Saug- und Druckseite durch gewöhnliche einteilige Tellerventile abgeschlossen ist.

Eine verbesserte Konstruktion zeigt Fig. 88, bei der das Wasser und Luftgemisch der Pumpe selbsttätig zufließt. Das Gemisch tritt bei *A* in den doppelwandigen Zylinder *C*, in dem sich der hohle Kolben *B* bewegt. Zu diesem tritt das Gemisch durch den ringförmigen Schlitz *D*, sobald der obere Rand des Kolbens ihn freigegeben hat. Das Wasser erfüllt den Hohlraum

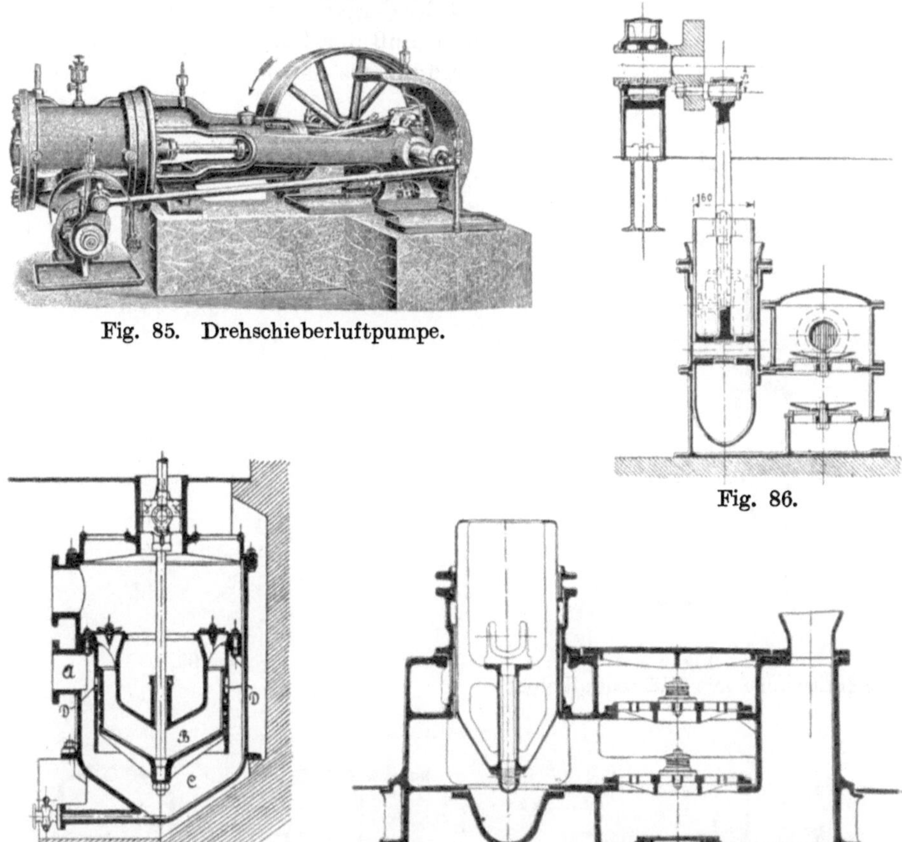

Fig. 85. Drehschieberluftpumpe.

Fig. 86.

Fig. 88. Fig. 86—88. Naßluftpumpe. Fig. 87.

des Kolbens, zumal es bei dessen Niedergang aus dem Raum *C* durch *D* nach *B* verdrängt wurde. Beim Aufsteigen des Kolbens fließt allerdings ein Teil durch *D* wieder nach *C*, doch ist die Förderleistung immer noch genügend, und der Fortfall der Saugventile ist ein hinreichend großer Vorteil, um hierüber hinwegsehen zu können.

Die Leistung der in den Fig. 85, 86 und 87 beschriebenen Luftpumpen ist, da sie einfach wirkend sind, nur halb so groß, wie diejenige der nachfolgend erläuterten doppelwirkenden Ausführungen.

In Fig. 89 ist eine Pumpe mit Differentialkolben abgebildet.

Beim Aufgang des Kolbens wird eine bestimmte Wasser- und Luftmenge durch die untern Saugventile angesaugt. Beim Niedergang schließen sich diese

Ventile und das Gemenge tritt durch die Kolbenventile über den Kolben Da aber der Inhalt des Raumes über ihm kleiner ist als unter ihm, muß ein Teil des Wassers bzw. der Luft durch die Druckventile entweichen. Beim Aufwärtsgang wird dann der Rest entleert. Will man die geförderten Mengen beim Auf- und Niedergang einander gleich machen, dann muß der Plunger 7/10 des Kolbendurchmessers haben.

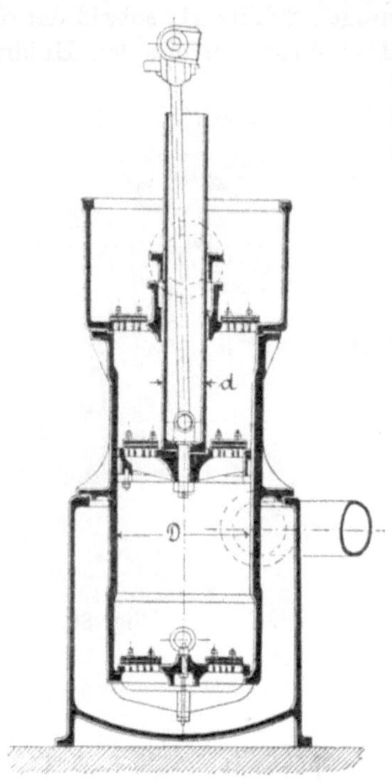

Fig. 89.
Naßluftpumpe mit Differentialkolben.

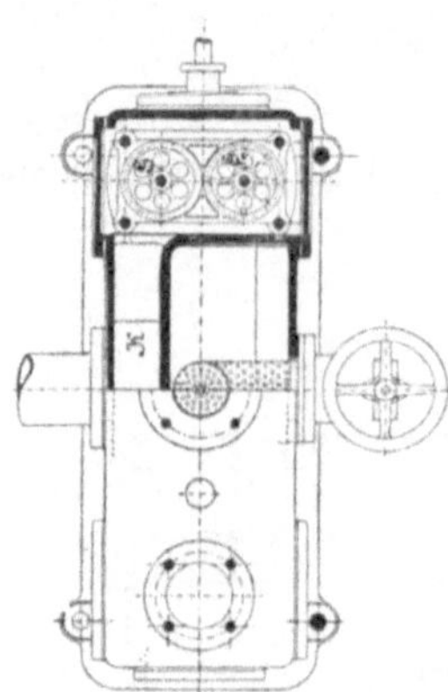

Fig. 93.

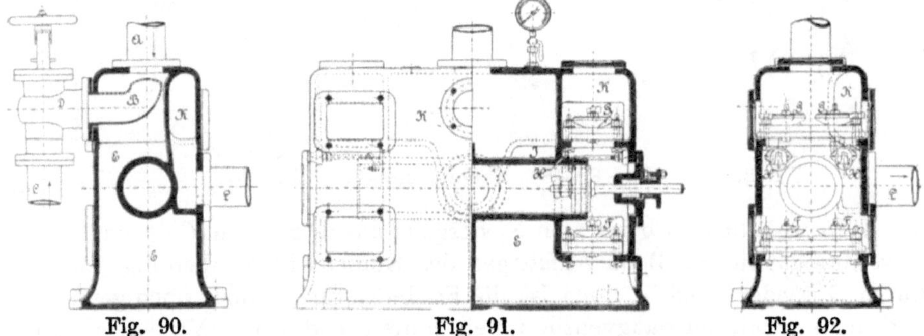

Fig. 90. Fig. 91. Fig. 92.
Luftpumpe mit getrennter Wasser- und Luftführung.

ξ) Luftpumpen mit getrennter Wasser- und Luftführung.

Eine Luftpumpe liegender Anordnung, bei der die Luft und das Wasser bzw. die Flüssigkeit getrennt zugeführt werden, ist in den Fig. 90 bis 93 angegeben.

An den beiden Enden des Zylinders liegen je zwei Saugventile F und je zwei Druckventile G, außerdem aber an jeder Seite zwei kleine Luftventile H.

Der Raum rechts vom Kolben ist in der gezeichneten Stellung mit Wasser gefüllt. Bewegt sich der Kolben nach links, dann sinkt der Wasserspiegel, während das Druckventil unter dem Atmosphärendruck geschlossen bleibt. Es bildet sich alsdann unter dem Druckventil G ein Vakuum. Werden die Luftventile H H vom Wasser nicht mehr berührt, so tritt durch sie die Luft aus dem Saugraum in den Kolbenraum. Da beide Räume denselben Druck haben, fließt durch F auch Wasser hinein. Durch K und L wird alsdann das Gemisch von Luft und Wasser nach außen gestoßen.

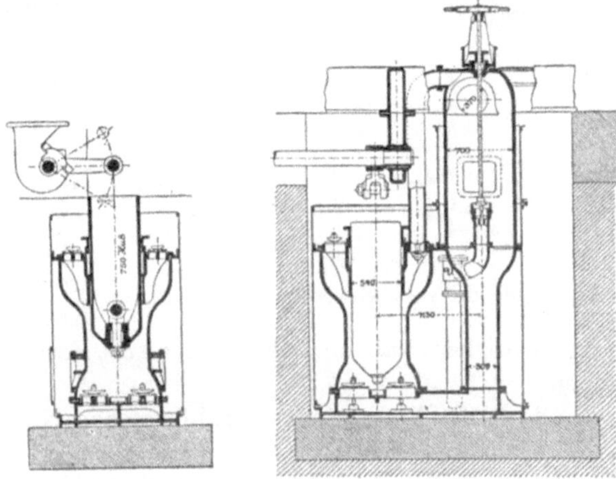

Fig. 94. Fig. 95.
Doppelt wirkende Luftpumpe.

Eine doppelt wirkende Luftpumpe von *Riedler* ist in den Fig. 94 und 95 kenntlich gemacht.

Das Bemerkenswerte dieser Bauart ist die Tatsache, daß die Bewegung der angesaugten Luft durch ein besonderes Rohr, welches nach dem höchsten

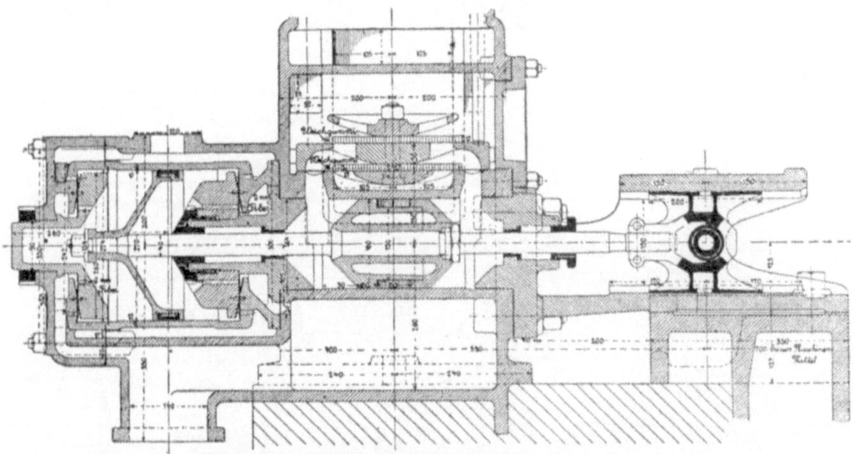

Fig. 96. Zweistufige Kolbenluftpumpe.

Punkt im Kondensator führt, beeinflußt wird. Dieses Rohr trägt an seinem unteren Ende ein Saugventil für die Luft, während das Wasser durch die am Boden des Pumpenzylinders befindlichen Saugventile in denselben gelangt.

In der Fig. 96 ist eine zweistufige Kolbenluftpumpe im Schnitt dargestellt nach der Konstruktion der Maschinenfabrik *Örlikon* und in Fig. 97 ist eine liegende doppelt wirkende Luftpumpe mit Gummiklappen dargestellt nach der Bauart *L. A. Riedinger*, wie sie oft auch für Kondensationsanlagen verwendet werden.

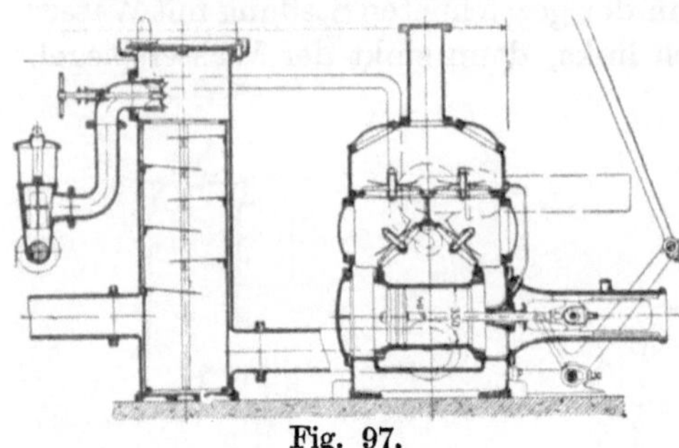

Fig. 97.
Liegende doppelt wirkende Luftpumpe.

g) *Nutschenanlage mit mehreren Nutschen.*

In der Regel sind mehrere Nutschen zu einer Batterie vereinigt und besitzen eine gemeinsame Luftpumpe, die gleichzeitig, da die trockenen Luftpumpen auch als Kompressor für geringere Luftpressungen wirken können, das Mittel zur Fortbewegung der Flüssigkeit abgeben.

Die Aufstellung einer Anzahl solcher Nutschen ist in den Fig. 98, 99 und 100 verdeutlicht.

Die Nutschen I bis VI sind mit ihren Abflußrohren *a* an eine gemeinsame Sammelleitung *b* angeschlossen. Die Rohre *a* können einzeln durch Hahn *c* abgesperrt werden; von *b* gehen zwei Anschlußrohre *d* mit Hähnen oder Schiebern *e* nach den beiden Sammelbehältern *f*, aus denen die Vakuumpumpe *n* saugt. Die abgenutschte Flüssigkeit sammelt sich in den tiefliegenden Behältern und füllt dieselben allmählich an.

Zwischen den Behältern *f* und der Pumpe *n* ist bei sauren Flüssigkeiten

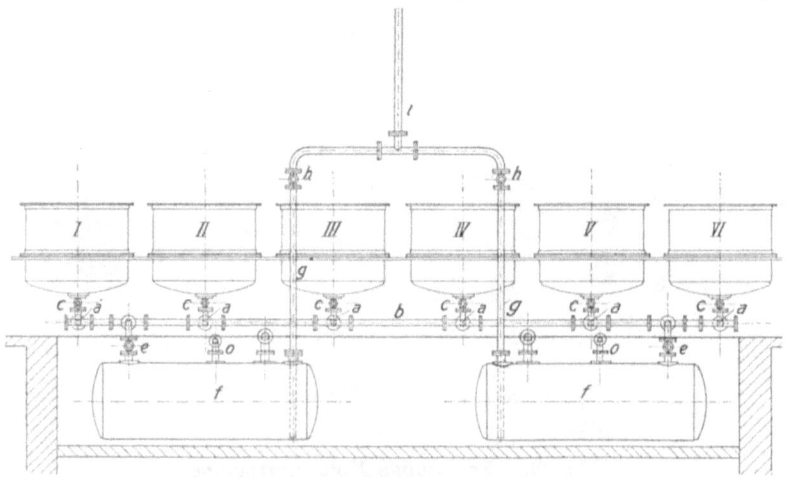

Fig. 98. Nutschenanlage.

regelmäßig ein Zwischengefäß *m* eingeschaltet, das durch Rohr *k* mit den entsprechenden Abzweigen mit *f* verbunden ist. Die Pumpe *n* evakuiert zuerst das Zwischengefäß *m*, welches im Bedarfsfalle mit einem geeigneten Reagenzmittel beschickt sein kann und dann weiterhin durch *k* auch *f*. Die Entleerung der Vorlagen *f* erfolgt nach Abschaltung von *m* und der zugehörigen Nutschen dadurch, daß man bei *o* Preßluft eintreten läßt, welche die in *f*

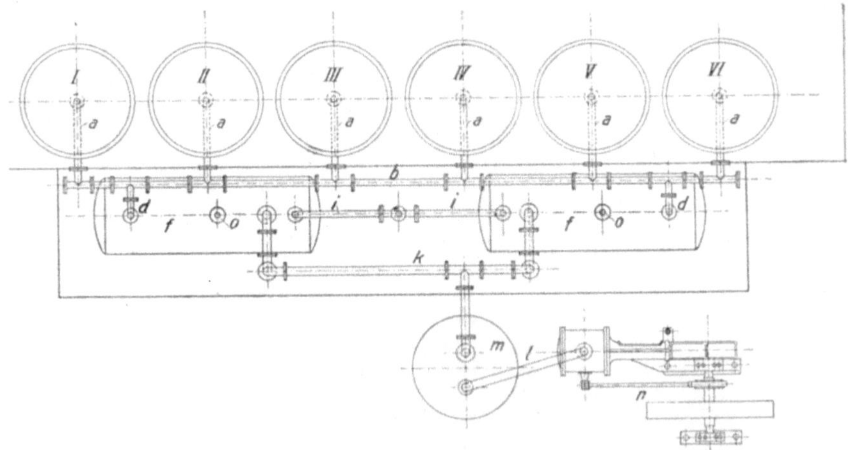

Fig. 99. Nutschenanlage.

befindliche Flüssigkeit durch das Rohr *g*, den Hahn *h* nach *i* wegdrückt. Solange *f* unter Vakuum steht, ist *h* natürlich geschlossen.

Eine andere Anordnung einer Nutschenanlage ist in den Fig. 101 und 102 angedeutet. Auf den kräftigen Sammelrohren *b* sitzen die Nutschen *a*, die zu je 10 bzw. 20 Stück an die Sammelgefäße *c* angeschlossen sind. Eine kräftige Vakuumpumpe *d* bringt das erforderliche manometrische Gefälle hervor. Die Lufthähne *e* sind beim Nutschen geschlossen.

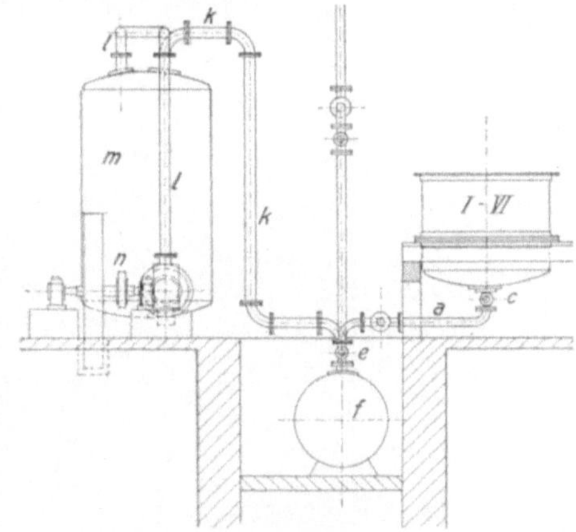

Fig. 100.
Nutschenanlage (Seitenansicht).

Ist das Abnutschen beendet, werden die Ventile *f* geschlossen und die Hähne *e* geöffnet. Zur Entleerung der Sammelgefäße *c* dienen die Ventile *g*,

Das Entleeren der vorstehend beschriebenen Nutschen muß von Hand erfolgen. Dies bedingt Zeitverlust und Unkosten. Oft nimmt der Nutschprozeß an sich zuweilen einen so großen Zeitraum in Anspruch, oft mehrere Tage, daß der Zeitaufwand für das Entleeren nicht allzu sehr ins Gewicht fällt. Oft dauert jedoch das Abnutschen nur kurze Zeit, wie z. B. bei den Deckgefäßen in der Chlorkaliumindustrie, so daß die Entleerung der meistens sehr geräumigen Nutschen zuviel Zeitverlust und Lohnausgaben verursachen würde.

Fig. 101.

Große Nutschenanlage.

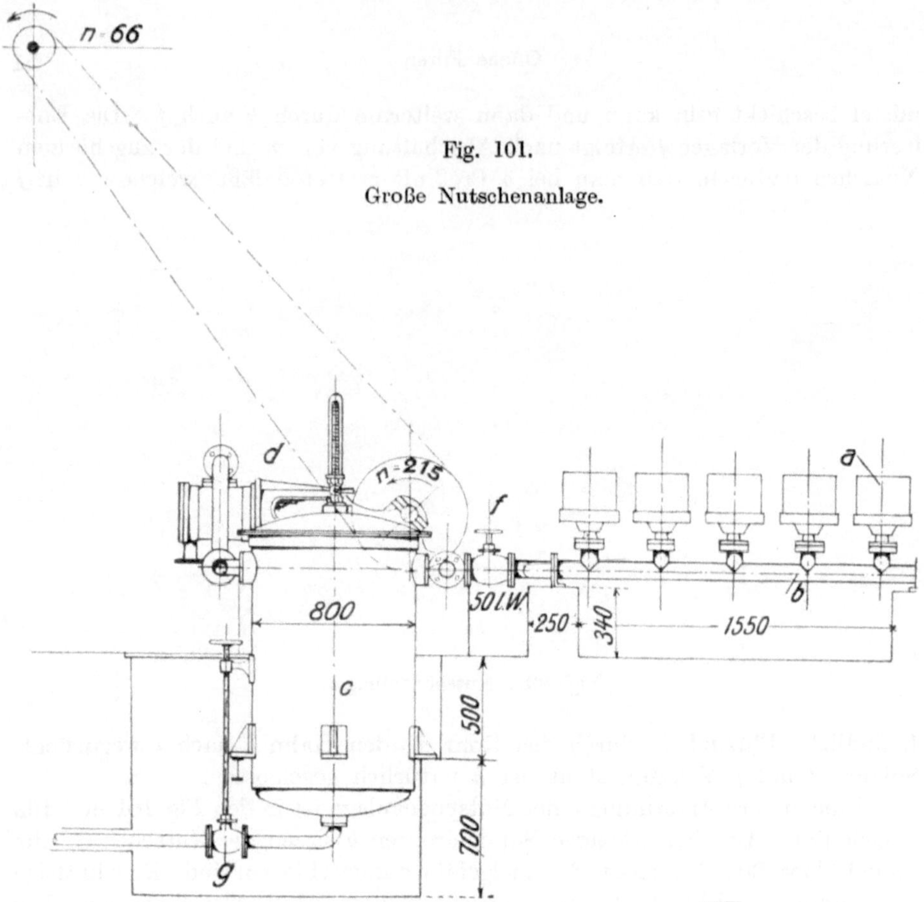

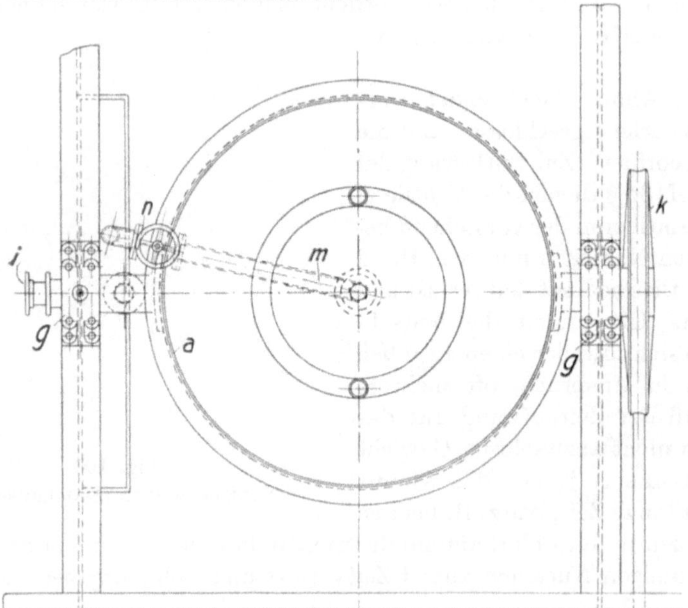

Fig. 104. Mechanisch entleerbare Nutsche.

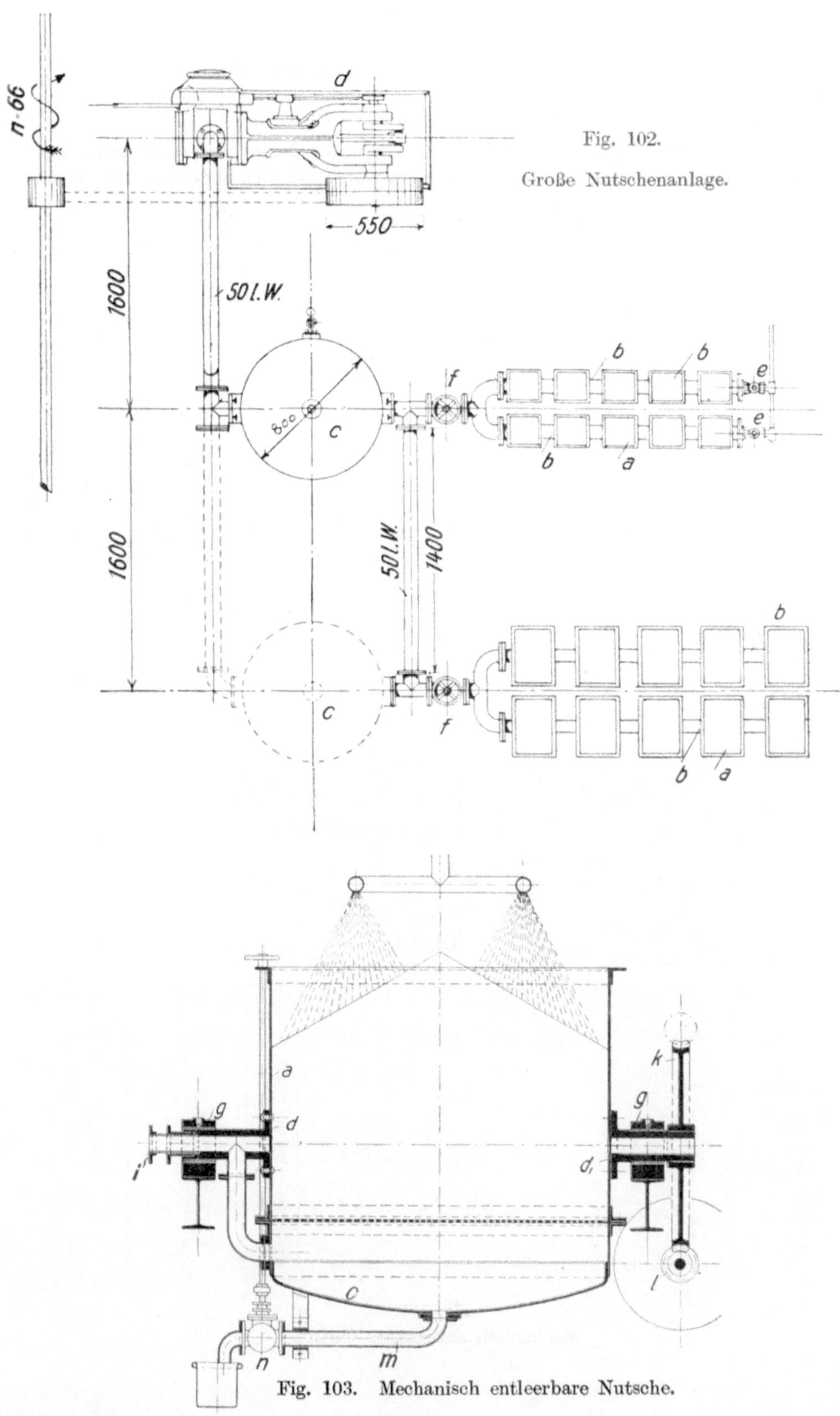

Fig. 102.
Große Nutschenanlage.

Fig. 103. Mechanisch entleerbare Nutsche.

h) Mechanisch entleerbare Nutschen.

Um die Handarbeit bei der Entleerung der Nutschen zu sparen, hat man dieselben um eine unter oder im Schwerpunkt des Apparates liegende

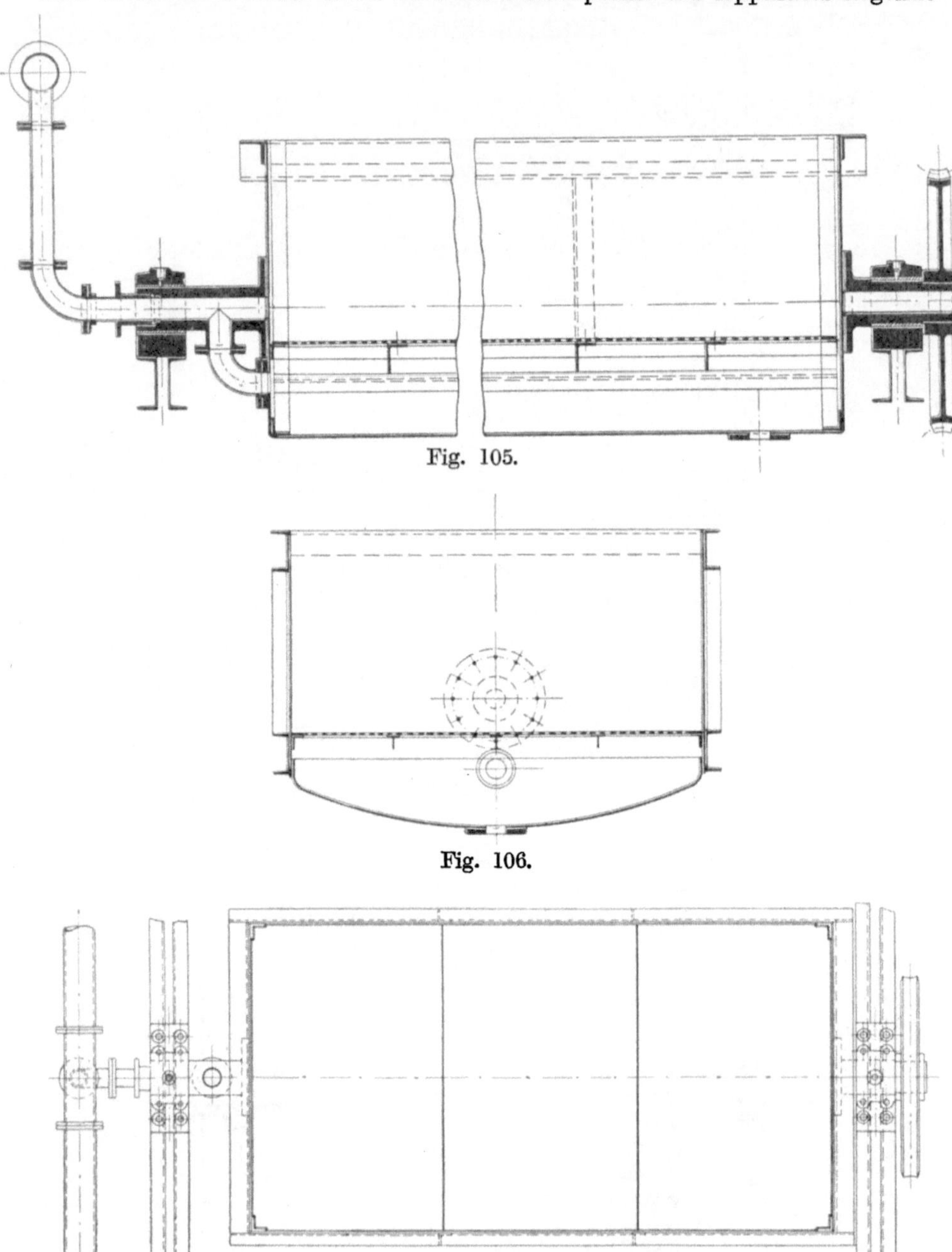

Fig. 105.

Fig. 106.

Fig. 107.
Mechanisch entleerbare Nutsche.

Achse drehbar gemacht, so daß bei der Drehung um 180° der gesamte Inhalt herausfällt.

Solche Nutschen werden in großem Maßstabe in der Kaliindustrie verwendet, sind aber auch in Salinenbetrieben eingeführt und haben überall da ihre Berechtigung, wo es sich um die Bewältigung großer Mengen von nicht klebenden oder backenden Rückständen handelt.

Die Nutsche besteht aus dem Mantel *a*, dem Siebboden *b* und dem festen Boden *c*, siehe Fig. 103 und 105. An dem Mantel sind zwei Zapfen angenietet, von denen der eine Zapfen *d* hohl ist und durch eine Rohrleitung mit dem Nutschenunterteil behufs Evakuierung des Raumes unter dem Siebboden in Verbindung steht.

Die Vakuumleitung *i* ist durch eine Stoffbüchse an *d* angeschlossen. Die Zapfen ruhen in gewöhnlichen Lagern *g*. Der Zapfen *d* trägt ein Schneckenrad *k*, das durch eine Schnecke *l* in Drehung versetzt werden kann. Die aus-

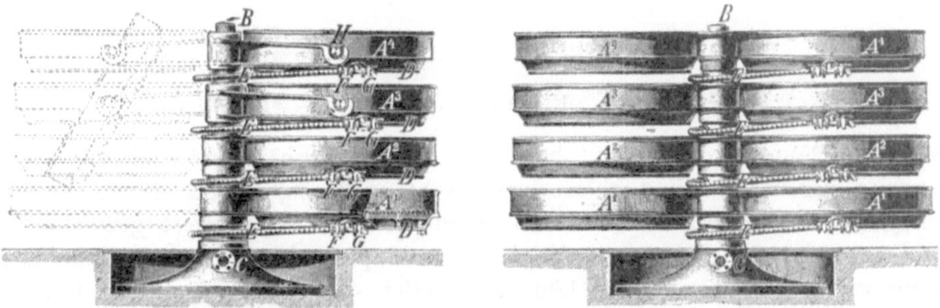

Fig. 108. Etagennutsche. Fig. 109.

geschiedene Flüssigkeit kann durch ein Ablaufrohr *m* mit Hahn *n* entfernt werden. Die Hauptmenge der Flüssigkeit läuft durch den Flüssigkeitsdruck ab: der Hahn wird alsdann geschlossen, worauf die dann unter Mitwirkung des Luftdruckes abgeschiedene Flüssigkeit in dem Raume unter dem Siebboden sich sammelt. Bevor die Nutsche gedreht wird, ist der Hahn *n* wieder zu öffnen.

Eine Nutsche von großem Fassungsvermögen ist die in den Fig. 105, 106 und 107 dargestellte Kippnutsche. Die Einrichtung ist im wesentlichen dieselbe wie bei dem oben beschriebenen Apparat, so daß von einer Beschreibung der Einzelheiten abgesehen werden kann.

i) *Etagennutsche von Fesca.*

Eine Nutsche, welche unter der Bezeichnung Etagennutsche von *Albert Fesca & Co.* hergestellt wird, ermöglicht wesentliche Ersparnisse an Grundfläche und gegenüber den gewöhnlichen Nutschen mit Handbetrieb auch Ersparnisse an Handarbeit.

Wie man aus den Fig. 108, 109, 110 und 111 erkennen kann, nehmen vier Nutschen beim Beschicken und Entleeren die Grundfläche von zwei und acht Nutschen diejenige von vier Apparaten ein.

Die Nutschen A_1, A_2, A_3 und A_4 sind um eine Säule B drehbar angeordnet, welche zugleich das Absaugrohr bildet. Die Unterteile D der Nutschen sind mit B durch Schläuche E verbunden, durch welche das Absaugen stattfindet. Die nach der Luftpumpe oder dem evakuierten Zwischengefäß

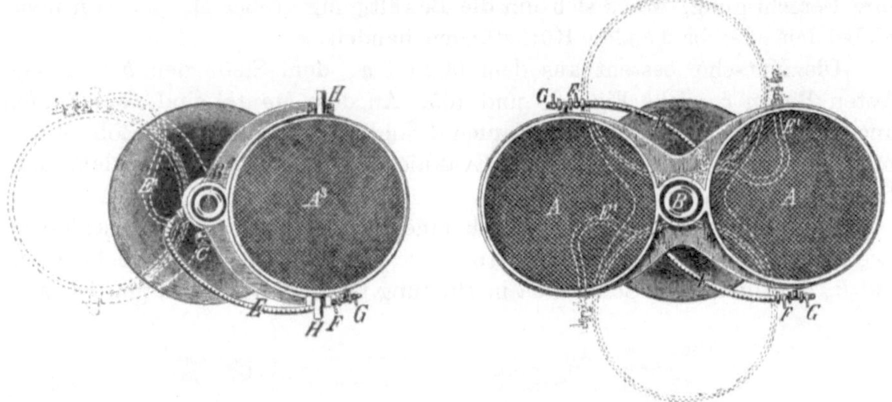

Fig. 110. Etagennutsche. Fig. 111.

führende Saugleitung schließt bei C an. Die Ablaßhähne G sind zur Entfernung der in D befindlichen abgenutschten Flüssigkeit bestimmt. Wenn eine Nutsche entleert werden soll, wird sie in die punktiert gezeichnete Stellung gebracht und um die Zapfen H gekippt und entleert, um dann bequem wieder gefüllt werden zu können. Bei der Anordnung von acht Nutschen auf einer Säule werden je zwei zusammen drehbar eingerichtet. Bei größerem

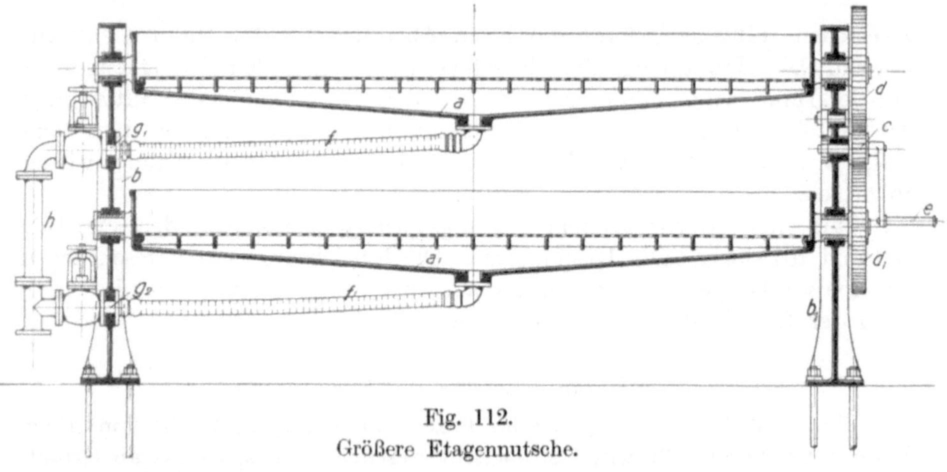

Fig. 112.
Größere Etagennutsche.

Fassungsvermögen ändert sich die Bauart insofern, als die Lagerung an einer Säule nicht mehr angängig erscheint. Man beschränkt sich zweckmäßig auf zwei Etagen und lagert die Nutsche in zwei Lagern drehbar. Die Konstruktion ergibt sich dann aus den Fig. 112 bis 115. Die Nutschen a, a_1 sind in zwei Ständern b, b_1 drehbar gelagert. Die Drehung erfolgt durch das Zahnradgetriebe c, d, d_1 durch Drehen der Kurbel e. Vom Boden der Nutsche führen zwei biegsame Schläuche f, f_1 nach den am Maschinengestell b angebrachten festen Rohranschlüssen g, g_1, die durch ein nach der Vorlage führendes Rohr h verbunden sind.

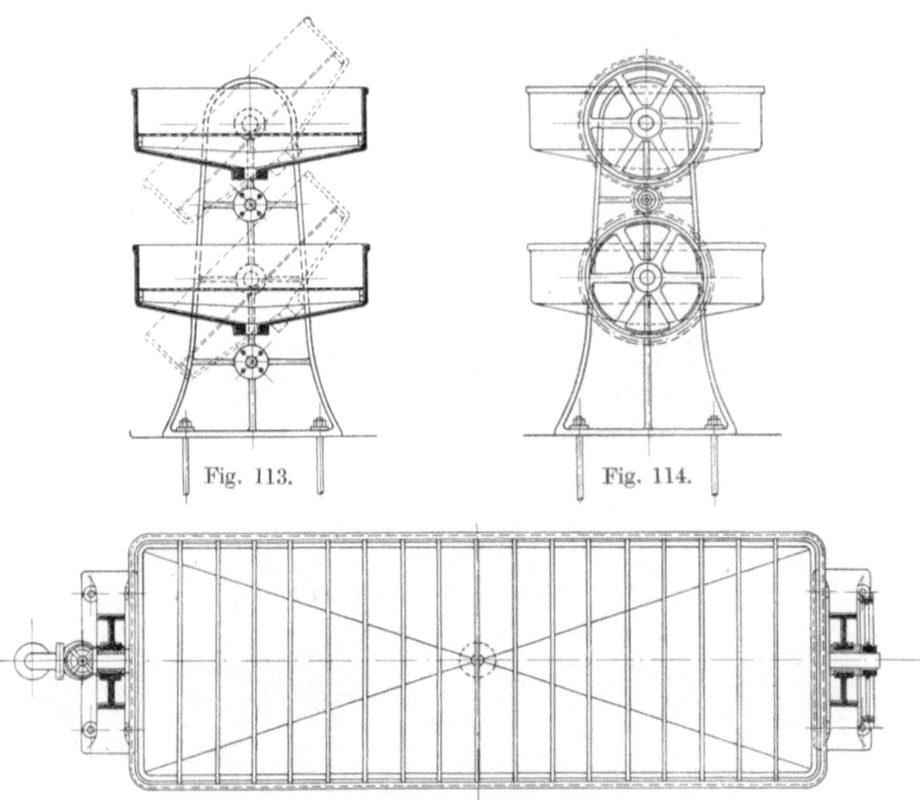

Fig. 113. Fig. 114.

Fig. 115. Größere Etagennutsche.

2. Kontinuierlich wirkende Nutschfilter.

In denjenigen Fällen, in welchen die Menge der festen Bestandteile zu derjenigen der Flüssigkeit nur klein ist, sind die Filter mit endlosem Filtertuch sehr oft von Vorteil. Solche Filter werden in der Papierindustrie, in Holzschleifereien und in der Zelluloseindustrie viel verwendet. Sie dienen in der erstgenannten Industrie hauptsächlich, wie auch in der Zelluloseindustrie zum Auffangen der in den Wasch- und Abwässern noch vorhandenen wertvollen Fasern. In der Holzschleiferei wird das Filter als ein Hilfsgerät benützt, um den im Wasser flottierenden Holzschliff von diesem zu trennen und dann insbesondere in der Braunholzschliff-Fabrikation bei der Herstellung von Pappen, um den abgesonderten Holzschliff der Pappenwickelwalze zuzuführen.

Zur Wiedergewinnung von Papierstoff aus den Abwässern dient u. a.

das Filter von *H. Füllner* in Warmbrunn, welches in großer Zahl in der Papierindustrie angewendet wird.

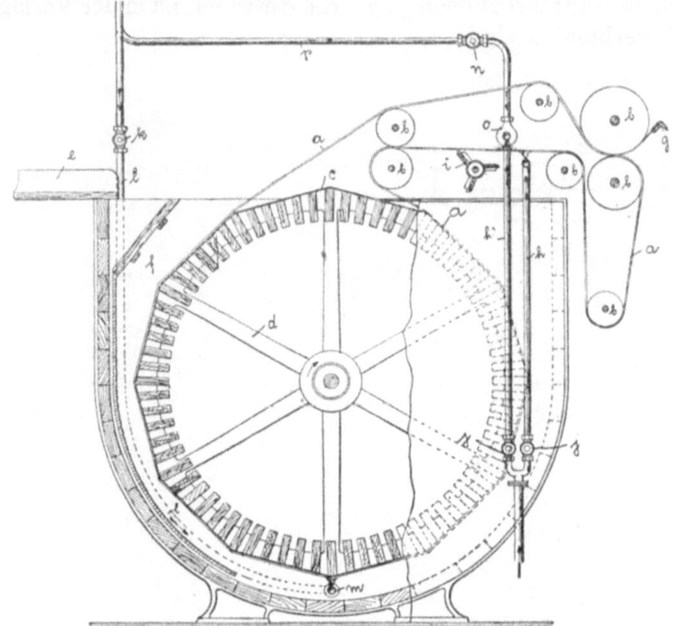

Fig. 116. Kontinuierlich wirkendes Filter.

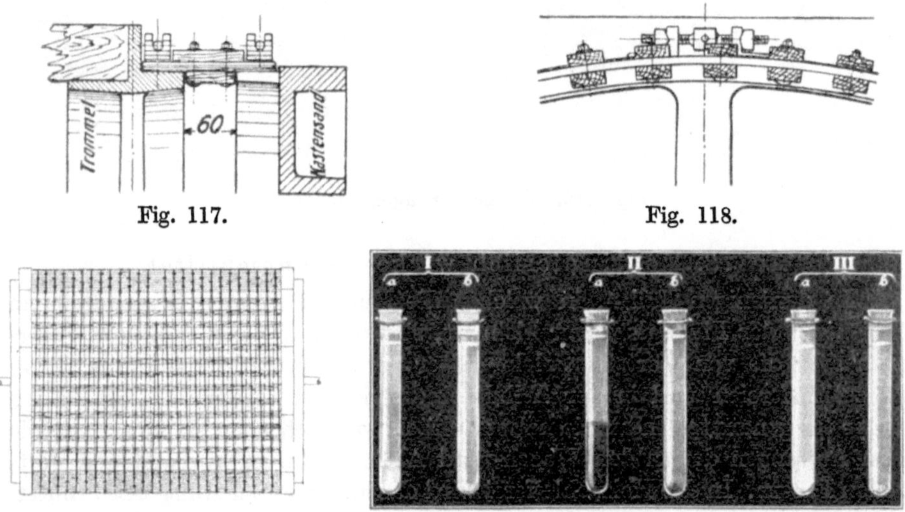

Fig. 117. Fig. 118.

Fig. 119. Fig. 120.

Kontinuierliches Filter. Einzelheiten.

Es besteht, wie aus Fig. 116 zu ersehen ist, aus einer an den Stirnseiten offenen Filtertrommel *d* in Verbindung mit einem System von Führungs-

und Preßwalzen *b*. Um die eckige Filtertrommel und die Walzen *b* bewegt sich ein endloses Filtertuch *a*. Die beiden Stirnwände sind aus Gußeisen, der Trog, in dem die Walze läuft, kann aus Holz oder aus Beton, bzw. Mauerwerk hergestellt werden. Die Abdichtung der Trommel gegen die Stirnwände, durch welche das filtrierte Wasser wegläuft, wird durch ein breites Dichtungsband bewirkt, siehe Fig. 117. Das Band ist mittels eines Stahlbandes mit Spannschloß, siehe Fig. 118, fest auf einen abgedrehten Rand der Trommel aufgezogen. Die andere Seite des Bandes schleift auf einem ebenfalls bearbeiteten Kranz an den beiden Stirnseiten.

Das Band kann aus Gummi, Leder, Baumwollfilz oder dergleichen bestehen und ist, um das Einsinken in den zwischen beiden Rändern vorhandenen Spielraum zu vermeiden, mit Holzklötzchen auf beiden Seiten versehen. Die Abdichtung auf dem feststehenden Rande erfolgt ebenfalls durch ein Stahlband, welches jedoch nur so weit angespannt wird, daß das Dichtungsband sich noch leicht auf dem festen Rande dreht.

Damit das Filtertuch nicht im Laufe der Zeit sich in seiner Querrichtung zusammenzieht, ist die Trommel mit einer von der Mitte aus entgegengesetzt spiralförmig gehenden Drahtwicklung versehen, welche gleichzeitig den Filterfilz trägt, siehe Fig. 119.

Die am Filtertuch aufgeschwemmten Stoffteilchen werden von dem Tuch über die Walzen *b* mitgenommen und von dem Umfang der oberen Preßwalze, an welche sich die zurückgehaltenen Fasern anlegen, durch einen Schaber *g* abgenommen. Der Filz (Filtertuch) wird hierbei durch zwei Spritzrohre h, h_1 und eine rotierende Schlägerwelle *i* gereinigt. Zur Unterstützung der Reinigung ist ein Dampfrohr *l*, mit einem Ventil *k* versehen, unter die Trommel *d* geleitet und trägt an seinem Ende ein quer unter dem Filter verlaufendes Spritzrohr *m*. Eine zweite Dampfleitung *p* zweigt vor dem Rohre *l* von der gemeinschaftlichen Dampfleitung ab und endet hinter dem Ventil *n* in das an *h* angeschlossene obere Spritzrohr mittels eines Mischventils *o*.

Ist das Filtertuch undurchlässig geworden, dann wird der Zufluß des Rohwassers gehemmt, und das im Kasten *f* befindliche Wasser wird abgelassen. Während die Filtertrommel sich weiter bewegt, werden die Ventile *j*, *j* und *n* geöffnet und das Waschwasser im Behälter durch Aufsetzen eines Brettes um etwa 30 cm aufgestaut; alsdann wird durch Öffnen des Ventils *k* das Wasser im Troge erwärmt und die den Filz verstopfenden Stoffe werden aus ihm ausgewaschen.

Der Vorgang wird dadurch unterstützt, daß aus der Mischbrause *o* heißes Wasser unter starkem Druck an die Innenseite des Filzes gespritzt wird. Die Leistungsfähigkeit ist je nach der Größe und der Art der Abwässer verschieden und beträgt bei den größten Ausführungen über 3 cbm per Minute, also eine ganz erhebliche Leistung in Anbetracht der begrenzten Filterfläche. Die Wirkung des Filters bei verschiedenen Abwässern ist aus dem Schaubild Fig. 119 zu entnehmen, das gleichzeitig erkennen läßt, daß die Filterwirkung keine absolut vollkommene ist.

Immerhin werden bedeutende Werte durch diese Filter der Volkswirtschaft gerettet.

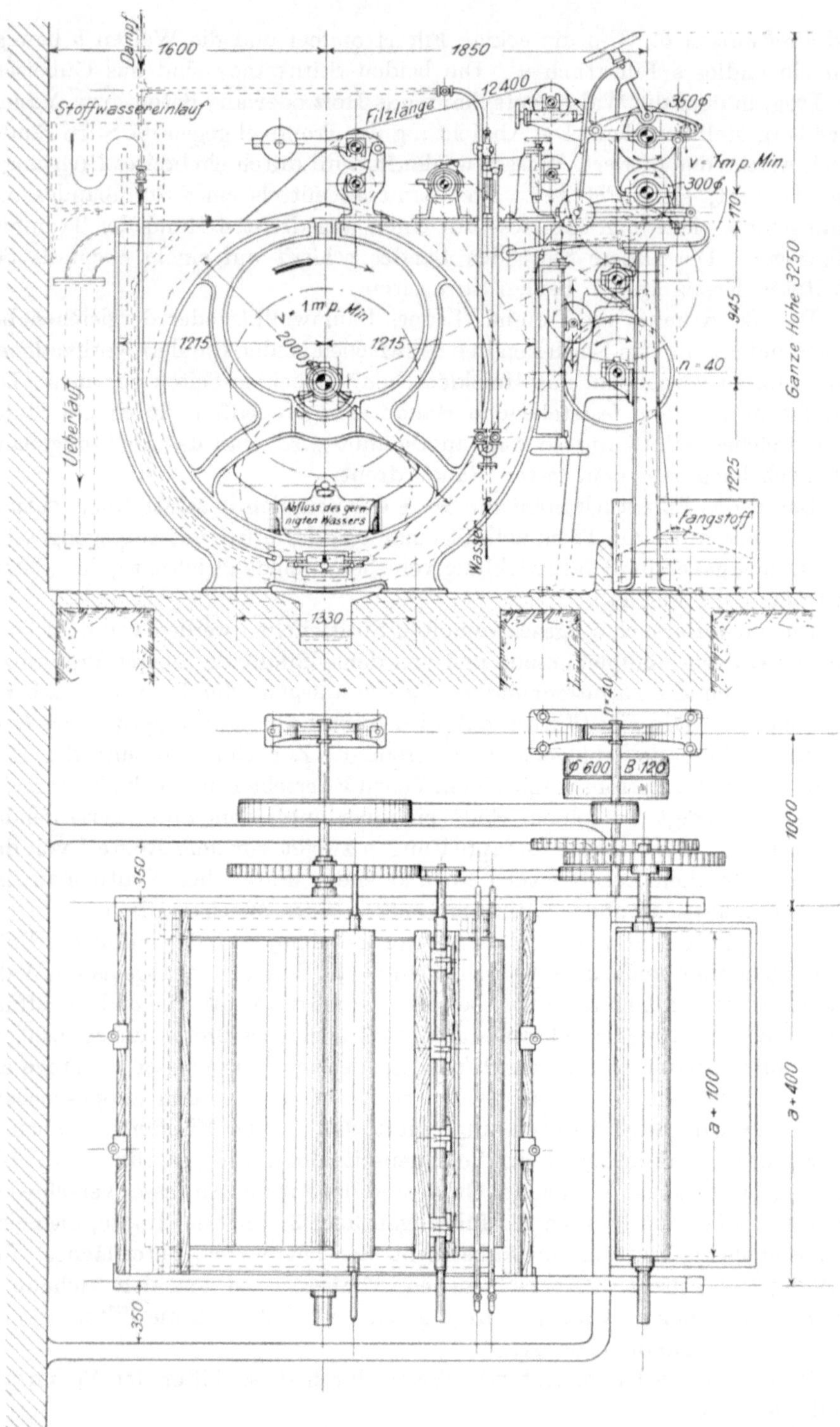

Fig. 121 u. 122. Kontinuierlich wirkendes Nutschenfilter.

Fig. 121, 122 und 123 zeigen einen Filterapparat von 2000 mm Trommeldurchmesser und die Fig. 124, 125 und 126, einen solchen von 3000 mm Durchmesser in geometrischer Anordnung. Fig. 127 gibt ein instruktives Schaubild eines großen rotierenden Filters. Die Breite der Siebzylinder

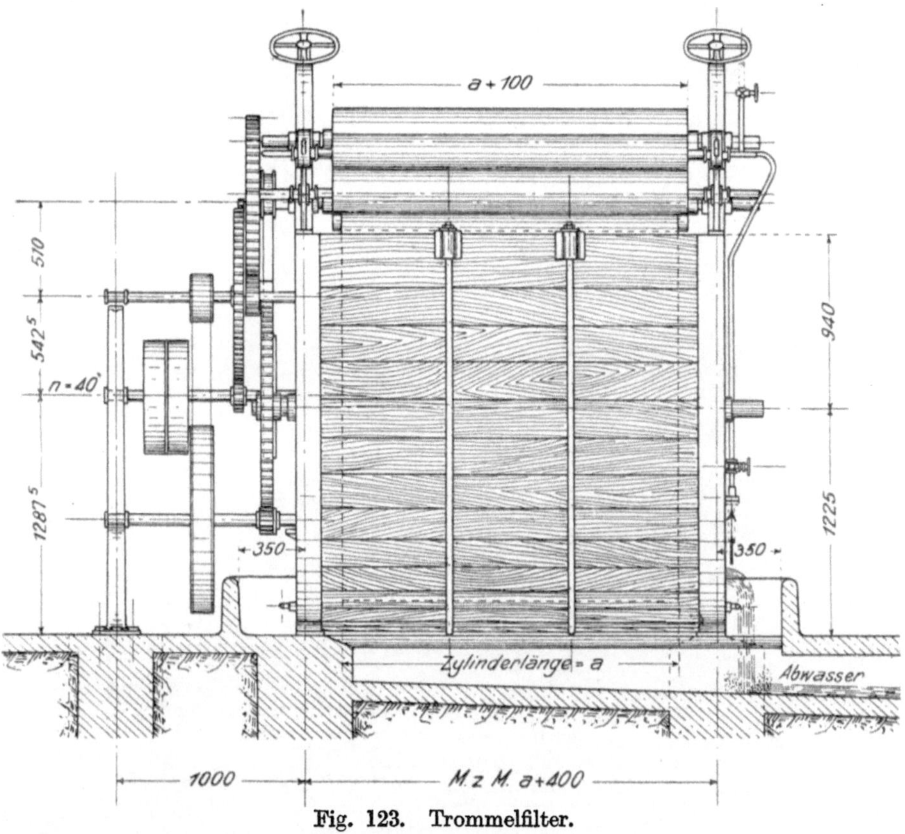

Fig. 123. Trommelfilter.

wechselt bei den kleineren Ausführungen von 1,6 bis 2,6 und bei den größeren von 2 bis 3 m.

Die kontinuierlich wirkenden Nutschfilter der vorbeschriebenen Art sind die einzigen Filter mit selbsttätiger Entleerung der abgesonderten Filterstoffe und selbsttätiger Reinigung der Filterschicht, die sich einer größeren Verbreitung erfreuen.

Wie oben erwähnt, wird das eben klargelegte Prinzip in der Papierindustrie und ihren Hilfsindustrien in weitestem Umfange zur Herstellung von Pappen und Papieren angewendet. Dicke Pappen werden zumeist noch mit Hilfe eines endlosen Siebtuches hergestellt, welches die an ihm haftende Holzstoffschicht an eine Wickelwalze abgibt, die sich mit allmählich mehr und mehr anwachsenden Lagen von Holzfasern überzieht und so die Pappe bildet. Dünne Pappen und Papiere werden auf der kontinuierlich arbeitenden Ma-

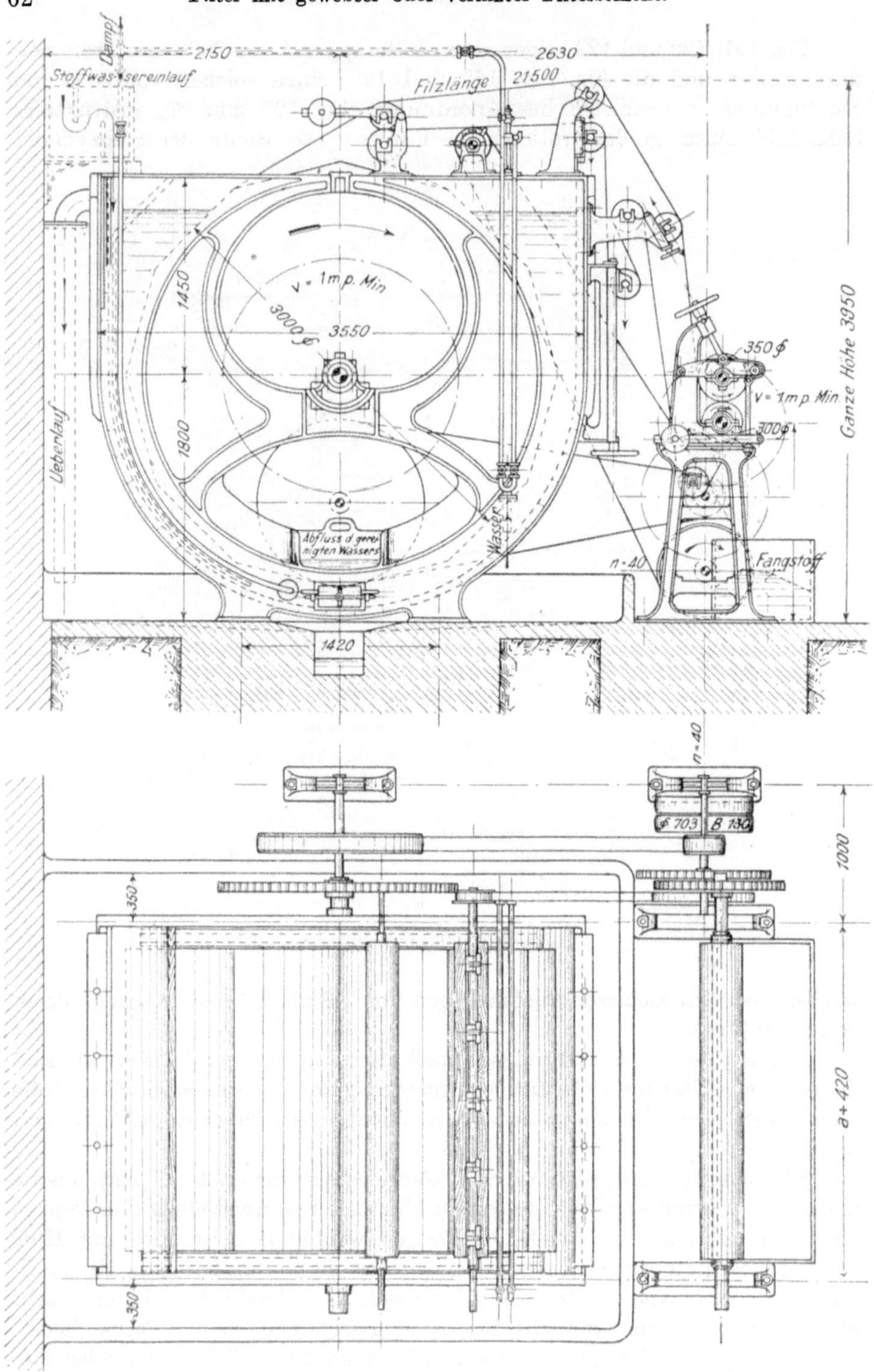

Fig. 124 u. 125. Trommelfilter.

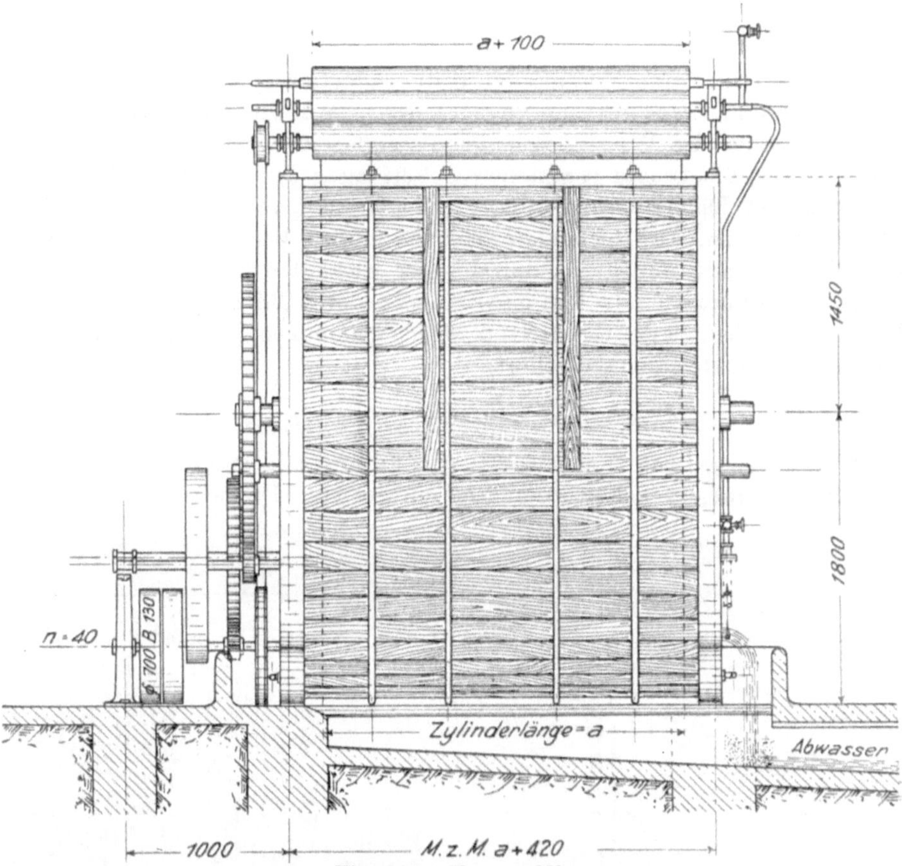

a + 100

1450

1800

n = 40

φ 700 B 130

Zylinderlänge = a

Abwasser

1000

M. z. M. a + 420

Fig. 126. Trommelfilter.

Fig. 127. Großes Trommelfilter.

schine hergestellt, deren Merkmal ein endloses Metallsiebtuch ist, welches als Nutschfilter und Transportband zugleich dient. Auf diesem Rüttelsieb wird die Hauptmenge des Wassers von den Papierfasern getrennt, die rüttelnde Bewegung des Siebtuches veranlaßt die Verfilzung der Fasern, und die Bewegung in der Längsrichtung führt die feuchte Papierbahn den Preß- und Trockenwalzen zu. Bei der außerordentlich großen Verbreitung der Papierindustrie kann man annehmen, daß die hier erwähnten Filter die verbreitetsten aller Filterarten sind. Von einer eingehenderen Beschreibung kann hier abgesehen werden, da der Gegenstand, streng genommen, mehr in das Spezialgebiet der Papiertechnologie gehört.

3. Taschen- oder Rahmenfilter.

Eine Zwischenstufe zwischen diesen Filtern mit endlosem Filtertuch und den Filterpressen nehmen die Taschenfilter ein. Das wirksame Element

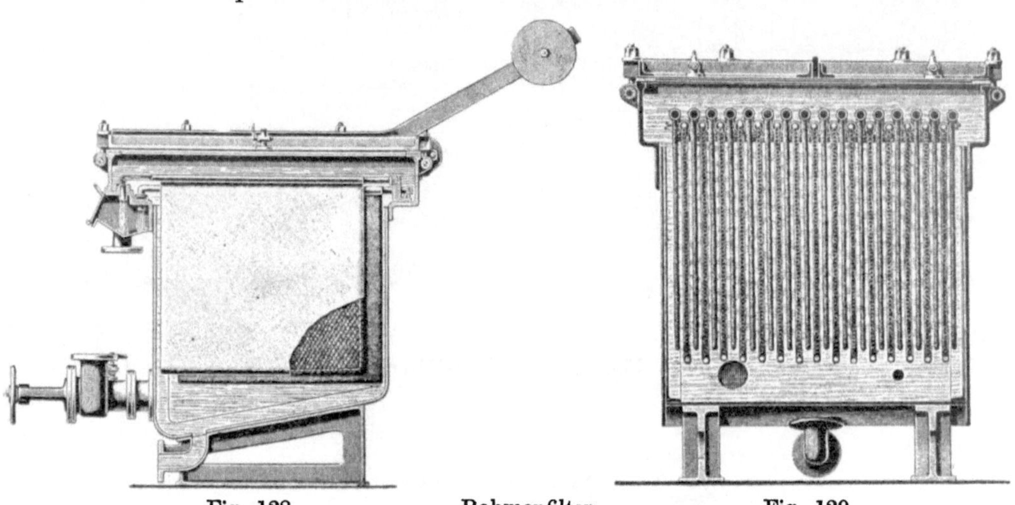

Fig. 128. Rahmenfilter. Fig. 129.

ist ein eiserner Rahmen, welcher mit Drahtspiralen ausgesponnen ist. Eine entsprechend geformte Tasche aus Filtertuch ist über den Rahmen gezogen und bildet einen dichten Abschluß an dem oberen, als Ablaufrohr ausgebildeten Schenkel. Die Rahmen sind vermittels dieser Schenkel in einen Kasten eingehängt. Die Ablaufrohre durchdringen entweder die äußere Gefäßwand mittels einer geeigneten Abdichtung oder sie sind, wie aus der Fig. 128 hervorgeht, mit ihren umgebogenen Enden an einen besonderen Ablaufkanal angeschlossen. Fig. 129 gibt den Längsschnitt dieses Filters wieder, welches unter der Bezeichnung *Kasalowski*, *Danek*, *Rasmus* usw. Filter weit verbreitet ist.

4. Druckkammerfilter von Ehrenstein.

Zu den Filterpressen leitet das Ehrensteinsche Zwischenfilter über, welches in den Fig. 130 und 131 abgebildet ist. In dem zylindrischen gußeisernen

Behälter *A*, welcher mit dem Deckel *B* luftdicht verschlossen ist, sitzt der eigentliche Filterkörper. Dieser besteht aus gelochten Filterkammern *e*, welche mit Baumwolltuch überzogen sind. Durch die Kammern *e* geht ein gelochtes Rohr *d* hindurch, welches mittels des Flansches *c* auf den Ablauf *b* aufgeschraubt ist. Zur Abdichtung des Rohres dient der aufgeschraubte Deckel *g*. Damit die Kammern *e* in gebührendem Abstande voneinander bleiben, sind zwischen je zwei Kammern eiserne Distanzringe *f* und das Rohr *d* gelegt; diese Ringe und die Kammern sind längsverschieblich angeordnet, dich-

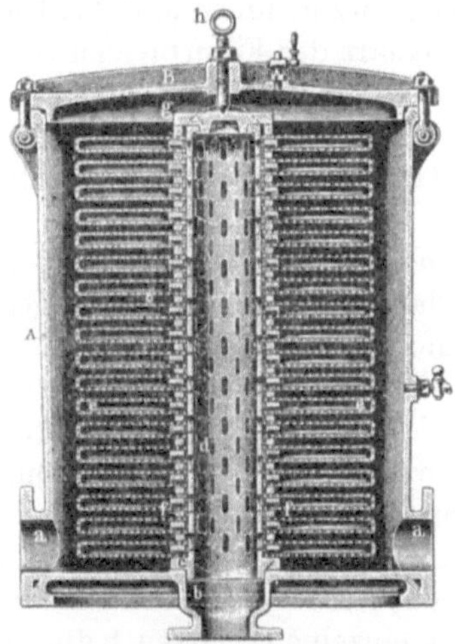

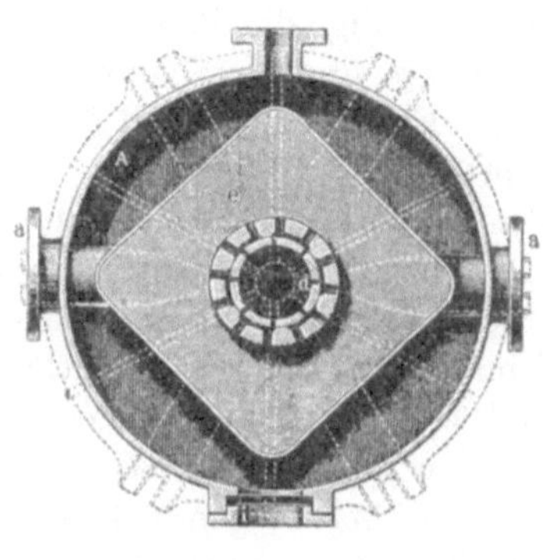

Fig. 130. Druckkammerfilter. Fig. 131.

ten aber mit geeigneten Zwischenlagen gegen das Rohr *d* und unter sich ab, indem man die Schraube *h* kräftig anzieht. Der Flüssigkeitseintritt erfolgt bei *a*.

Bei diesem Filter ist der Übelstand vorhanden, daß man etwaige Undichtigkeiten nicht sofort feststellen kann und daß vor allem jeder Anhaltspunkt fehlt, an welcher Stelle sich die Undichtigkeit befindet. Das Auswechseln der Filterbeutel macht Schwierigkeiten, da man den ganzen Apparat hierzu auseinandernehmen muß und die Einrichtung ist nicht billig herzustellen.

Diese Übelstände sind bei den nachstehend beschriebenen Filterapparaten vermieden.

5. Die Filterpressen.

a) Übersicht und Wirkungsweise.

Unter diesem Begriff faßt man diejenigen Filterapparate zusammen, welche aus einer mehr oder minder großen Anzahl einzelner Planfilter viereckiger oder runder Form in meist liegender Anordnung bestehen, deren Abdichtung durch die dazwischenliegenden Filtertücher infolge eines äußerlich wirkenden Preßdruckes erfolgt, dem alle Kammern infolge ihrer Anordnung zwischen den Preßplatten in gleicher Weise unterliegen.

Die Filterpressen, deren Anwendung in der chemischen Industrie besonders, neben vielen anderen Verwendungszwecken, eine ungeheuer große ist, haben vor den anderen Filterarten so wesentliche Vorzüge, daß sie bis heute durch keinen anderen Filterapparat ersetzt sind.

Diese Vorzüge sind kurz gefaßt folgende: Die Filterpresse besitzt, wenn erforderlich, eine sehr große Filterfläche auf kleinstem Raum, die Abdichtungen liegen jederzeit kontrollierbar vor Augen, jede einzelne Kammer ist jederzeit auf ihre Filterarbeit hin kontrollierbar und, wenn erforderlich, auszuschalten, der Ersatz der Filtertücher ist leicht vorzunehmen und das Innere leicht zugänglich und leicht zu reinigen. Die Bauart der Filterpressen ist einfach, daher billig; die Pressen enthalten keine beweglichen Teile, nützen sich also wenig ab, und ihre Konstruktion läßt sich den verschiedensten Zwecken anpassen. Endlich läßt sich die Filtration unter einem beliebigen Überdruck vornehmen.

Diesen Vorzügen, welche die heutige immer noch unbestrittene Bedeutung der Filterpressen bedingen, stehen nur dann fühlbare Nachteile gegenüber, wenn es sich um die Verarbeitung von Beimengen handelt, welche verhältnismäßig viel Rückstand enthalten. Die Kosten für die häufige Entleerung solcher Pressen lassen den Wunsch entstehen, die teure Handarbeit durch eine mechanische Vorrichtung zu ersetzen. Die dahin zielenden Bestrebungen haben indessen eine befriedigende Lösung noch nicht gefunden.

Im allgemeinen unterscheidet man zwei verschiedene Systeme von Filterpressen, die Kammerpressen und die Rahmenpressen. Bei den Kammerpressen ist der rings um die Filterflächen der einzelnen Platten befindliche Dichtungsrand erhaben, so daß je 2 aneinanderstoßende Platten eine Kammer bilden. Zwischen den Dichtungsrand der Platten sind die Filtertücher eingespannt. Die Rahmenpressen besitzen Filterplatten, deren Dichtungsrand in derselben Ebene wie die Filterpressen liegt. Zwischen je 2 Platten sind hohle Räume eingeschoben, welche die Kammern bilden. Die Filtertücher liegen zwischen Rahmen und Platten. In den Kammerpressen können die Rückstände beim Auseinanderschieben leicht von den Tüchern abgestrichen werden, oder sie fallen sogar von selbst heraus. Bei den Rahmenpressen werden die Rückstände mit dem Rahmen zusammen aus der Presse herausgehoben, sie eignen sich also besonders für Massen, deren Rückstände festzusammenhängen. Die Preßkuchen, die in den Kammerpressen erzeugt werden, besitzen in der Mitte eine Lücke, die von dem Durchgangskanal der eintretenden Masse herrührt. Bei den Rahmenpressen ist dieses nicht der Fall, da hier der Kanal innerhalb des äußeren Rahmens angeordnet ist. Die Kammerpressen haben infolgedessen einen weiten Massenverteilungskanal, während die Verteilung des Schlammes in den Rahmenpressen mit Hilfe enger Kanäle und ziemlich schmaler Seitenkanäle erfolgen muß. Die Rahmenpressen sind daher für Filtrationen von Massen mit groben festen Teilen zu vermeiden, da sie sich leichter verstopfen können.

Soll außer einer Filtration auch ein Auswaschen vorgenommen werden, so muß die Verteilung und Zahl der Kanäle in den Pressen verschieden sein.

Es wird unterschieden zwischen einfacher und vollkommener Auslaugung, je nachdem in welchem Maße eine genaue Trennung von Rückstand und Filter durchgeführt werden soll.

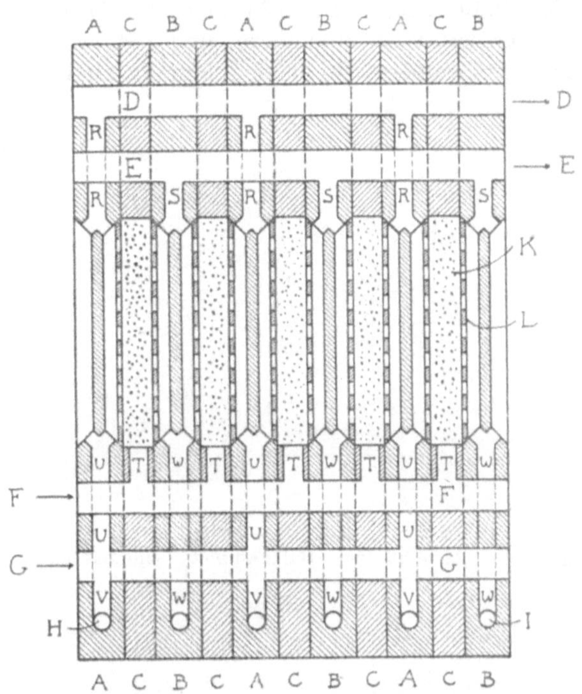

Fig. 132. Rahmenpresse, schematischer Längsschnitt durch eine Reihe aneinandergesetzter Kammern und Rahmen.

Der Auslauf der Flüssigkeit erfolgt teils am Ende der Kanäle, die die Presse ihrer Länge nach durchziehen, in anderen Fällen auch aus jeder einzelnen Platte durch einfachen Hahn oder auch nur durch Auslaufschnauzen. In den Fällen, in welchen heiß filtriert werden soll, besitzt jede einzelne Platte und jedes Rahmenstück Kanäle, die mit einem Ein- und Ausgangsrohr für heißes Wasser oder Dampf versehen sind. Derartige Pressen benutzt man beispielsweise beim Filtrieren von Wachs, Ceresin und ähnlichen oder auch von solchen Lösungen, die in der Kälte Salz zur Auskristallisation bringen würden. Die gleichen Pressen können auch benutzt werden als Kühlvorrichtung, indem an Stelle von heißem Wasser oder Dampf kaltes Wasser oder Kältelösungen durch die Kanäle geschickt wird.

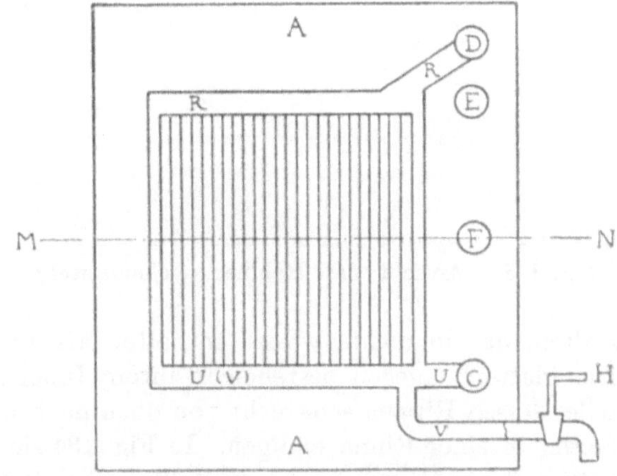

Fig. 133. Ansicht der Wasserkammer (schematisch).

Die Wirkungsweise der Filterpressen ist in den Fig. 132 bis 141 auseinandergesetzt. Die Figuren sind schematisch gezeichnet, um die Wirkungsweise auseinandersetzen zu können. Die Dimensionen der einzelnen Teile sind in Wirklichkeit andere. In den Figuren 132 bis 137 sind die Teile einer Rahmenpresse wiedergegeben.

Fig. 132 gibt einen schematischen Längsschnitt durch eine Reihe aneinandergesetzter Kammern, der so geführt ist, daß er durch sämtliche Kanäle hindurchgeht. Fig. 133 stellt die Ansicht der einen Art von Kammern dar, der sog. Wasserkammern, und 134 die Ansicht der anderen Art, der sog. Saftkammern. In beiden Figuren sind die Strichkanäle mitgezeichnet, obgleich sie eigentlich nicht in die Ansicht gehören. Fig. 135 zeigt einen Rahmen und Fig. 136 und 137 die Querschnitte durch die Platte nach *M* und *N* und durch den Rahmen nach *OP*. Der Querschnitt ist für beide Plattenarten derselbe. Die Rahmen sind also sehr einfach gestalten, da sie nichts weiter enthalten als die sie durchbrechenden Kanäle. Die Platten dagegen bestehen in ihrem Innern aus einem gerippten Mittelteile, dessen Rippen senkrecht von oben nach unten verlaufen und an beiden Seiten in einer Rinne endigen. In Fig. 134 sind die Rippen der Deutlichkeit halber stark übertrieben dargestellt. Über ihnen liegen die Siebplatten *L*, auf die die nicht mitgezeichneten Filtertücher aufgebracht werden. Bei Filterpressen aus Holz sind in den meisten Fällen die Siebe fortgefallen, ebenso bei den fein gearbeiteten eisernen Pressen. Bei der Zusammenstellung der

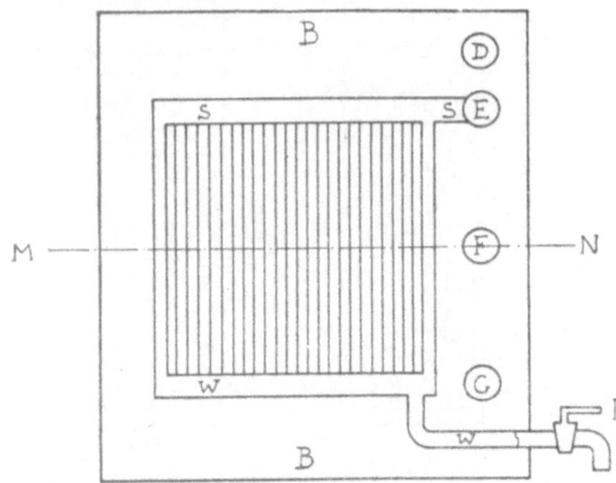

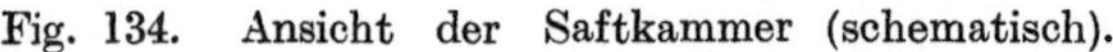
Fig. 134. Ansicht der Saftkammer (schematisch).

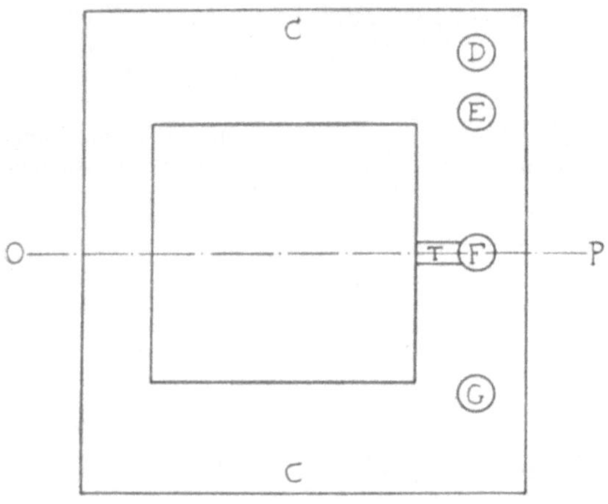

Fig. 135. Ansicht des Rahmens (schematisch).

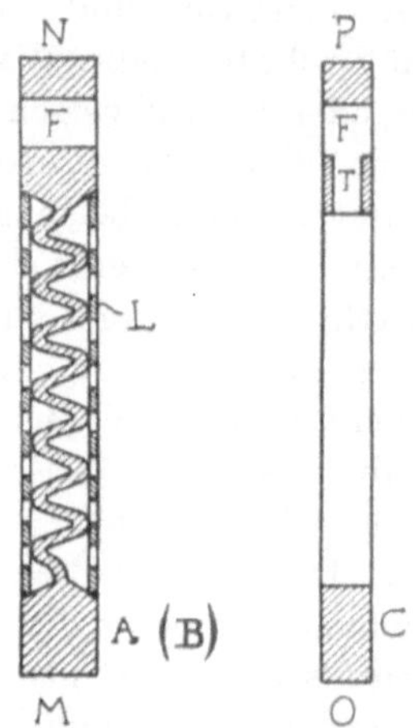

Fig. 136. Fig. 137. Querschnitt durch eine Kammer einen Rahmen (schematisch).

Pressen werden abwechselnd Wasserkammern A und Saftkammern B mit Rahmen C aneinandergereiht, die Filtertücher eingehängt, und das Ganze wird durch starken Druck auf die beiden Kopfstücke, wie unten noch weiter angegeben, geschlossen. Hierdurch ergeben sich 4 durchlaufende Kanäle D, E, F und G, außerdem steht jede Platte noch durch Hähne H und I mit einer Ablaufrinne, die neben der Presse steht, in Verbindung. Um die verschiedenen Kammern unterscheiden zu können, sind diese Hähne abwechselnd mit hohen und niedrigen Griffen versehen. Beim Filtrieren wird die Masse durch einen Schlammkanal F der Presse zugeführt. Ist eine Filtration unter Druck notwendig, so ist darauf zu achten, daß die Drucksteigerung nur langsam und entsprechend der sich absetzenden Rückstandsmenge erfolgt. Wird mit Hilfe einer Pumpe gearbeitet, muß diese nur langsam laufen und möglichst große Windkessel haben. Aus dem Kanal F verteilt sich die Masse durch die Strichkanäle E in die Rahmen und bildet hier Kuchen K, die seitlich durch die über die Fläche L gelegten Filtertücher begrenzt werden. Die Flüssigkeit geht durch die Filtertücher hindurch und sammelt sich unten an die Riefenplatten an, von wo sie durch U V und W nach den Hähnen G und J ausfließen kann. Das Ende der Filtration zeigt sich dadurch, daß nur noch wenig Filtrat austritt, alsdann ist die Presse gefüllt. Es wird dann das Eintrittsventil von F geschlossen und die noch in diesem Kanal befindliche Masse durch einen am anderen Ende befindlichen Hahn zum Abfluß gebracht. Soll der Filter-

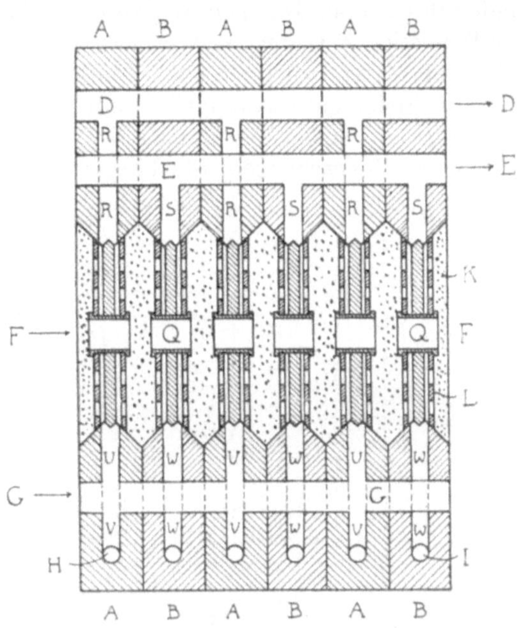

Fig. 138.
Kammerpresse, schematischer Längsschnitt.

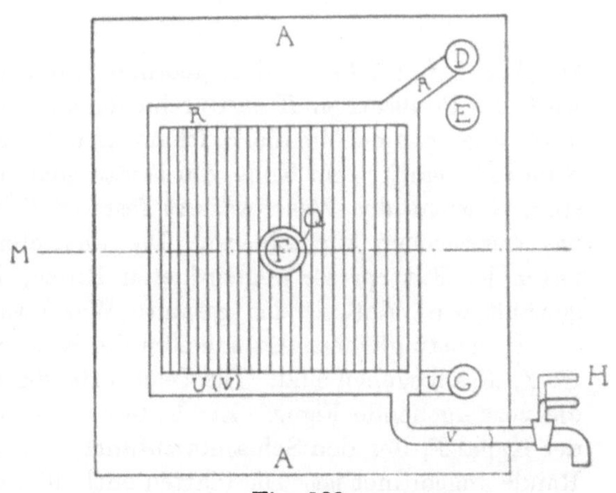

Fig. 139.
Ansicht der Wasserkammer (schematisch).

kuchen nicht ausgelaugt werden, so ist die Presse zu öffnen und der Preßkuchen zu entfernen. Bei der Auslaugung aber werden, wenn sie vollkommen sein soll, alle Hähne *H* und *J* geschlossen und die Hähne geöffnet, die an den Enden des Kanals D liegen, der zum Entlüften der Presse dient. Dann wird der Wasserkanal *G* für das Waschwasser oder sonstigen Waschflüssigkeit geöffnet, die unter Druck eintritt. Das Wasser tritt zunächst in die Kammer *A* unter die Siebe und verdrängt die Luft, die sich hier befindet, durch *R* und *D*. Tritt aus den Enden des Kanals *D* Wasser aus, so ist die Presse entlüftet, und es wird *D* geschlossen. Statt dessen werden dann die am Ende des Laugen-

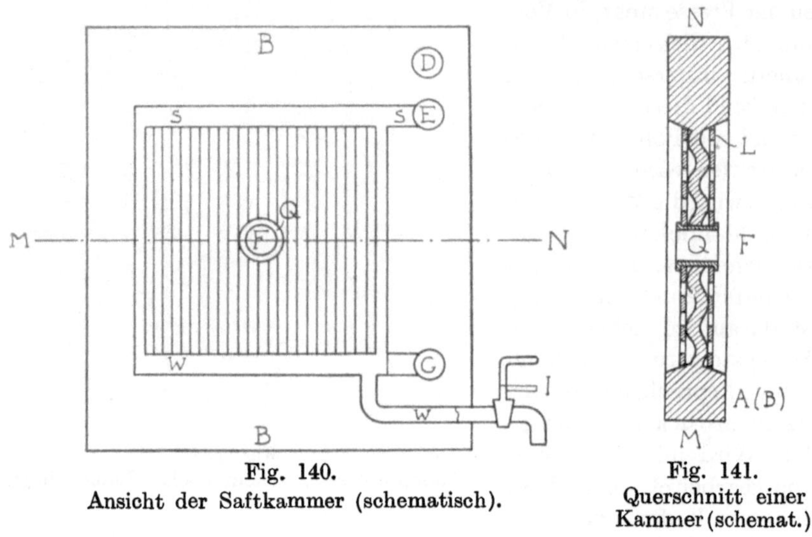

Fig. 140. Ansicht der Saftkammer (schematisch).

Fig. 141. Querschnitt einer Kammer (schemat.)

kanals *E* befindlichen Hähne geöffnet, wodurch das Waschwasser gezwungen wird, die Preßkuchen *K* zu durchdringen, und also aus den Wasserkammern durch die Rahmen in die Saftkammern überzutreten, von wo es dann von *S* und *E* abläuft. Am Ende von *E* läßt sich ein Aräometer anordnen, das das spez. Gewicht des Waschwassers festzustellen erlaubt. Hierdurch läßt sich das Auswaschen kontrollieren. Das austretende Waschwasser fließt in eine unter der Filterpresse angeordneten Rinne, die im allgemeinen so geräumig gewählt wird, daß sie das gesamte Waschwasser aufnehmen kann.

In genau gleicher Art arbeiten die Kammerpressen, die in den Fig. 138, *H*, *I*, *K* angegeben sind. Die Buchstabenbezeichnung ist die gleiche wie für die vorhergehende Figur. Ein Unterschied liegt vor allen Dingen darin, daß der Kanal *F*, der den Schlamm zuführt, in der Mitte der Platte und nicht am Rande angeordnet ist. Die Platten enthalten daher in der Mitte entsprechende Durchbohrungen; um das Eindringen von Schlamm in die Räume zwischen Tuch und Platten zu verhindern, sind Verschraubungen *Q* angeordnet, die diese Räume absperren und zugleich beiderseits über die Filtertücher übergreifen. Die Filtertücher werden gewöhnlich als Doppeltücher verwandt, d. h. die beiden Tücher, die eine Platte an beiden Seiten begrenzen, werden oben zusammenhängend angefertigt. Bei den Pressen, bei welchen die Kanäle D bis G in besonderen Ansätzen, sog. Taschen liegen, müssen auch die

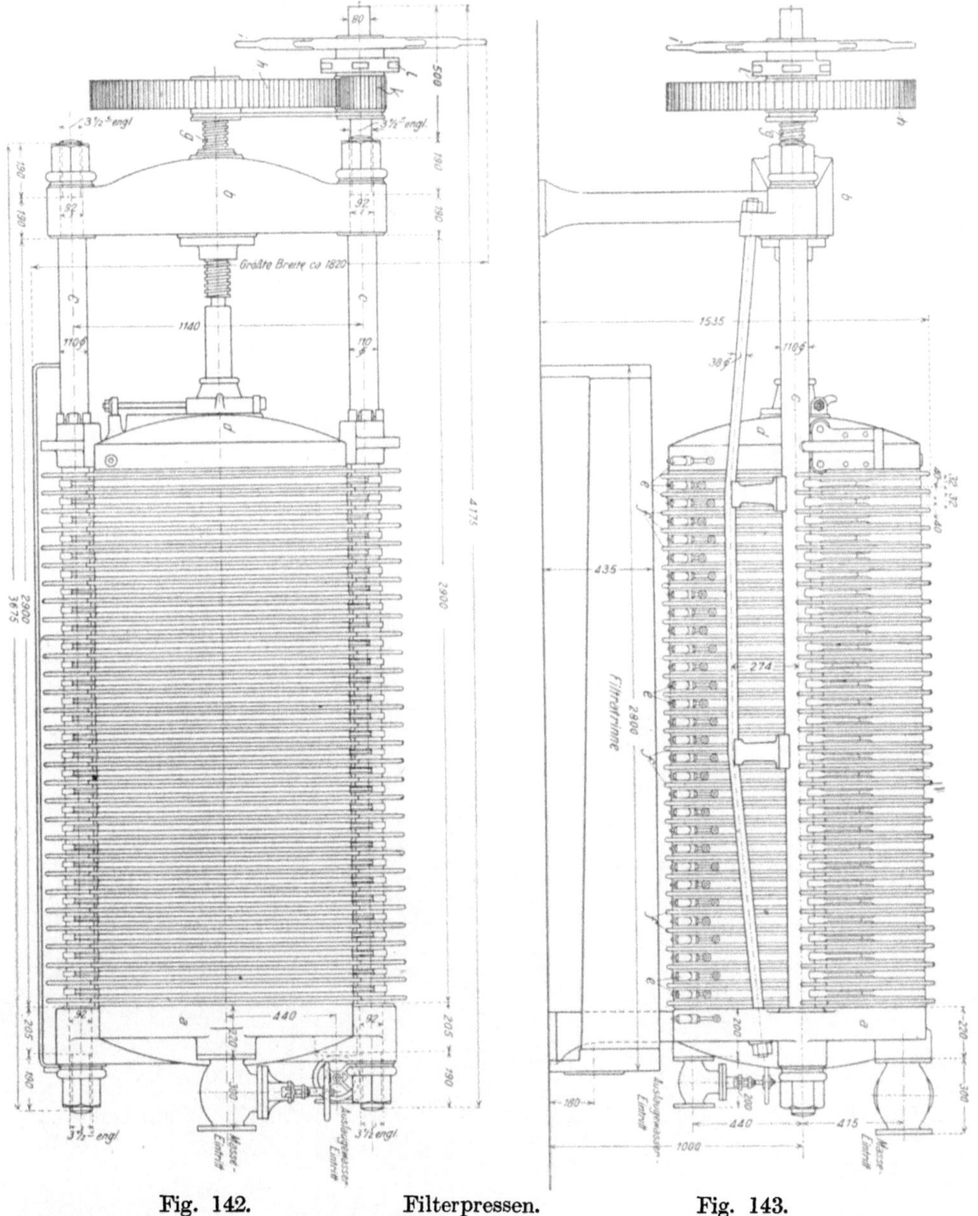

Fig. 142. Filterpressen. Fig. 143.

Tücher noch solche zeigen, damit auch an diesen Stellen ein Aufeinanderschließen der Platten erzielt werden kann.

Die an und für sich einfache Anordnung der Kammern und Platten wird je nach dem Verwendungszweck der Filterpresse variiert. Ehe auf diese Ab-

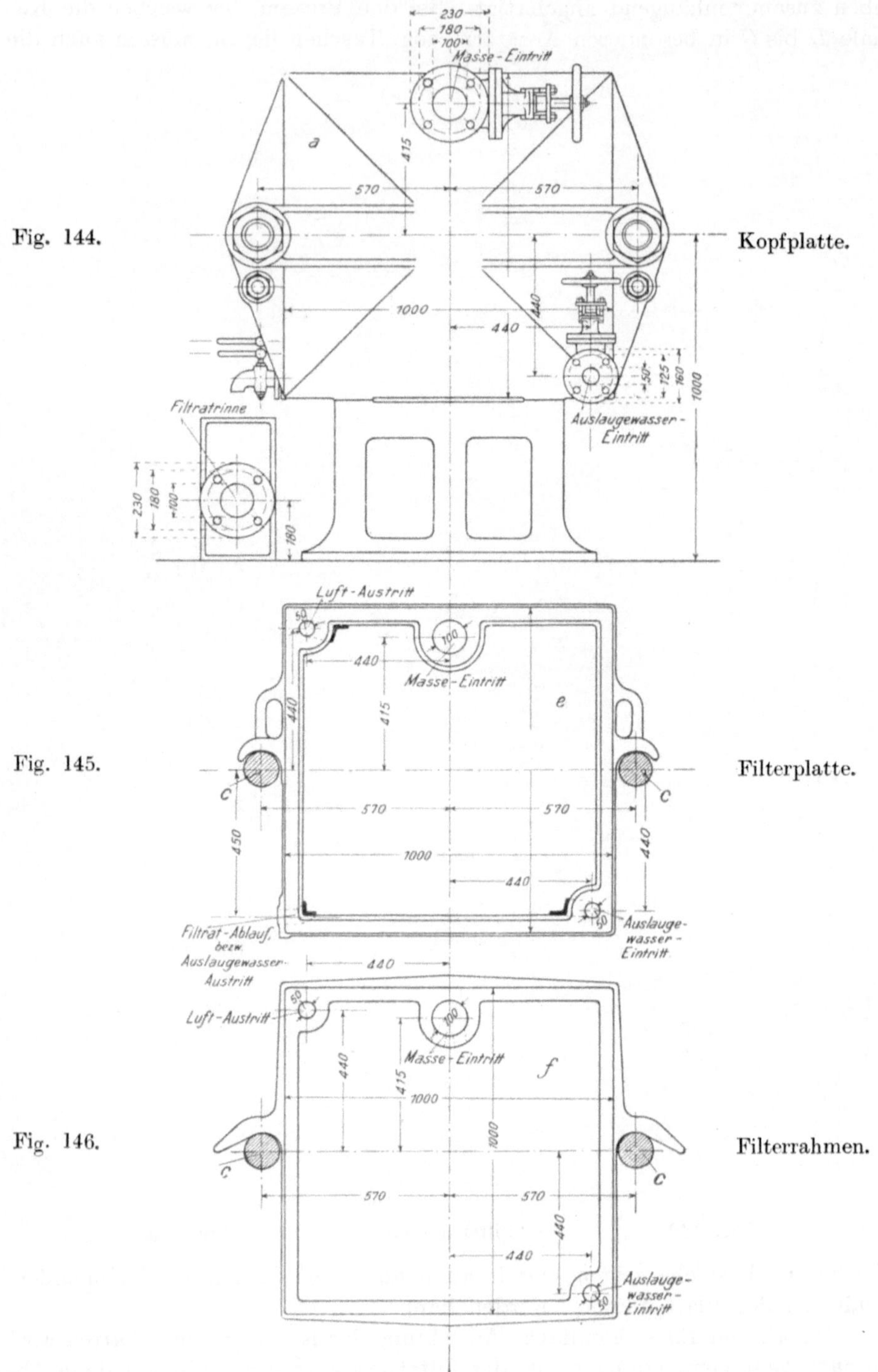

Fig. 144. Kopfplatte.

Fig. 145. Filterplatte.

Fig. 146. Filterrahmen.

änderungen näher eingegangen wird, sei eine allgemeine Anordnung beschrieben, siehe Fig. 142 bis 146.

b) Allgemeine Anordnung der Filterpressen.

Eine kräftige Kopfplatte *a*, die mit einem soliden Fuße auf dem Boden ruht, ist mit einem starken, gleichfalls solide gelagerten Querhaupt *b*, durch Zugstangen *c* verbunden. Die Kopfplatte enthält die nötigen Einrichtungen für den Ein- und Austritt des Gemenges, des reinen Filtrats, der etwaigen Flüssigkeit zur Auslaugung des Rückstandes, sowie etwaiger Kühl- oder Wärmemittel. Das Querhaupt besitzt eine Preßvorrichtung zum Verschieben und Anpressen der beweglichen Fußplatte *d*. Zwischen der Kopfplatte *a* und der Fußplatte *d* sind die Filterplatten *e* bzw. Rahmen *f* eingespannt, welche mit seitlichen Vorsprüngen auf den Zugstangen *c* ruhen. Die Preßvorrichtung ist im vorliegenden Falle eine kräftige Preßschraube *g*, die außen ein großes Handrad oder, wie hier bei größeren Pressen, ein Zahnrad *h* trägt, das mittels eines Handrades *i* und des zugehörigen kleineren Zahnrades *k* gedreht werden kann. Die Preßschraube schraubt sich in der in Platte *b* befindlichen Schraubenmutter oder in den direkt in das Material der Platte geschnittenen Gewindegängen je nach der Drehrichtung vor- oder rückwärts. Falls die Kraft, die sich am Handrad äußert, zur Zusammenpressung nicht mehr ausreicht, kann man in die Öffnungen der Scheibe *l* einen Hebel einstecken, an dem eine größere Kraftentfaltung möglich ist.

Die Filterplatte, Fig. 111, zeigt drei durchlaufende Bohrungen und eine quer zu denselben verlaufende Austrittsöffnung. Der Rahmen, Fig. 111, zeigt ebenfalls drei Bohrungen, von denen die große Öffnung für den Eintritt des Gemenges mit dem Rahmeninnern durch geeignete Bohrungen in Verbindung steht. Die Filtertücher werden zwischen Rahmen und Platte gelegt, nachdem sie mit den geeigneten Ausschnitten für die Bohrungen versehen worden sind.

Bei der gezeichneten Presse erfolgt der Eintritt des Gemisches oben beim Einlaufventil. Durch die große Bohrung verteilt sich die Masse und fließt in die einzelnen Kammern, diese allmählich anfüllend. Die verdrängte Luft entweicht durch den Luftkanal, nachdem sie das Filtertuch passiert hat. Die Ablaufhähne sind einstweilen geschlossen. Nachdem die Kammern gefüllt sind, werden die Ablaufhähne geöffnet und so eingestellt, daß alle möglichst gleichmäßig stark laufen. Die Flüssigkeit wandert quer durch die Filtertücher durch und fließt an den Kannelierungen der Platten nach abwärts, den Hähnen zu.

Sind die Kammern mit dem allmählich sich anhäufenden Rückstand angefüllt, muß man die Filtration unterbrechen. In denjenigen Fällen, in denen es sich lohnt, das im Rückstand noch vorhandene Filtrat zu gewinnen, wendet man Filterpressen mit einfacher oder vollkommener Auslaugvorrichtung an. Die gezeichnete Presse ist eine solche mit einfacher Auslaugung. Bei Beginn derselben werden die Ablaufhähne geschlossen, der den Luftkanal abschließende Hahn und das Ventil für den Wassereintritt werden geöffnet. Die hinter den Filtertüchern befindliche Luft entweicht durch den Luftkanal. Tritt dort Wasser aus, wird der Lufthahn geschlossen, worauf das Wasser hinter den Filtertüchern quer durch den gebildeten Rückstandkuchen wandert und die darin befindliche Lösung verdrängt. Die Hähne an den Platten, bei welchen das Wasser eintritt, sind geschlossen, die verdrängte Flüssigkeit fließt demnach aus jedem zweiten Ablaufhahn.

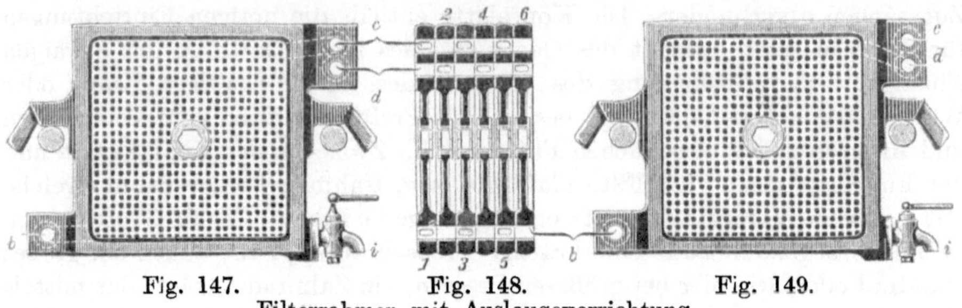

Fig. 147. Fig. 148. Fig. 149.
Filterrahmen mit Auslaugevorrichtung.

c) *Einrichtung der absoluten Auslaugung.*

Bei der vollkommenen Auslaugung ist der Vorgang an Hand der Fig. 147 148 und 149 folgender, wobei zu beachten ist, daß es sich hier um eine Kammerpresse handelt.

Vor Beginn der Auslaugung werden alle Hähne *i* geschlossen und die beiden Hähne *c* (vgl. auch die Fig. 150 und 151) an den Enden des Luftkanals

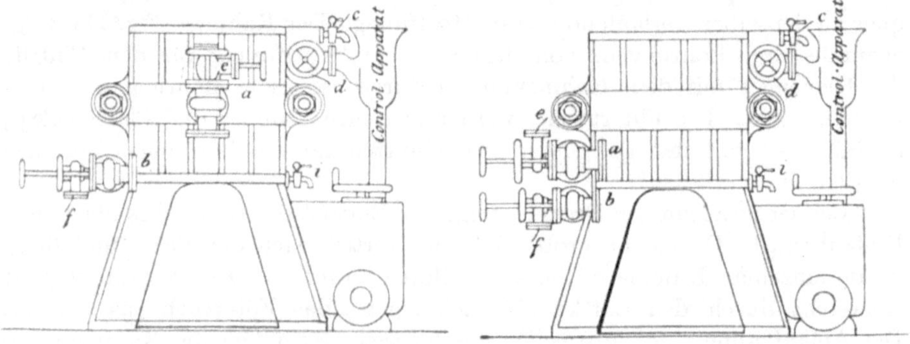

Fig. 150. Fig. 151.
Anordnung von Einzelheiten.

geöffnet. Dann wird, wie zuvor, das Ventil an *b* geöffnet, um Wasser oder die zur Auslaugung bestimmte Flüssigkeit eintreten zu lassen. Von *b* aus tritt das Wasser in einen kleinen Kanal in den Platten 1, 3, 5 usw. ins Innere. Es steigt hinter dem die Riffelungen der Platten abdeckenden Schutzblech hoch und verdrängt die Luft, die durch *c* entweicht. Ist die Luft entfernt, werden die Hähne *c* geschlossen und die Ventile *d* geöffnet. Das Wasser durchdringt den gebildeten Kuchen auf der ganzen Fläche wagerecht, sammelt sich auf der anderen Seite hinter dem Tuche und den Plattenriffelungen und fließt durch einen kleinen seitlichen Kanal in den Platten 2, 4, 5 usw. nach dem

Sammelkanal *d* ab. Zuweilen scheint es vorteilhaft zu sein, bequem und schnell festzustellen, wann die Auslaugung wirtschaftlich und praktisch beendet ist. In dem Kontrollapparat schwimmt ein Aräometer, welches die Konzentration der ablaufenden Flüssigkeit anzeigt, so daß man bei einem bestimmten Ver-

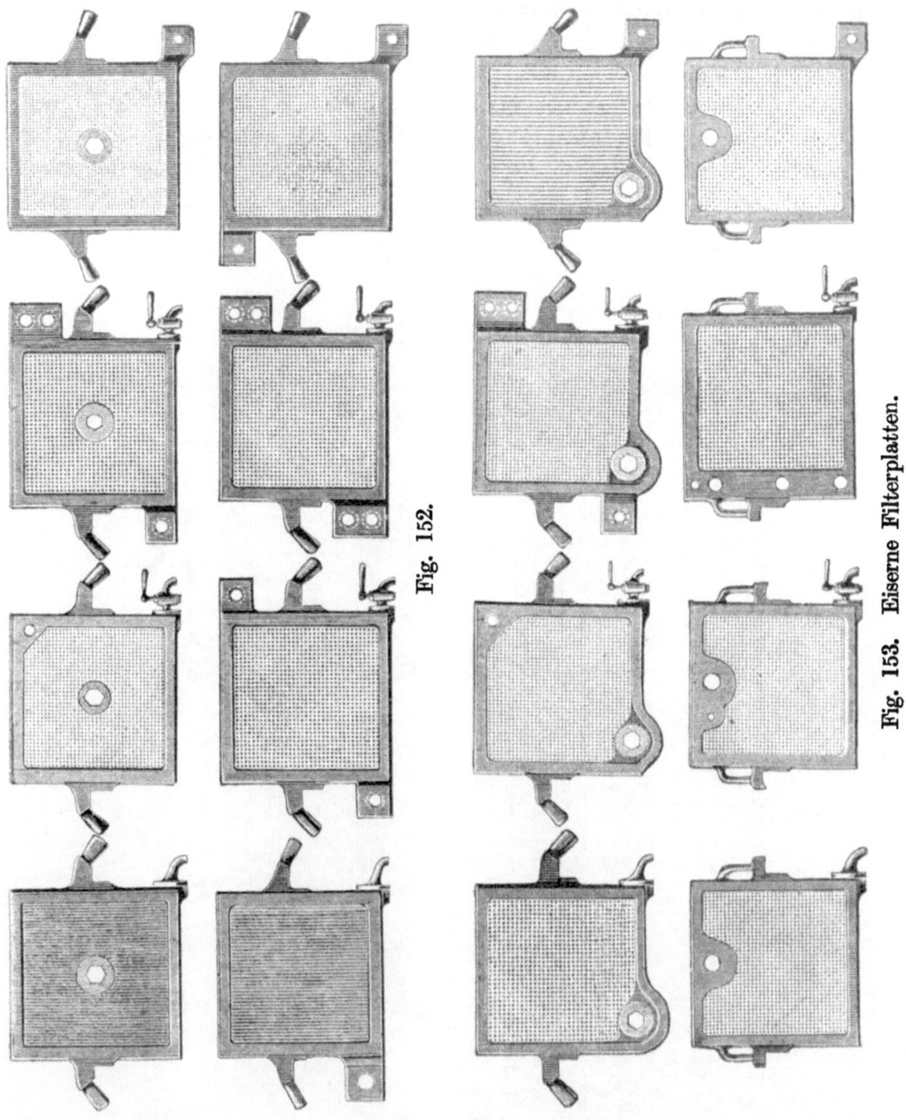

Fig. 152.

Fig. 153. Eiserne Filterplatten.

dünnungsgrad die Auslaugung unterbrechen kann. Das Filtrat wird in der geräumigen Sammelrinne aufgefangen und sein Stand festgestellt. Bei sonst gleichbleibenden Verhältnissen hat man in künftigen Fällen nur nötig, die Menge der Auslaugeflüssigkeit nach dieser Marke zu bestimmen, um zu wissen, daß die Auslaugung beendet ist.

d) Anordnung der Einzelheiten.

Aus den beiden Fig. 150 und 151 ist zu entnehmen, daß die Anordnung der Ein- und Austrittskanäle bei den einzelnen Bauarten verschieden ist. Es bedeutet:

a das Eintrittsventil für das Gemenge;

b das Eintrittsventil für das Wasser;

c den Lufthahn;

d Austrittsventil für das Auslaugwasser;

e ein Ventil zur Einführung von Luft oder Dampf; und

f ein Ventil zum Ablassen des reinen Wassers vor dem Öffnen der Presse behufs Entleerung.

Fig. 154. Hölzerne Filterplatten.

Eine Anzahl von verschiedenen Ausführungen gebräuchlicher Filterplatten aus Eisen zeigen die Fig. 152 und 153, während Fig. 154 die Einrichtung hölzerner Filterplatten zeigt.

Aus den Skizzen der Filterplatten, und wie schon oben erwähnt, ist zu entnehmen, daß es von Vorteil ist, zwischen Filtertuch und Platte ein gelochtes Blech zu legen, damit der Preßdruck das Tuch in die Riffelungen der Platten hineinzwängt und so den Abfluß des Filtrats erschwert. Das Einlegen der Tücher in die Filterpresse ist leicht zu bewerkstelligen. Sind x-Kammern vor-

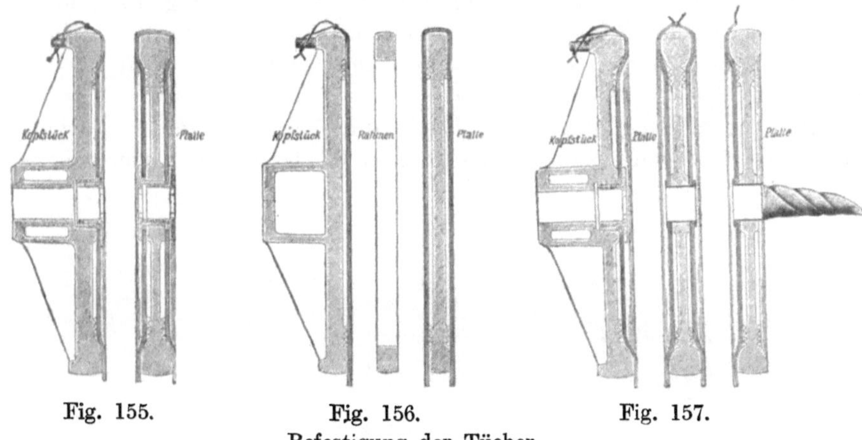

Fig. 155. Fig. 156. Fig. 157.
Befestigung der Tücher.

handen, dann hat man x minus 1 doppelte Filtertücher und zwei einfache Filtertücher nötig. Für die seitlichen Taschen der Presse benötigt man noch ebensoviel Manschetten. Die doppelten Tücher und Manschetten sind für die Filterplatten, die einfachen für die beiden Endstücke bestimmt.

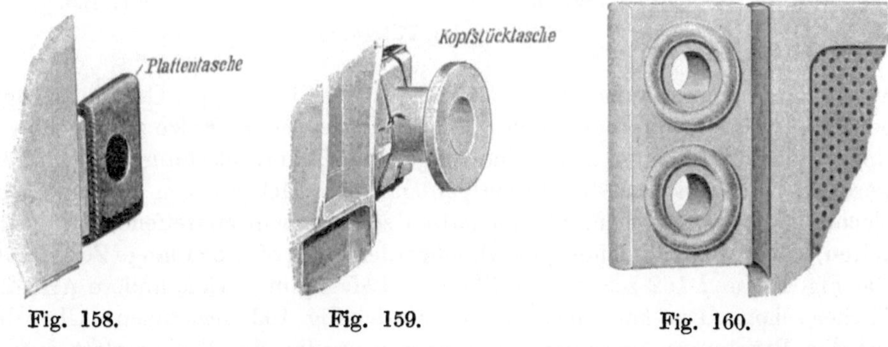

Fig. 158. Fig. 159. Fig. 160.

Beim Einlegen schiebt man zuerst die Platten mit dem beweglichen Kopfstück möglichst weit nach hinten. Das eine einfache Tuch wird alsdann an dem festen Kopfe übergehängt und an die hier befindlichen Nasen festgebunden.

Bei Pressen mit mittlerem Eingang werden die Tücher durch besondere Verschraubungen gegen die Platten abgedichtet, die Tücher müssen hierbei überall glatt anliegen. Über die folgenden Platten wird jeweils ein doppeltes Tuch gehängt und die Verschraubung beiderseits angezogen, siehe die Fig. 155. Bei Rahmenpressen wird das Tuch einfach glatt übergehängt, siehe die Fig. 156.

Haben die Platten seitliche Taschen, werden die Manschetten entsprechend angebracht. Die Verschraubungen können dadurch gespart werden, daß man jeweils zwei Tücher durch ein kurzes Tuchschlauchstückchen verbindet und das eine Tuch zusammendreht, durch die Öffnung zieht und dann wieder glatt ausbreitet, siehe die Fig. 157. Die letztere Abdichtungsart wird ihrer Umständlichkeit halber indessen selten gewählt. In den Fig. 158 und 159 ist die Befestigung der Manschetten angegeben. Eine bequeme und sichere Abdichtung der seitlichen Kanäle durch Gummiringe, welche in eingefrästen Nuten befestigt sind, zeigt Fig. 160.

Die Tücher der Filterpressen leiden durch den starken Preßdruck sehr oft an den Übergangsrändern. Um diesen Übelstand zu vermeiden, wurde

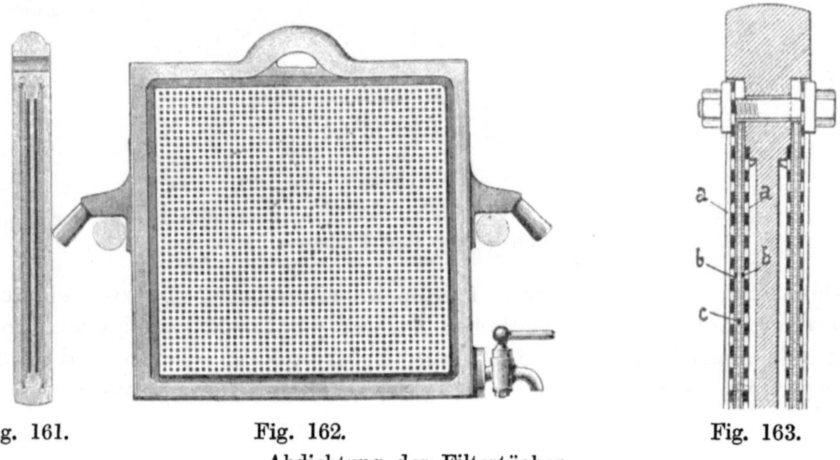

Fig. 161. Fig. 162. Fig. 163.
Abdichtung der Filtertücher.

die Abdichtung nach außen durch ein anderes Material, Pappe, Gummi od. dgl. bewirkt, während die Ränder des Tuches in besondere Falze in der Platte eingeschoben und dort durch eine eingelegte Baumwollschnur festgehalten werden. Diese Art der Abdichtung genügt. Die Tücher liegen auf den Siebblechen glatt an, leiden nicht und halten sich auch in angreifenden Flüssigkeiten, selbst wenn sie schon morsch geworden sind, oft noch lange Zeit dicht. Die Fig. 161 und 162 zeigen diese Art der Befestigung. Eine andere Art, die Tücher schonend zu befestigen, kann man der Fig. 163 entnehmen: Über die auf den Riffelungen liegenden Siebbleche *a* werden die Tücher glatt aufgelegt. Darüber kommen zwei schützende Siebdeckbleche, die an die Platten geschraubt werden. Zwischen Tuch und Siebblech kann noch ein Drahtgeflecht gelegt werden.

Zuweilen ist es erwünscht, die Filterplatten zu heizen oder zu kühlen. Dies wird durch geeignet angeordnete Kanäle in den Kopfstücken und Platten bewirkt, welche gegen die Kammern überall hermetisch abgedichtet sind, siehe die Fig. 164.

Oft ist es erforderlich, die zu filtrierende Flüssigkeit vor der Berührung mit Eisen zu schützen, da letzteres angegriffen werden würde und dadurch das Filtrat eine ungewünschte Beeinflussung erführe.

Da in den meisten Fällen Platten und Rahmen aus einem anderen Metall als Eisen zu teuer sind, hilft man sich damit, daß man die Eisenflächen mit einem schützenden Überzug aus Zinn, Blei oder Hartgummi bedeckt, siehe

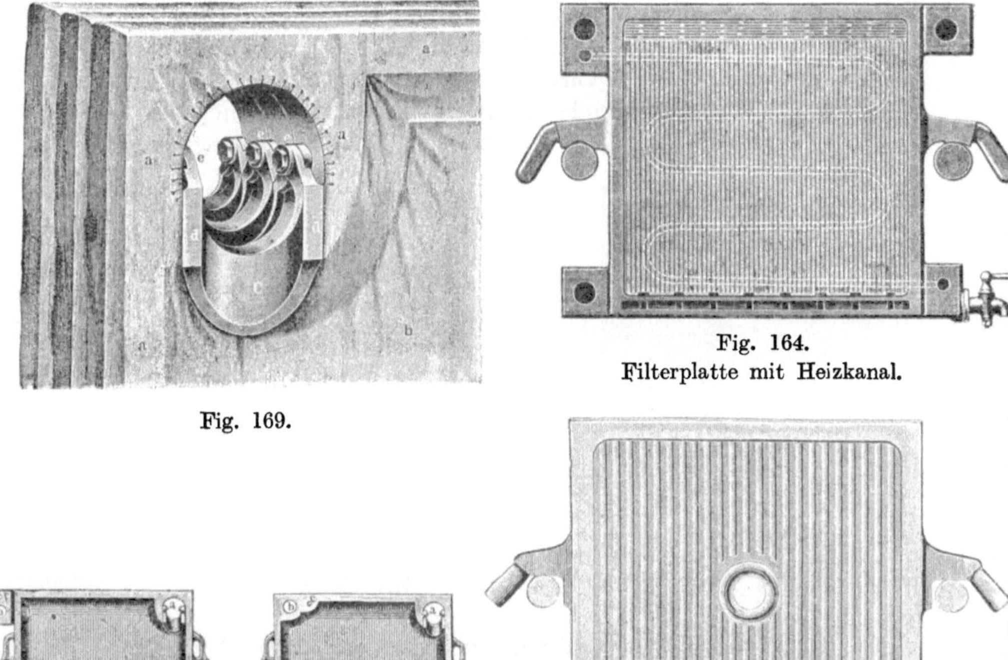

Fig. 164.
Filterplatte mit Heizkanal.

Fig. 169.

Fig. 167. Fig. 168.

Beegsche Filterpreßplatten für Zucker.

Fig. 165 u. 166.

Rahmen mit Überzügen für Säure und Alkalien

die Fig. 165 und 166, welcher jeder Einwirkung der Säuren oder Alkalien verhindert.

In den Fig. 167 und 168 sind *Beeg*sche Filterpreßplatten mit innen und außen liegenden Auslaugekanälen angegeben, die in der Zuckerfabrikation viel gebraucht werden. *a* ist der Eintrittskanal für den Schlammsaft, *d* der Wasserkanal, *b* der Kanal für die Auslaugeflüssigkeit und *c* der Entlüftungskanal.

Nach dem Voranstehenden ist die Wirkung dieser Anordnung ohne weiteres verständlich.

Eine besondere Einrichtung zur Abdichtung der Eintrittskanäle ist in

Fig. 222 dargestellt. Da der Schlamm nicht durch Rahmen eintritt, ist bei den Platten der untere Abdichtungsrand *a* eingeschnitten, so daß es erforderlich erscheint, besondere Bügel *C* aus Bronze einzusetzen, damit die Flüssigkeit nicht hinter die Tücher tritt. Diese Bügel schließen sich der Rundung genau an und sind in Scharnieren *e* drehbar. Die Abdichtungsränder *d* der Bügel liegen mit den Dichtungsflächen *a* der Platten in einer Ebene.

Wird die Presse zusammengeschraubt, dann drücken die Bügel die Tücher fest und bewirken einen sicheren Verschluß.

Die in den Kammern zurückbleibenden Kuchen enthalten, wie schon oben erwähnt, eine bedeutende Menge des Filtrats oder auch der Auslaugeflüssigkeiten. Es ist sehr oft erwünscht, den Gehalt der Kuchen an Feuchtig-

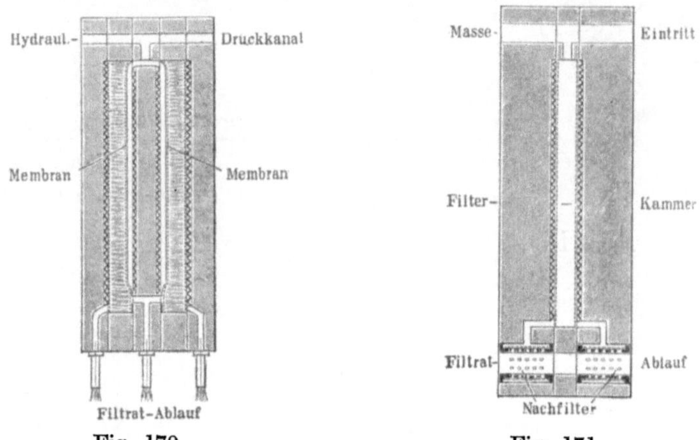

Fig. 170. Fig. 171.

Filterplatte mit Membran zum Auspressen mit Druckluft.

keit möglichst herunterzusetzen. In manchen Fällen hilft man sich damit, daß man nach Beendigung des Filterns Luft, zuweilen in erwärmtem Zustande, durch die Kuchen bläst. Dieses Hilfsmittel ist jedoch nicht immer anwendbar und erfordert zumeist einen großen Aufwand an Preßluft. Um den Verbrauch hiervon einzuschränken, legt man über die Filterplatten elastische starke Membrane, siehe Fig. 170, welche durch einen besonderen Druckkanal unter Luft- oder Wasserdruck gesetzt werden können. Hierdurch werden die Kuchen in der Querrichtung zusammengepreßt. Das ausgepreßte Filtrat läuft unten durch besondere Öffnungen ab. Diese wie die folgende Neuerung ist der Firma *A. L. G. Dehne* patentiert.

Um zu verhindern, daß das Filtrat infolge einer Undichtigkeit aus einer Filterkammer trübe abläuft und bei Unachtsamkeit alsdann das gesamte Filtrat beeinträchtigt, ist eine Einrichtung getroffen worden, eine solche trüb laufende Kammer selbsttätig auszuschalten, siehe Fig. 171. Zwischen den Ablaufkanal jeder Platte und den Sammelkanal für das geklärte Filtrat ist ein kleines Hilfsfilter eingeschaltet. Dieses läßt das klare Filtrat hindurch, verstopft sich aber sofort, wenn ungeklärte Flüssigkeit eintritt.

In manchen Fällen genügt das Filtertuch zur Erzielung einer vollkommenen Klärung nicht. Man wendet mit Vorteil alsdann besondere Filterplatten aus einem besonderen Filtermaterial an, dessen Natur sich nach der zu filtrierenden Flüssigkeit richtet. Die filtrierende Schicht wird in geeigneten Rahmen in oder außerhalb der Presse gebildet bzw. befestigt. In den Fig. 172 bis 177 ist der erstere Fall dargestellt. Der letztere Fall ist bei der Beschreibung einer Spezialfilterpresse für das Braugewerbe klargelegt.

Die Rahmen *a* und die Platte *b* sind wie bei den üblichen Bauarten ausgeführt. Um die an Stelle der Tücher verwendeten Filterschichtplatten zu

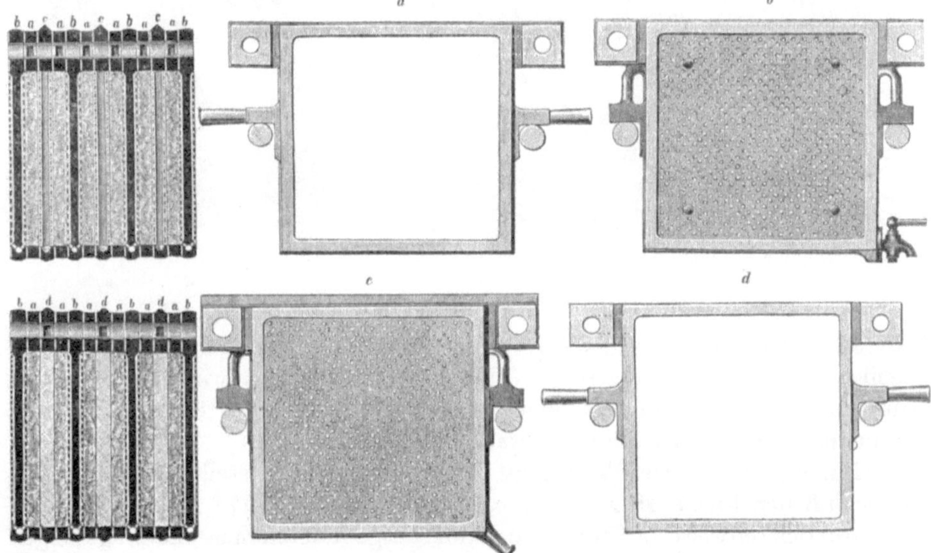

Fig. 172—177. Filterplatten ohne Filtertücher.

erzeugen, werden besondere Siebplatten *c* eingelegt und die Presse dann verschlossen. Das lose Filtermaterial wird durch die Rahmen *a* eingeschwemmt und festgepreßt. Danach werden die Platten *c* entfernt und an ihrer Stelle Rahmen *d* eingelegt. Die zu filtrierende Flüssigkeit tritt dann durch die Rahmen *d* zwischen die Filterschichten in den Rahmen *a*, durchdringt diese Schichten und fließt durch die Platten *b* ab.

Die Einrichtungen zum Zusammenpressen der Platten sind verschiedenartig ausgebildet.

Bei den kleineren Pressen wird eine gewöhnliche Preßschraube mit Handrad- oder Speichenradantrieb gewählt. Um einen gewissen Spielraum bei der Auswechslung etwa schadhaft gewordener Platten zu haben, ist an dem beweglichen Kopfstück zuweilen ein schwenkbares Paßstück angebracht, siehe Fig. 142 und 143. In diesem Paßstück sitzt ein auswechselbarer Druckstempel, gegen den der Schraubendruck wirkt. Hierdurch hat man beim Öffnen der Presse ausreichenden Platz zum Zurückschieben des beweglichen Kopfes und spart an Schraubenlänge.

Als zeitsparender Ersatz dient die Einrichtung mit drehbarem Spindellager. Das Querhaupt, in welchem die Preßschraube sich dreht, ist drehbar in dem einen Fundamentblock gelagert und läßt sich beim Lösen schwenken.

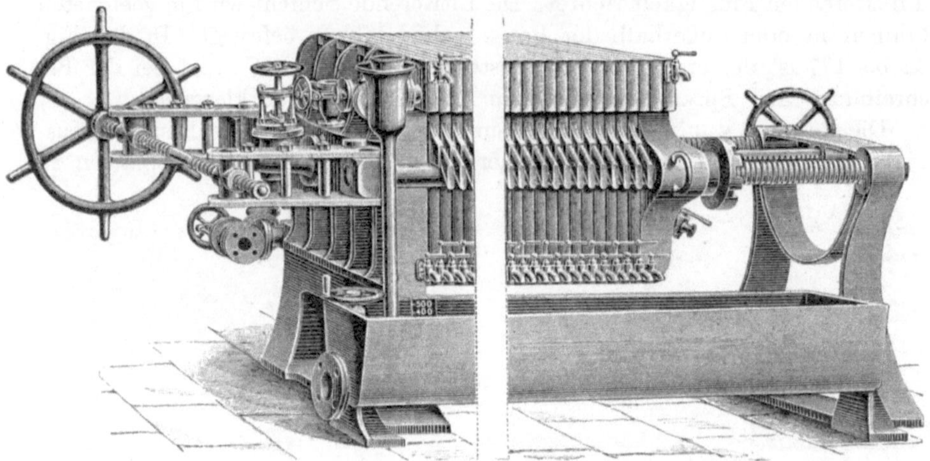

Fig. 178. Einrichtung zum Pressen der Platten.

Hierdurch wird die bewegliche Kopfplatte und damit die Filterplatten durch wenige Schraubendrehungen frei. Bei größeren Pressen wird die Schraube durch ein Zahnradvorgelege angetrieben. An Stelle eines Stirnradgetriebes kann man auch einen Schneckenradantrieb anbringen.

Einen mechanischen Verschluß für größere Pressen stellt der Kniehebelverschluß der Firma *A. L. G. Dehne* dar, wie ihn Fig. 178 zeigt.

Auf den teilweise als Schraubenspindel ausgebildeten Zug- und Tragstangen lassen sich zwei Muttern hin und her schrauben, welche mit einem besonderen Schlüssel angezogen werden und die Platten alsdann zusammenpressen.

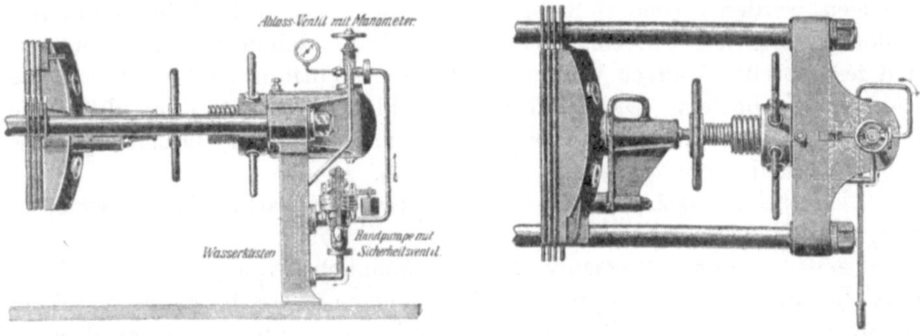

Fig. 179. Fig. 180.
Hydraulischer Verschluß der Platten.

Ist eine Drehung dieser Schraube nicht mehr möglich, tritt der Kniehebelverschluß in Tätigkeit. Die langen Arme zweier kräftiger liegender Kniehebel werden durch eine Schraubenspindel mit Links- und Rechtsgewinde gegeneinander gezogen. Am kurzen Hebelarm ist der Kopf der Zug- und Tragstange angeschlossen. Diese bewegt sich dann nach links, wodurch ein nochmaliger weit größerer Druck auf die Preßplatten ausgeübt wird.

Bei den ganz großen Pressen reicht indessen auch dieser Druck nicht mehr aus und man greift dann zum hydraulischen Verschluß. Es läßt sich eine Schraubenspindel in einer Hohlspindel verschieben, die ihrerseits wieder im Preßkolben einer hydraulischen Presse verschieblich ist. Diese Einrichtung hat den Zweck, einen möglichst großen Spielraum zwischen der Kopfplatte und der Endtraverse zu erhalten. Sind die Schraubenspindeln genügend ausgezogen, wird der hydraulische Kolben unter Wasserdruck gesetzt und hierdurch die Pressung vollendet, siehe die Fig. 179 bis 181. Die hydraulischen Pressen können hierbei von

Fig. 181
Hydraulischer Verschluß der Platten.

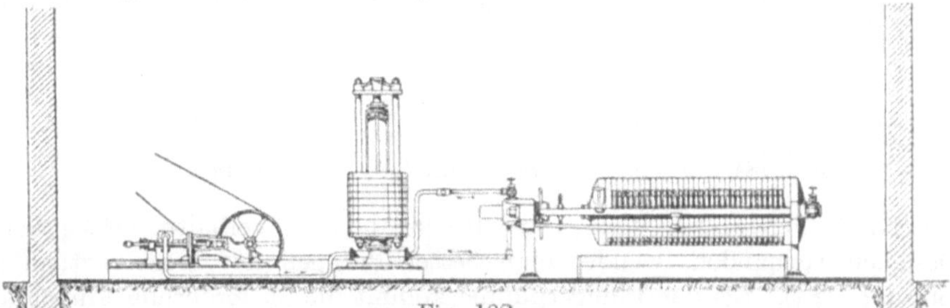

Fig. 182.

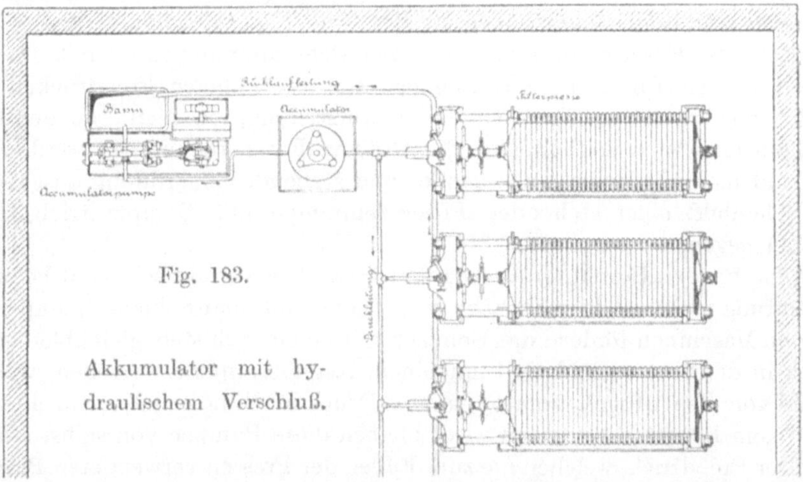

Fig. 183.

Akkumulator mit hydraulischem Verschluß.

Handpumpen oder maschinell angetriebenen Preßpumpen bedient werden.

Sind mehrere Filterpressen zu bedienen, wird man letztere Anordnung, ev. noch in Verbindung mit einem Akkumulator, wählen, um an Bedienungszeit zu sparen. Eine solche Anlage ist aus den Fig. 182 und 183 zu ersehen. Die Zeichnung stellt alle Einzelheiten so deutlich dar, daß eine Erläuterung sich erübrigen dürfte.

e) *Filterpreßpumpen.*

Wenn das zu filtrierende Gemisch nicht viel feste Bestandteile enthält, kann man die Filterpressen entweder mit gewöhnlichen Plunger- oder Kolben pumpen füllen und betreiben oder aus einem unter Luftdruck stehenden

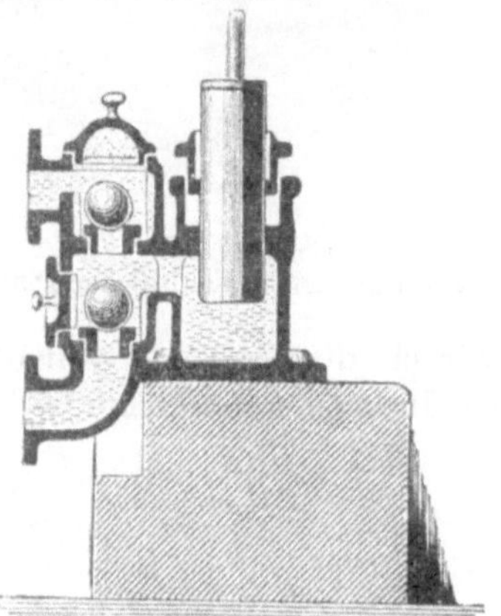

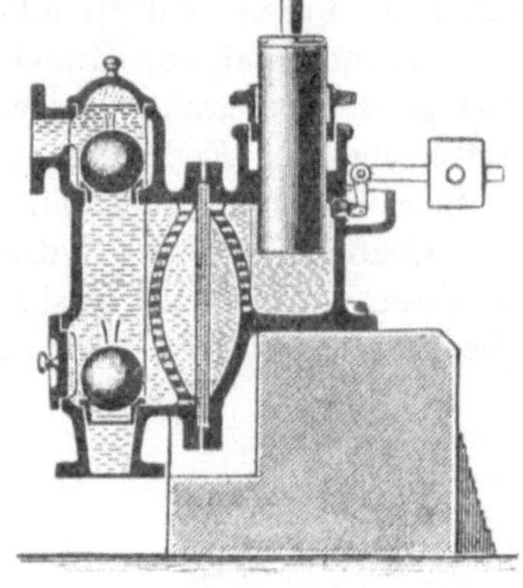

Fig. 184. Filterpumpen. Fig. 185.

Druckfaß bedienen, sind jedoch viel Rückstände auf verhältnismäßig wenig Flüssigkeit vorhanden, wendet man besser Pumpen mit Kugelventilen an (siehe Fig. 184). Bei der Plungerpumpe kommt die zu fördernde Flüssigkeit mit dem Tauchkolben in unmittelbare Berührung. Ist dies nicht zulässig, muß eine Membran eingeschoben werden, wie Fig. 185 zeigt.

Stehende Filterpreßpumpen — auch Schlammpumpen — mit Dampfbetrieb werden für größere Leistungen und bei höheren Preßdrucken verwendet und gestatten eine bequemere Aufstellung, da man von der Lage der Transmissionen unabhängig ist. Größere Filterpreßpumpen werden mit zwei und mehr Zylindern in liegender und stehender Anordnung ausgeführt. Ein Schaubild einer stehenden Filterpreßpumpe mit Dampfantrieb ist in Fig. 111 gegeben.

Eine für den Betrieb größerer Filterpreßanlagen praktische und bequeme Ausführung stellt die Firma *Dehne* her. Diese, Automat-Schlammpumpen genannten Maschinen fördern das Gemisch mit einem sich stets gleichbleibenden Druck in die Pressen und sind mit einem Regulierapparat versehen, welcher sowohl vom Zentrifugalregulator als vom Druck im Windkessel beeinfluß wird. Wenn kein Filtrat entnommen wird, bleiben diese Pumpen von selbst stehen.

Der Preßdruck, welchen die zum Füllen der Pressen verwendeten Pumpen auszuüben haben, richtet sich ganz nach den physikalischen Eigenschaften des zu fördernden Gemenges und nach dem etwa angestrebten Trockengrad der Filterpreßkuchen. Filterpreßpumpen mit Riemenantrieb sind in der Regel nur für niedrigere Drucke in Verwendung. Bei zähflüssigen Filtermassen kann der Preßdruck leicht eine beträchtliche Höhe erreichen. Während man in den meisten Fällen mit Drucken von 2 bis 5 Atmosphären auskommt, steigt die Pressung zuweilen auf 10 kg pro Quadratzentimeter und höher, ja es werden Filterpressen für Drucke bis zu 50 Atm. gebaut.

Für größere Förderleistungen wendet man Konstruktionen an, die sich nur in den Ventilkonstruktionen von den üblichen Wasserpumpen unterscheiden. Der Antrieb erfolgt durch besondere Dampfzylinder, deren Kolbenstangen auf der einen Seite unmittelbar die Plunger antreiben, die auf der anderen Zylinderseite mittels Kurbelstangen eine Schwungradwelle antreiben, um eine gleichförmige Bewegung der Pumpe zu erzielen.

Fig. 186. Filterpumpe.

Fig. 187. Große Rahmenpresse.

f) Die verschiedenen Typen der gebräuchlichen Filterpressen.

Bei der außerordentlich großen Verbreitung der Filterpressen und ihrer Bedeutung für die chemische Technologie — es gibt fast keine einzige chemische Fabrik, in der sich keine Filterpresse befindet, — erscheint es angezeigt, die hauptsächlichsten Arten darzustellen.

Eine große Rahmenpresse moderner Bauart in der Ausführung von *Klein, Schanzlin & Becker* ist in Fig. 187 angegeben.

Deutlich erkennt man die kräftigen Stirnräder zum Anpressen der Schraubenspindel, welche den gesamten Preßdruck aufzunehmen hat. Diese Teile können nicht leicht zu kräftig gehalten werden, da die Beanspruchung bei Benutzung des Speichenrades eine ganz gewaltige wird. Das verschiebliche Fußstück läuft mit Rollen auf den seitlichen Spindeln. Bei großen Pressen sind Laufrollen auch an den Rahmen und Platten angebracht.

Wenn die Tragspindeln sehr lang sind, müssen sie gegen Durchbiegung entweder durch eine Verspannung versteift werden, wie in Fig. 187 ersichtlich ist, oder sie werden durch besondere Füße unterstützt gemäß Fig. 188, 189 und 190. Die Sammelrinne muß alsdann geeignete Aussparungen für die Tragfüße

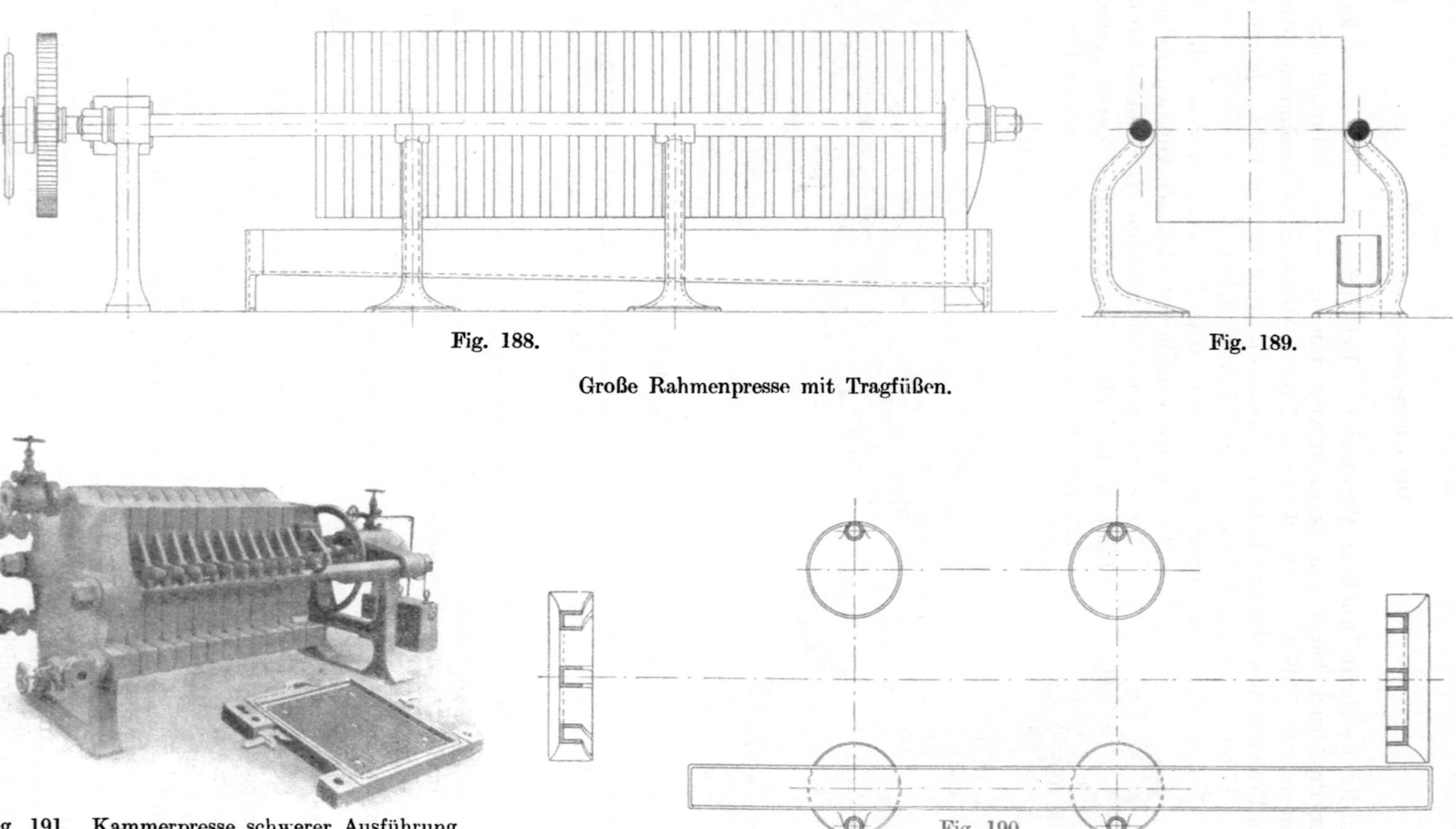

Fig. 188.

Fig. 189.

Große Rahmenpresse mit Tragfüßen.

Fig. 191. Kammerpresse schwerer Ausführung.

Fig. 190.

unter den Tragspindeln besitzen, oder die Tragfüße müssen entsprechend geformt sein.

Eine Kammerpresse in schwerer Ausführung für hohen Betriebsdruck ist in Fig. 191 angegeben. Zum Zurückziehen des Kopfstückes beim Entleeren der Pressen dienen schwere Gewichte, die vermittels Seilrollen und Zugseilen das Kopfstück gegen das Querhaupt ziehen. Das Anpressen des Kopfstückes erfolgt durch einen hydraulisch bewegten Kolben.

Fig. 192.
Rahmenpresse schwerer Ausführung.

Fig. 193.
Rahmenfilterpresse mit eingelegten Tüchern.

Eine Rahmenfilterpresse schwerer Bauart ist in Fig. 192 dargestellt. Wie man sieht, greift man schon bei einer verhältnismäßig kleinen Platten- und Rahmenzahl — hier 14 — zu einer Zugstangenversteifung der Tragspindeln. Das Gewicht der Platten und Rahmen ist eben ein recht beträchtliches und bei den großen Pressen ein geradezu gewaltiges. Deutlich erkennt man bei der dargestellten Filterpresse den Antrieb der Preßspindel durch ein Schneckenradgetriebe, das in Funktion tritt, wenn die Wirksamkeit der primären Preßschrauben, die durch das große hintere Handrad bewegt werden, erschöpft ist.

Das Schaubild Fig. 193 gibt eine Rahmenfilterpresse mit eingelegten Tüchern wieder. Der Eintritt der Filtermasse liegt oben, ebenso die Kanäle für den Luft- und Wasseraustritt.

Fig. 194. Große Filterpresse mit Holzrahmen.

Eine besondere Klasse von Filterpressen bilden diejenigen mit Holzplatten bzw. Rahmen. Das Wesen und die Wirkung dieser Pressen sind denen der eisernen Pressen analog. Die Ausführung der Platten und Rahmen hat aber der Natur des Holzes selbstverständlich Rechnung zu tragen.

Sehr viele chemische Produkte sind gegen alle Metalle, deren Anwendung innerhalb ökonomischer Grenzen liegt, empfindlich. Ein klares Filtrat kann dann nur bei Anwendung hölzerner Platten und Rahmen erzielt werden. Die

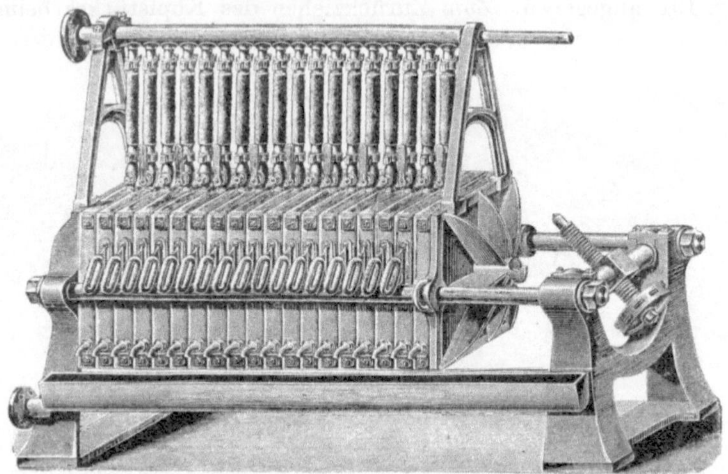

Fig. 195. Filterpresse mit einzeln füllbaren Kammern.

allgemeine Anordnung der Presse ist identisch mit den früher beschriebenen, wie es aus der Fig. 194 hervorgeht, welche eine große Filterpresse mit Holzrahmen und Platten darstellt.

Fig. 196. Laboratoriumsfilterpresse.

Die Filterplatten werden aus mehreren kannelierten Stäben zusammengesetzt, die durch Bolzen verbunden werden, welche die ganze Platte durchdringen.

Bei der Filtration heißer Flüssigkeiten ist der Verbrauch an hölzernen Filterplatten und Rahmen zuweilen ein sehr bedeutender. Auch der Verbrauch an Filtertuch ist bei allen Filterpressen recht beträchtlich und als ein Mißstand zwar schon von Anfang an bekannt, aber unabwendbar.

Bei spezifisch schweren Niederschlägen ist es zuweilen nicht möglich, die Presse gleichmäßig auf dem üblichen Wege zu füllen. Man kann diesen Übelstand vermeiden, wenn die Presse von oben in regelbarer Weise gefüllt wird.

Fig. 195 zeigt eine Filterpresse, bei welcher mittels elastischer Schläuche die Kammern mit der Fülleitung verbunden sind. Durch Hähne ist jede Kammer für sich absperrbar, so daß man jederzeit kontrollieren kann, ob die Kammer sich vorschriftsmäßig füllt.

Bei der Entleerung der Filterpressen sind die Schläuche in bequemer Weise von den einzelnen Kammern abzuheben. Die Presse wird alsdann wie bei den anderen Ausführungen geöffnet und die Preßkuchen sind bequem herauszuheben.

Für Laboratoriumszwecke hat man kleine Filterpressen einfacher Bauart geschaffen, die man mit der zugehörigen Filterpumpe meistens zusammen auf einem Fundament anordnet. Fig. 196 zeigt einen solchen Versuchsapparat. Wie man sieht, ist der Filterapparat an dem Gestell der Filterpreßpumpe *A* befestigt und kann durch diese von Hand betriebene Pumpe gefüllt werden. Das zu filtrierende Gemenge wird in den zur Pumpe gehörenden Trichter gegossen und alsdann durch Betätigung des Handhebels *A* in die Presse befördert. Durch die Pumpe *B* wird die Waschflüssigkeit in die Presse befördert. Zu der Filtration größerer Mengen ist eine kleine Kammer oder Rahmenpresse gewöhnlicher Konstruktion mit zwei Pumpen vorbeschriebener Anordnung kombiniert.

Bei Verwendung eines Druckfasses an Stelle einer Flüssigkeitspumpe dient die seitlich am Druckfaß angeordnete Pumpe zur Erzeugung des erforderlichen Luftdruckes, welcher zur Beförderung der Filtermasse in die Presse dient (siehe Fig. 197). Besonders bei dünnflüssigen Gemengen, bei denen der Gehalt an fester Substanz ein im Verhältnis zur Flüssigkeit geringer ist, dürfte die Anordnung mit Druckfaß, welche größere Mengen auf einmal zu verarbeiten gestattet, angebracht sein.

Fig. 197.
Laboratoriumsfilterpresse mit Druckfaß.

Die Anordnung einer Filtereinrichtung für Großbetriebe in Verbindung mit einer Filterpresse zeigt Fig. 198. Sehr oft muß die Filtermasse erwärmt werden, da sie im kalten Zustand nicht filtriert werden kann. Zu dem Behufe ist das Druckfaß *A* mit einer Heizschlange versehen, die durch Dampf geheizt

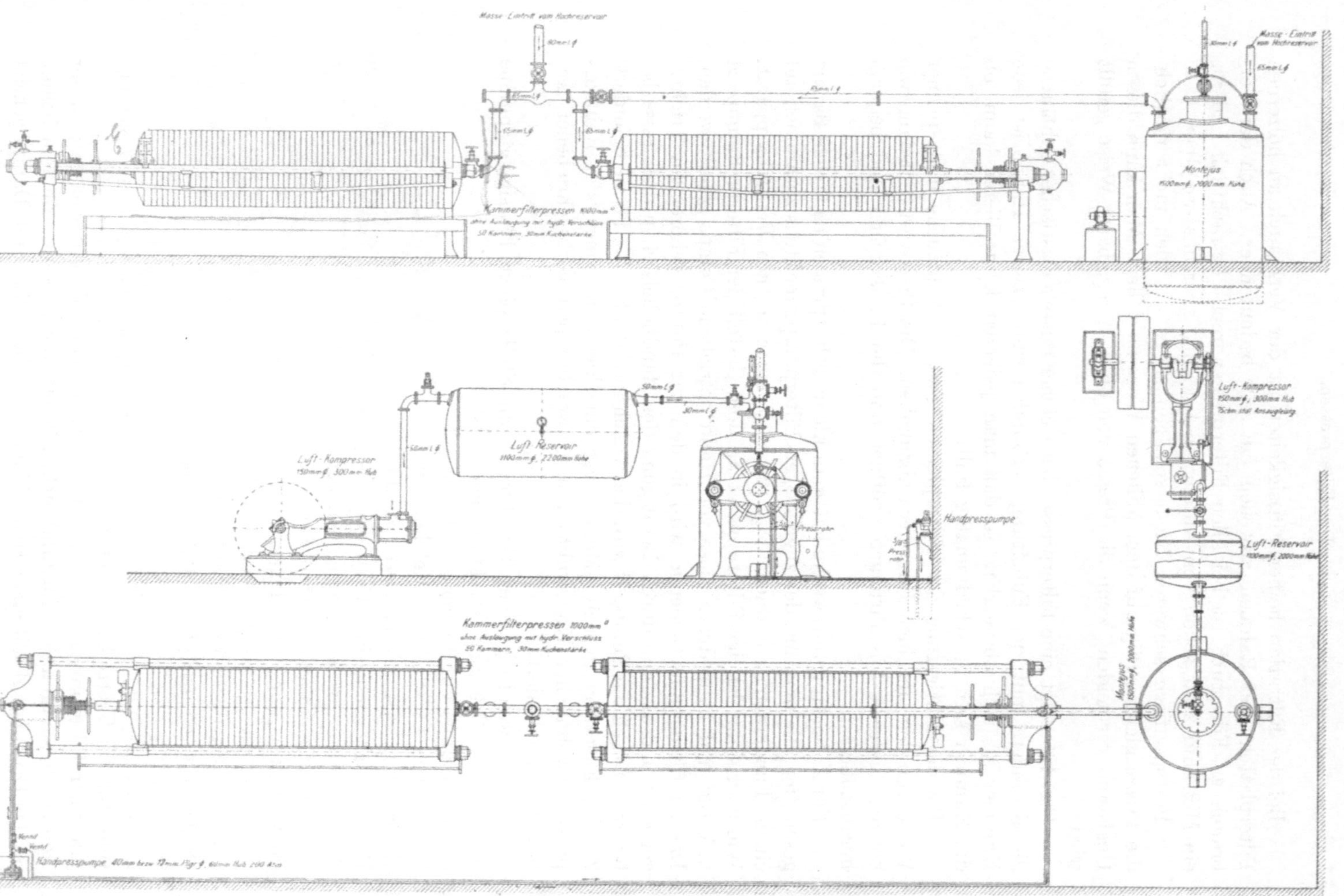

Fig. 199—201. Filterpreßanlage mit Druckfaß (Montejus).

werden kann. Die Luftpumpe *B* bringt, unter Zwischenschaltung des Windkessels *C* den erforderlichen Druck in *A* hervor, welcher die Masse in die Filterpresse *D* treibt. Der Behälter *E* dient zur Aufspeicherung der ungereinigten Filtermasse. Eine Filterpressenanlage mit Druckfaßbetrieb ist in den Fig. 199 bis 201 wiedergegeben. Der Luftkompressor drückt die Luft durch den Luftbehälter in das Druckfaß (Montejus), von wo aus die Pressen abwechselnd gefüllt werden können. Die Pressen sind mit hydraulischem Verschluß ausgestattet. Die Erzeugung des Preßdruckes erfolgt durch eine hydraulische Preßpumpe, die von Hand betätigt wird.

Über die Leistungen der Filterpressen läßt sich nichts Allgemeines sagen. Je nach der Beschaffenheit des zu filtrierenden Gemenges, der Zähflüssigkeit, dem Gehalt an Fettkörpern, dem Druck, der Temperatur, variiert die Bauart und die Leistung der Pressen. Für die Zwecke des Großbetriebes werden die

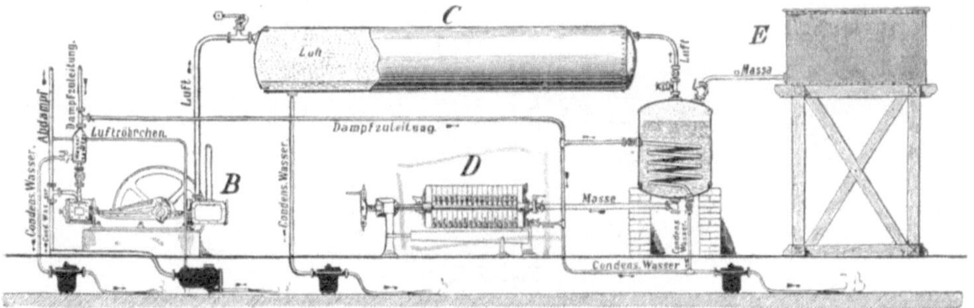

Fig. 198. Filtereinrichtung für Großbetrieb.

Pressen gebaut mit Plattengrößen von 470 mm bis 1500 mm Seitenlänge und mit 4 bis 60 Kammern. Bei Filterpressen mit Holzeinsätzen kann die Kuchenstärke bis 150 mm steigen. Das Gewicht der Pressen kann von 200 kg bis 60 000 kg steigen. Die Auswahl der für jeden einzelnen Fall geeigneten Filterpresse ist Sache der praktischen Erfahrung oder Resultat eigens angestellter Versuche.

Eine zur Bestimmung der richtigen Wahl geeignete Theorie gibt es nicht.

g) *Spezialfilterpressen für das Gärungsgewerbe.*

Eine besondere Art von Filterpressen wird neuerdings im Gärungsgewerbe verwendet, um Flüssigkeiten von den Beimengungen zu trennen. Hier kommt es nicht allein auf ein klares Filtrat an, sondern vielfach auch darauf, daß das Filtrat nicht durch die Berührung mit dem Eisenmaterial der Filterpresse beeinträchtigt wird. Die oben besprochenen Hilfsmittel, wie Verzinnen oder Verzinken oder Emaillieren der Platten und Rahmen helfen auf die Dauer nicht, ebensowenig das Überziehen mit Gummi. Die einfachste Lösung ist die Herstellung von Kammern und Rahmen aus einem indifferenten Material, z. B. Hartgummi, oder eigens zu diesem Zwecke hergestellten Mischungen, die meistens geheim gehalten werden. Eine solche Filterpresse stellt die Firma *Enzinger* her. Statt der Filtertücher sind Tafeln aus einer besonderen

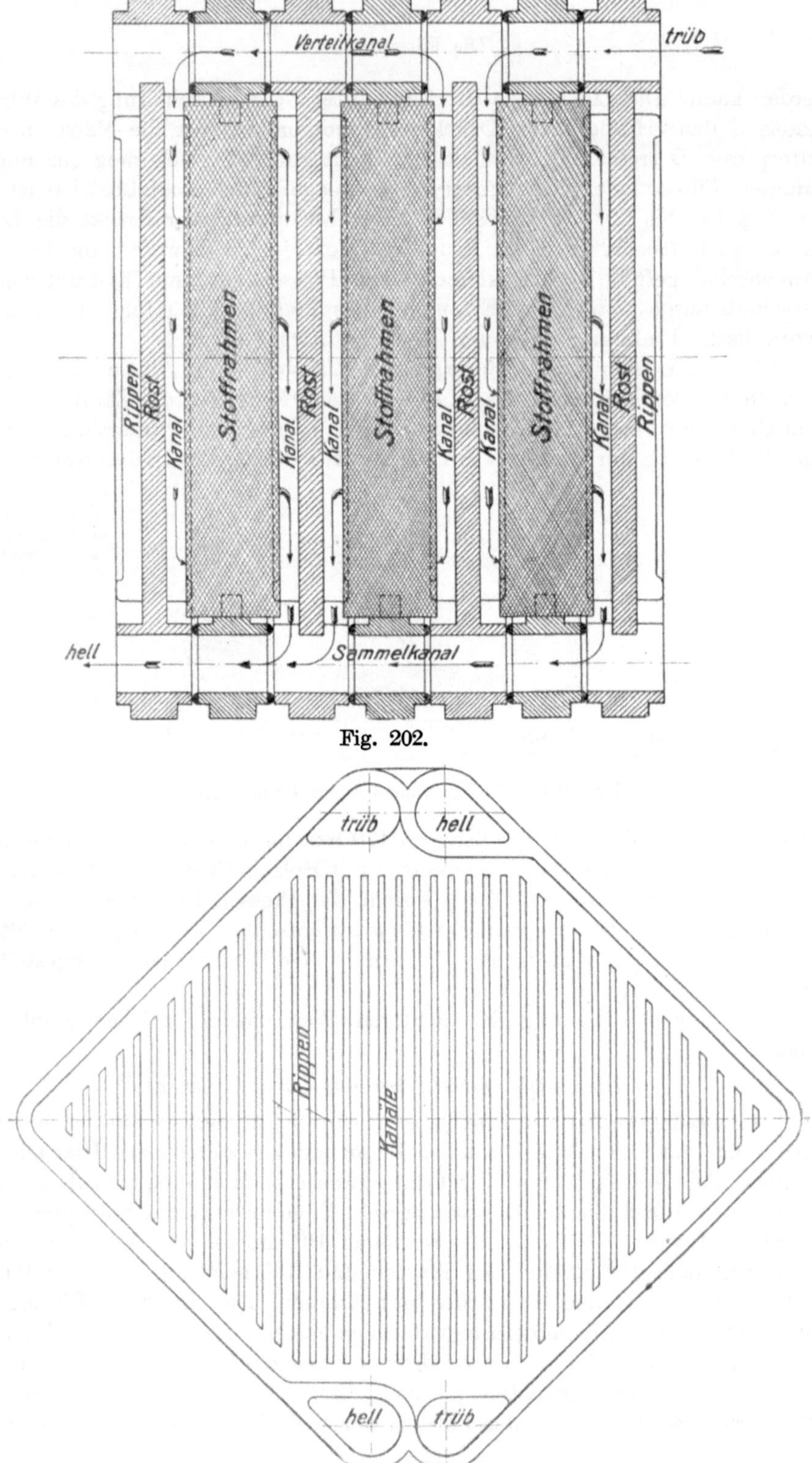

Fig. 202.

Fig. 203. Filterpresse für Brauereien mit Tafeln aus Filtermasse.

Filtermasse gewählt, welche in hierfür konstruierten Pressen in die Rahmen hineingepreßt werden, so daß man Rahmen und Filtertafeln bequem transportieren kann. Diese Pressen arbeiten ohne Auslaugung, sind also ganz ein-

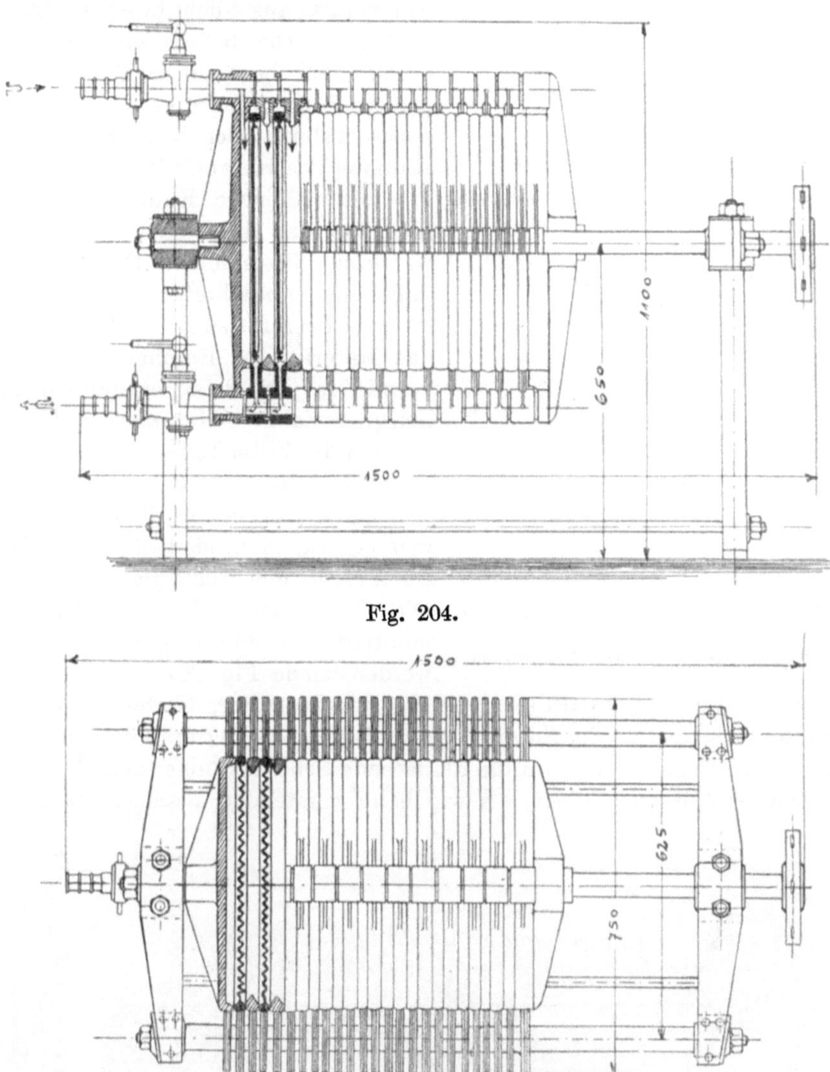

Fig. 204.

Fig. 205. Filterpresse für Brauereien.

facher Bauart. Fig. 202 läßt die Einrichtung im Schnitt erkennen, während Fig. 203 die Ansicht einer Filterkammer gibt.

Die gesamte Einrichtung einer solchen Filterpresse zeigt die Darstellung der Fig. 204, 205 und 206. Im wesentlichen besteht diese Filterpresse, wie üblich, aus zwei gußeisernen Böcken mit zwei Tragstangen, sowie aus der Kopf- und Druckplatte. Zwischen diese werden die einzelnen Rahmen und

Roste eingelegt. Die Rahmen und Roste bestehen aus einer besonderen Masse. Der Hauptbestandteil dieser Masse ist Kautschukmischung, welche gegen die meisten Flüssigkeiten indifferent ist. Die Rahmen sind mit einer besonderen Filtermasse aus einem faserigen Material gefüllt, welche behufs leichterer Handhabung auf besonderen Pressen in geeignete Form gepreßt werden, um bei der Auswechslung oder beim Einsetzen der Rahmen das Herausfallen zu vermeiden.

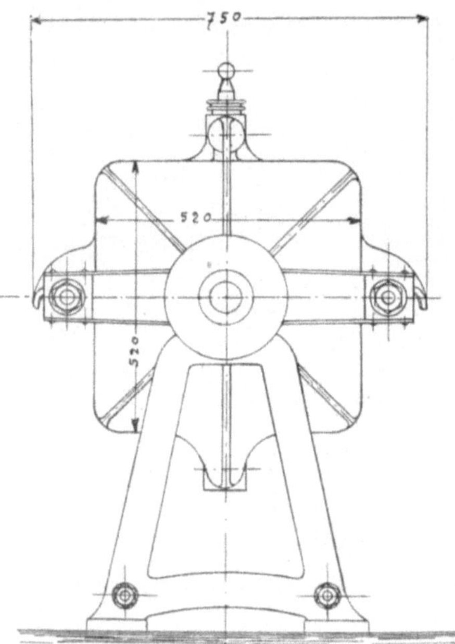

Fig. 206. Filterpresse für Brauereien.

Die elastische Kautschukmasse ermöglicht, daß die Presse auch ohne Anwendung besonderer Dichtungsmittel vollständig abdichtet. Auf diese Weise ist jede Beeinflussung des Filtrats durch das Material der Rahmen oder Platten vermieden. Die Presse enthält eine ziemlich große Zahl von Kammern und Platten, da man die Filterfläche in der Regel nur schwach beansprucht.

Um die Farbe der filtrierten Flüssigkeit zu erkennen, sind die Ausläufe und Lufthähne mit Schaugläsern versehen. Die Presse ist auf einem Fahrgestell montiert und kann bequem transportiert werden, siehe Fig. 207.

Eine weitere Spezialfilterpresse ist das Bierfilter, System *Sellenscheid*. In diesem Apparat ist die Filtermasse im Rahmen noch durch besondere Siebe gehalten. Infolgedessen kann die filtrierende Schicht dünner gehalten werden bei gleicher Filterflüssigkeit, als wie beim vorstehend beschriebenen Filter.

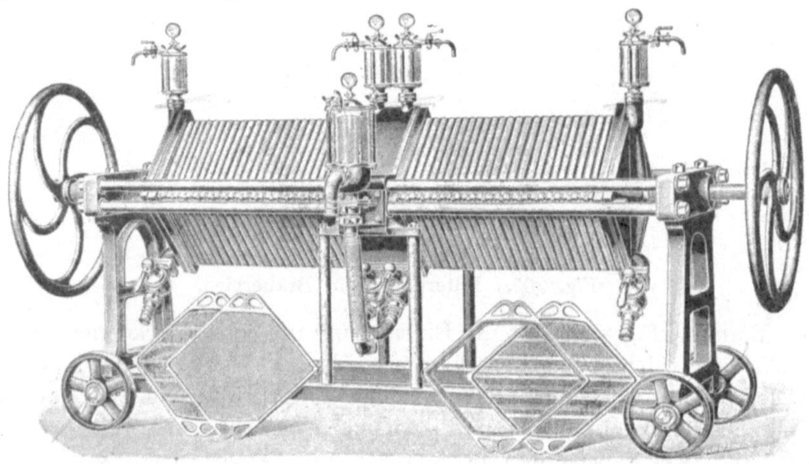

Fig. 207. Filterpresse für Brauereien mit Schaugläsern.

Dies hat den Vorteil, daß der Filterdruck nur gering ist, und daß man weniger Filtermasse gebraucht.

Wie aus Fig. 208 hervorgeht, ist das Filtergehäuse *G* durch einen Deckel *D* geschlossen und umschließt seinerseits die Rahmen. *F* sind die Filterkörper; diese bestehen aus der Filtermasse, die beiderseits mit einem Gazetuch und einem Siebboden überzogen sind, die allseitig dicht schließen. Zwei solcher Filterplatten bilden zwischen sich einen Hohlraum. Diese Filterkörper stehen in dem Gehäuse *G* allseitig frei und sind nur oben mit dem Deckel und unten mit dem Kanal *S* verbunden. Die durch *F* eintretende Flüssigkeit durchdringt die Filterkörper und fließt in den Kanal *S*.

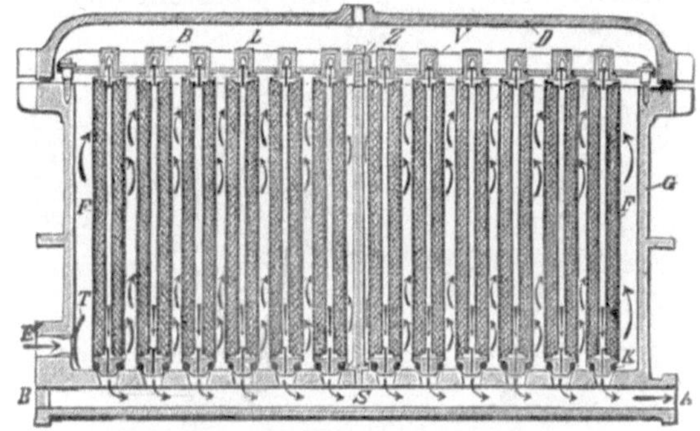

Fig. 208. Bierfilter mit Filtermasse.

h) Maschinen zum Waschen der Filtertücher.

Bei den Filterpressen, welche Tücher besitzen, kommt man zuweilen in die Lage, die schmutzigen Tücher reinigen zu können behufs Wiederverwendung, oder reinigen zu müssen. In diesem Falle empfiehlt sich bei größeren

Fig. 209. Waschmaschine für Filtertücher.

Betrieben eine maschinelle Einrichtung zum Reinigen dieser Tücher, also eine Art Waschmaschine. Eine solche Reinigungsmaschine einfacher Art wird von der vorerwähnten Firma *Enzinger* in den Handel gebracht und ist in Fig. 209 veranschaulicht. Die Maschine besteht aus einem halbrunden Trog mit dich-

Fig. 210—213.

tem Deckel, in dem eine gelochte Trommel durch Maschinenkraft oder von Hand gedreht werden kann. Die beschmutzten Tücher werden in das Innere dieser Trommel eingefüllt und darauf der Trog mit Wasser und etwaigen Reinigungsmitteln beschickt. Nachdem man den Inhalt erwärmt hat, was

Fig. 214.

durch Dampf geschehen kann, setzt man die Trommel in Umdrehung und bewirkt hierdurch eine Reibung der einzelnen Tücher aneinander, welche die Schmutzteilchen aus den Tüchern entfernt. Alsdann läßt man reines Wasser zuströmen und öffnet den Ablaßhahn, bis das Wasser in klarem Zustande abläuft. Diese Operationen können wiederholt werden oder auch in umgekehrter Reihenfolge vorgenommen werden, je nach der Natur der Tücher und des Schmutzes.

Die Filtertücher selbst können aus Baumwolle, Wolle, Asbest oder sonstigen Faserstoffen bestehen, ganz nach der Natur des Filtrats.

Für saure Flüssigkeiten hat sich die Verwendung von nitrierten Tüchern bewährt. Diese werden durch Säuren weniger angegriffen, da die nitrierte Zellulose, aus welcher die nitrierten Tücher bestehen, in gewissen Säuren nicht löslich ist.

Bei der Handhabung dieser Tücher ist Vorsicht geboten, da sie in trockenem Zustande feuergefährlich sind und unter Umständen zu Explosionen Veranlassung geben können. Sie sind deshalb nur in feuchtem Zustande zu verwenden und auch stets feucht aufzubewahren.

i) Automatische Filterpressen.

Die Bestrebung der neueren chemischen Technik geht darauf aus, die Arbeit an den Filterapparaten oder -pressen zu verbilligen durch Ersparung der Handarbeit. Diese sog. automatischen Filterpressen sind in verschiedenen Konstruktionen bekannt geworden, haben sich aber gegenüber den einfachen Filterpressen noch nicht allgemein durchsetzen können.

Fig. 215.

Fig. 216. Kelly-Filterpresse.

Eine in der amerikanischen Industrie eingeführte Filterpresse stellt die *Kelly*-Filterpresse dar, siehe die Fig. 210 bis 216, welche eine in der Zuckerindustrie sehr gebräuchliche Ausführung verdeutlichen. Im Gegensatz zu den gewöhnlichen Filterpressen, die aus einzelnen, nebeneinander angeordneten Filterelementen bestehen, ist die *Kelly*-Presse dadurch ausgezeichnet, daß die Filterelemente von dem Preßraum allseitig umgeben sind. Die Filterelemente sind längliche Rahmen, die mit Filtertuch überzogen sind und in einem fahrbaren Gestell, das ins Innere des Druckraumes ein- und ausgeschoben werden kann, angeordnet sind. Das Filtrat durchdringt die Filtertücher und fließt an dem gemeinsamen Kopfende der Filterrahmen nach außen ab.

Bei der Konstruktion dieser Presse ist hauptsächlich für eine leichte Zugänglichkeit der Filterflächen gesorgt und der Hauptwert darauf gelegt,

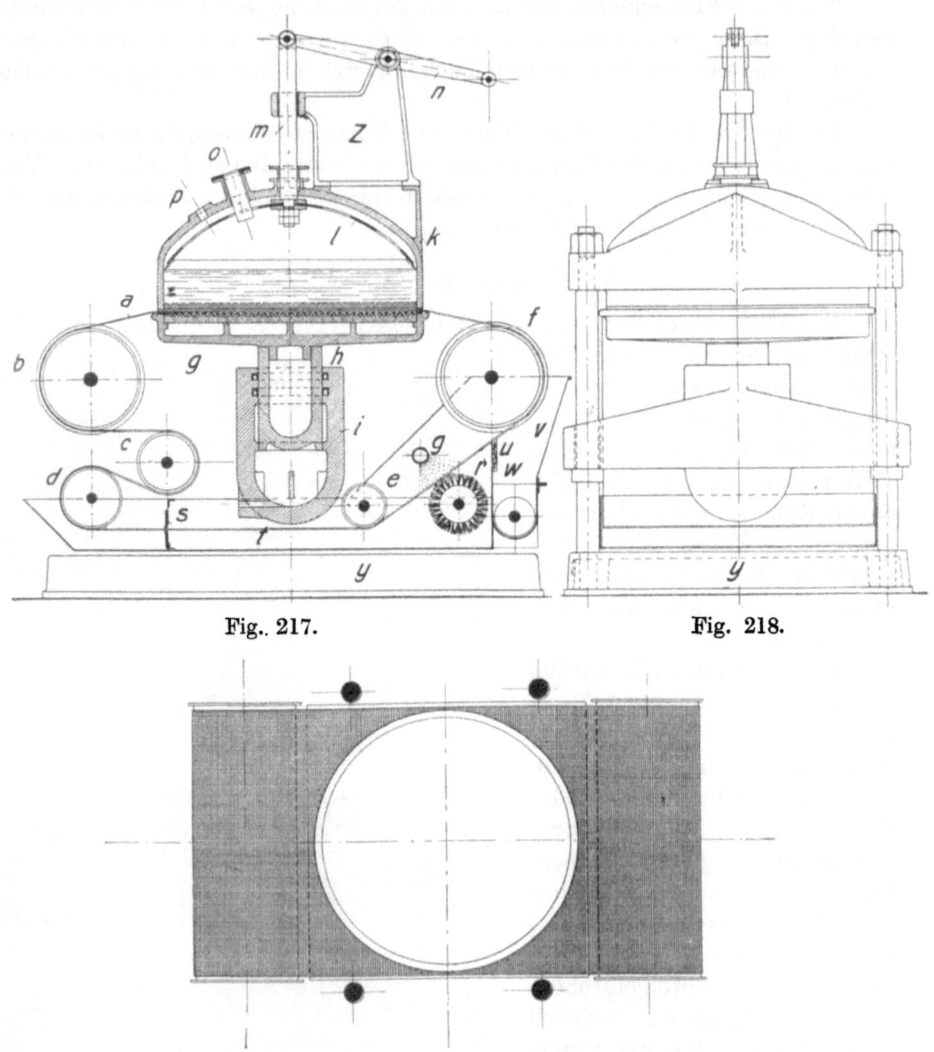

Fig. 217.

Fig. 218.

Fig. 219. Filter mit endlosem Filtertuch.

den auf den Filterflächen angesammelten Rückstand schnell und bequem entfernen zu können. Zu dem Zweck sind die einzelnen Rahmen von zwei Seiten her zugänglich, so daß man nach dem Herausziehen des Rahmengestelles den Rückstand auf einmal leicht entfernen kann. Die Presse ist für große Leistungen bestimmt und wird in der Zuckerfabrikation, in den Berg- und Hüttenwerken zur Sammlung geschlämmter Erze und Rückstände verwendet, ist aber im allgemeinen für die meisten andern Materialien ebenfalls brauchbar. Die Presse wird in fünf verschiedenen Größen gebaut mit einer Leistung von 10 bis 120 Tons Rückstand in 24 Stunden.

Eine Filtervorrichtung mit endlosem Filtertuch ist in den Fig. 217 bis 219 dargestellt. Die Einrichtung dient hauptsächlich zum Trennen von schwer filtrierbaren Niederschlägen von Flüssigkeiten. Das endlose Filtertuch *a* bewegt sich periodisch über die durchlässige Platte *g* eines hydraulischen Kolbens *h* hinweg, welche den Unterteil der Filterkammer *k* bildet. Der Oberteil wird durch den feststehenden hohlen Kopfteil, eben die Filterkammer *k* der im Äußeren einer hydraulischen Presse gleichenden Filtervorrichtung gebildet. Der dichte Verschluß der Filterkammer wird durch die Bewegung des Kolbens *h* mit der Filterplatte *g* nach oben erzielt, wobei das Filtertuch *a* die Abdichtung bildet. Durch die Stutzen *o* und *p* dringt das Filtergemisch bzw. die zum Abdrücken oder Waschen dienende Preßluft oder Waschflüssigkeit ein. Nach beendeter Filtration bewegt sich der Kolben *h* nach unten, wodurch das Filtertuch *a* von *k* und *g* freikommt. Es kann also um die Rollen *f*, *e*, *d*, *c*, *b* sich bewegen. Ein Abstreicher *u* entfernt den Niederschlag, welcher in den Trog *v* und von da in die Transportschnecke *w* fällt. Das Filtertuch *a* wird beim Passieren des Waschtroges *t* durch die Bürstenwalze *r*, das Spritzrohr *g* und den Abstreicher *s* gereinigt.

Die Spannwalze *c* ermöglicht die erforderliche Längenänderung des Filtertuches *a*.

Die ganze Anordnung ist auf dem soliden Fundament *y* aufgebaut. Der Abstreicher *l*, der sich in *k* vermittels der Stange *m* und den um den Bock *z* schwingenden Hebel *n* auf und ab bewegen läßt, gestattet die Entfernung der an den Wandungen von *k* anklebenden Niederschlagsreste.

Von den bisher sonst noch bekannt gewordenen Konstruktionen hat sich keine einen größeren Geltungsbereich verschaffen können, so daß von einer Besprechung einstweilen abgesehen werden kann.

C. Filter mit fester Filterschicht.

Den Beschluß der Filterapparate sollen diejenigen Filter bilden, bei denen die Filterschicht aus einer Häufung von Filterkörperchen besteht, die durch ein Bindemittel in bestimmter Anordnung fixiert sind und hierdurch Kanäle bilden, welche die Filterfähigkeit bedingen. Diese Kanäle können, wie schon eingangs erwähnt, auch durch bestimmte andere Maßnahmen planmäßig erzielt werden. Solche Filter werden vielfach aus mineralischen Substanzen hergestellt. In der einfachsten Form bildet eine mit durchlässigen Filtersteinen ausgelegte Grube die Grundform der offenen Filter dieser Art. Die Kanäle in den Steinen sind so eng, daß sie wohl die Flüssigkeit, aber nicht die der Flüssigkeit beigemengten festen Teile hindurchtreten lassen.

1. Plattenfilter.

Die Form der Filterkörper kann beliebig sein. Sehr oft sind es einfache Platten, Steine oder Zylinder. Diejenige Seite, welche mit dem Filtrat in

Berührung kommt, ist glatt und engporig. Die Unter- oder Außenseite ist in der Regel geriffelt und weitporig. Die Filterelemente können wie bei den übrigen Filtern in offenen oder geschlossenen Filtern angeordnet sein.

a) *Offene Filter.*

Eine große Verbreitung haben die Filterplatten und Steine von *Schuler* gefunden. Sie dienen zum Auskleiden von genannten Gruben und Gefäßen aller Art. Ihre Filterfähigkeit ist eine ausgezeichnete und ihre Haltbarkeit nahezu unbegrenzt. In der Papierfabrikation macht man Gebrauch von diesen Filtersteinen zum Auskleiden der Bleichgruben. Der Papierstoff wird in nassem Zustande in diese Gruben gestürzt und dort der Einwirkung von flüssiger Chlorlösung oder Chlorgas ausgesetzt. Die Bleichflüssigkeit kann nach erfolgter Einwirkung durch die Steine abfließen. Auch eckige oder runde Gefäße werden mit den Filtersteinen ausgelegt.

Zylinderförmige Filtersteine, bei denen die Flüssigkeit von innen nach außen oder umgekehrt ihren Weg nimmt, kommen wohl auch vor, finden aber häufiger in geschlossenen Filtern ihre eigentliche Bestimmung.

b) *Geschlossene Filter.*

Bei der mit den Filtersteinen ermöglichten Feinfiltration, die so weit geht, daß man selbst Bakterien auf der Filterfläche zurückhalten kann, ist die Anwendung von Unter- oder Überdruck erforderlich, um die Filtration überhaupt zu ermöglichen oder die Leistung des Filters bis zur erforderlichen Grenze zu erhöhen.

α) *Mit Filterplatten versehene Filter.*

Ein geschlossenes Filter zeigt Fig. 220. In dem druckfesten Gefäß *A* sitzt ein Filtereinsatz *B*, der aus säure- oder alkalifestem Material besteht, oder dessen Wände durch eine Schutzschicht gegen den Angriff des Filtrats gesichert sind. Den Boden von *B* bedecken die Filtersteine *C*. Das Filtrat fließt durch einen Stutzen im Boden nach außen ab. Zwischen *A* und *B* ist genügend Spielraum vorhanden, damit bei Anwendung von Überdruck *B* nicht einseitig beansprucht wird. Demzufolge kann der Filtereinsatz aus einem Material bestehen, welches keine erhebliche Festigkeit zu haben braucht.

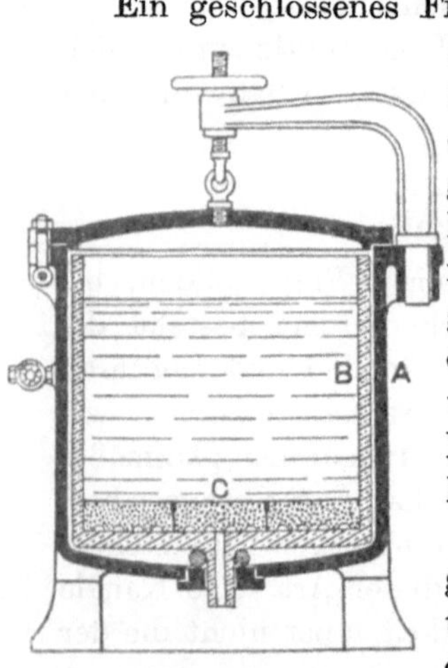

Fig. 220. Filter mit Filterplatten.

Für größere Leistungen wird die Ausführung gemäß Fig. 221 und 222 verwendet. In dem Behälter *B* befinden sich eine Anzahl von Schalen *A*, deren Boden mit den Filtersteinen ausgelegt ist. Der Raum unter den Steinen steht mittels besonderer Abflußrohre *C* mit der Außenluft in Verbindung.

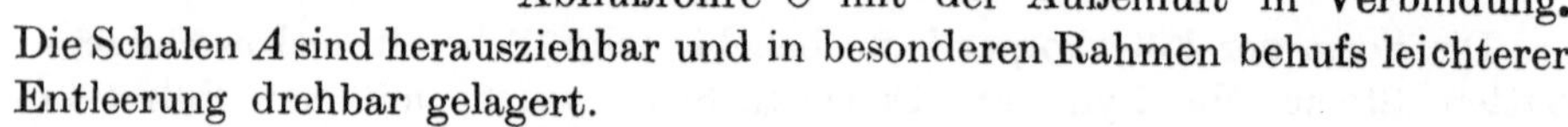
Die Schalen *A* sind herausziehbar und in besonderen Rahmen behufs leichterer Entleerung drehbar gelagert.

β) *Kerzenfilter.*

Ein Vorzug dieser Filter ist, daß sie zur Feinfiltration feinstverteilter Körper verwendbar sind. Im Falle die Flüssigkeit sauer ist, sind die Filterschalen emailliert. Sodann kann der Filterdruck beliebig hoch gesteigert werden, ohne daß die Konstruktion der Filterschalen hierdurch berührt wird.

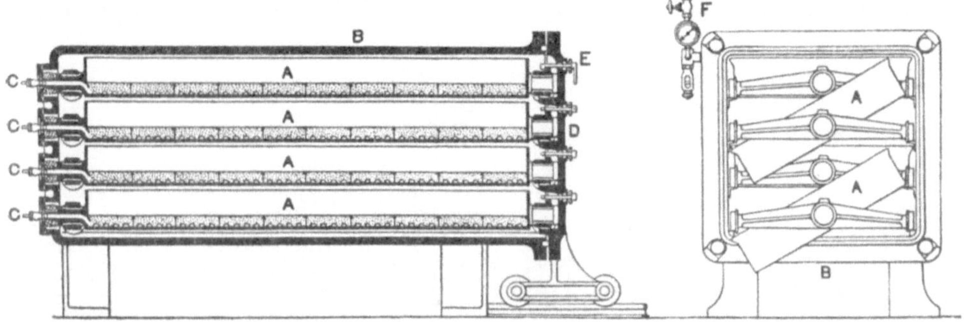

Fig. 221. Fig. 222.
Filtervorrichtung mit Filtersteinen.

Lediglich das Außengefäß ist druckfest herzustellen, dies ist aber in einfacher Weise zu bewerkstelligen.

Die Filtermasse kann nicht bloß in Platten, sondern in beliebig anderen Formen hergestellt werden, je nach dem Verwendungszweck und der Natur des Filtrats. Eine der häufigsten Formen ist die einer Filterkerze. Die Filtermasse stellt hierbei einen Hohlzylinder mit geschlossenem Boden dar. Das offene Ende ist durch besondere Maßnahmen mit der Abflußseite verbunden. Das Filtrat muß also die Wandung der Filterkerze durchdringen, um einer Filterwirkung zu unterliegen. Die Poren dieser Filterkerzen können durch die Wahl geeigneten Materials so eng angeordnet werden, daß auch Bakterien kleinster Art nicht mehr die Filterschicht durchdringen können. Die Filterkerzen können, wie oben erwähnt, in offene Filter, in Filter mit Vakuumeinrichtung oder in Druckfilter eingesetzt werden; allermeist aber werden sie in letzteren angewendet.

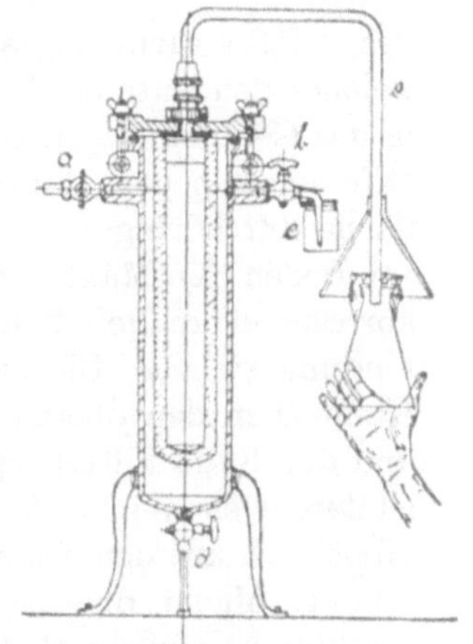

Fig. 223. Berkefeldfilter.

Ein weit verbreitetes Filter ist das *Berkefeld*-Filter, welches vielfach zur Gewinnung keimfreien Wassers verwendet wird. Besonders in Brennereien zum Spülen der Flaschen und Gefäße und zur Wäsche der Hefe, sodann auch bei der Herstellung von Mineralwasser.

Ein Druckfilter einfacher Art ist in Fig. 223 dargestellt. Durch den Hahn *a* wird das Filter mit der Wasserleitung verbunden, so daß das ungeklärte Wasser die Kerze umspülen kann. Das Wasser durchdringt die Filterschicht und fließt in geklärtem Zustande durch das Rohr *e* ab. Für die Zwecke der bakteriologischen Prüfung von Filterkörpern sind noch die Hähne *b* und *d*, sowie ein Gefäß *e* vorgesehen. Hahn *b* und *e* fallen in der Regel fort, wenn es sich nicht um diese speziellen Zwecke handelt.

Ein Kerzenfilter für größere Leistungen ist in Fig. 224 wiedergegeben; dies Filter ist mit einer Einrichtung zum Reinigen der Filterflächen versehen. Die Filterkerzen *A* sitzen in besonderen Mänteln *B* und sind in dem Boden

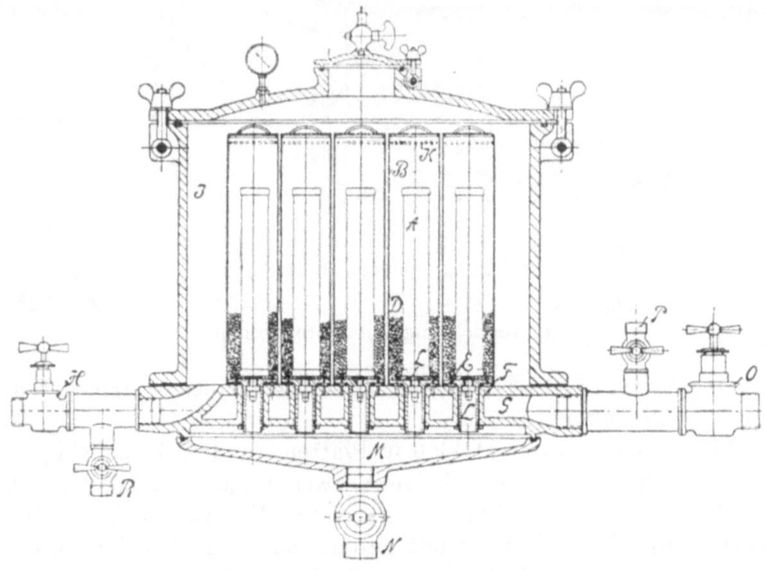

Fig. 224. Großes Kerzenfilter.

des Gefäßes dicht angeschraubt. Um die Kerzen liegt ein körniges Material, welches den unteren Teil umgibt und durch die Mäntel *B* verhindert wird, in das Gefäßinnere zu entweichen. Die zu klärende Flüssigkeit strömt durch Öffnungen in den Mänteln *B* zu den Kerzen *A* und kann die ganze Filterfläche durchdringen, da das Reinigungsmaterial *D* leicht durchströmt wird. Im Boden der Mäntel *B* befinden sich die Öffnungen *E*, welche durch die korrespondierenden Schlitze *B* mit der Luftzuführungskammer *G* in Verbindung stehen. Die zu klärende Flüssigkeit tritt unter Druck durch den Hahn *H* in den oberen Raum *J* des Filters ein. Sie fließt in die Mäntel *B* und durch die Filterkörper *A*, durch die zentralen Rohre *L* nach *M* und aus letzterem entweicht sie durch Hahn *N*. Die Verunreinigungen setzen sich allmählich auf den Filterkerzen *A* ab, deren Filterfähigkeit mit der Zeit abnimmt. Macht diese Abnahme eine Reinigung nötig, dann wird *N* und *H* geschlossen und durch *O* tritt Druckluft ein, während durch *P* gleichzeitig Spülwasser eintritt. Die Druckluft setzt die Reinigungsschicht *D* in wirbelnde Bewegung, so daß die Körnchen die Oberfläche der Kerzen hierbei bestreichen. Auf diese Weise wird die Schmutzschicht abgestoßen und die Filterkanäle werden wieder offengelegt. Der Schmutz fließt mit dem Wasser durch *R* ab.

Durch Vereinigung einer größeren Zahl von Filterkörpern lassen sich auch größere Leistungen erzielen. Es dürfte sich indessen erübrigen, eine bildliche Darstellung solcher Kombinationen zu geben.

Fig. 225. Enzinger Filter zum Einlegen geöffnet.

Die *Berkefeld*filter werden auch als fahrbare Trinkwasserbereiter hergestellt. Der Filterwagen enthält einen Motor mit Pumpe und reinigt bei sachgemäßer Bedienung 1200 bis 1500 l Wasser in der Stunde.

c) *Das Enzinger Filter.*

Eine Art Kerzenfilter, wie es zur Filtration von Bier verwendet wird, ist das von der Firma *Enzinger* konstruierte. Es besteht aus kreisrunden Scheiben aus reiner Kerzenmasse, die an den Rändern verdickt sind. Die einzelnen Scheiben werden fest aufeinander geschraubt. Die Kuchenteller und Verteilungsteller sind abwechselnd innen und außen verdickt. Hierdurch wird das zwischen einem äußeren Metallmantel und den äußeren Rändern der Teller zufließende Bier durch Druck gezwungen, die Teller in ihrer ganzen Fläche zu durchdringen. Der Ablauf der filtrierten Flüssigkeit erfolgt durch einen mittleren von den aufeinandergesetzten Tellern gebildeten Ablaufkanal. Die Teller können mit der Bürste leicht gereinigt werden. Die Anordnung der Filtereinrichtung ist aus der Figur 225 leicht zu erkennen.

d) *Membranfilter.*

In neuerer Zeit wird auch im Großen eine Filterart hergestellt, die es erlaubt, aus Flüssigkeiten sehr kleine Stoffe, die unter der mikroskopischen Sichtbarkeit liegen, zurückzuhalten. Es sind das die von ihren Erfindern *Zsigmondy* und *Bachmann* als Membranfilter bezeichneten Filterarten, die von der Firma *E. de Haen* hergestellt werden. Sie werden jetzt in genügender Festigkeit und Dauerhaftigkeit hergestellt, so daß sie nicht nur im chemischen Laboratorium benutzt werden können, sondern auch in die Großindustrie eingeführt zu werden verdienen. Die große technische Verwendung dieser Filter ist erst vor kurzem in Gang gekommen. Soviel bekannt ist, werden die Membranfilter hergestellt von nicht ganz einfach zusammengesetzten Lösungen gewisser Kolloide unter Einhaltung ganz bestimmter Bedingungen. Hierbei werden pergamentähnliche Membranen oder auch solche vom Aussehen des Glanzpapieres oder des weißen Glaceehandschuhleders erhalten, die eine genügende Widerstandsfähigkeit besitzen. Es können Filter mit verschiedener Porenweite hergestellt werden. Die Feinporigkeit ist sehr groß

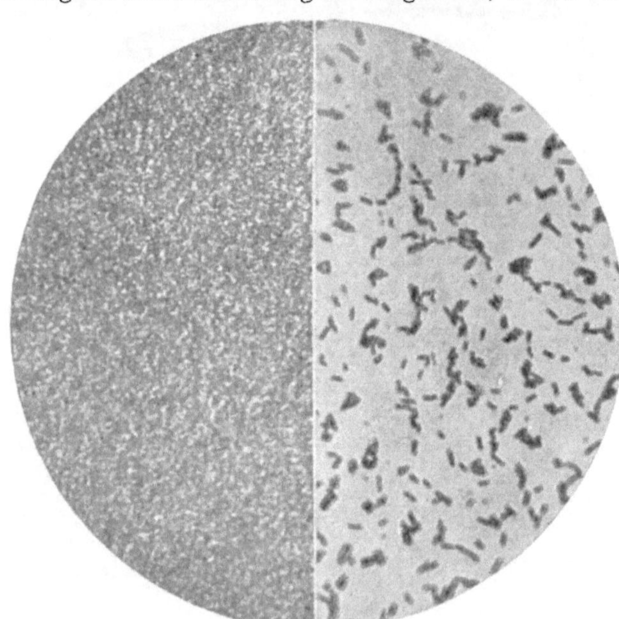

Fig. 226. Bakterien- und Membranfilter. (Mikroskopisches Bild.)

und gleichmäßig. Die Fig. 226 zeigt eine Mikrophotographie in 1000facher Vergrößerung von einem Membranfilter auf der linken Seite der Figur und daneben Typhusbakterien. Das Siebfilter besitzt gegenüber den Bakterien eine absolute sichere Filterwirkung, da diese größer sind als die Filterporen und deswegen notwendig auf der Oberfläche des Filters zurückbleiben müssen. Die Verwendung der Membranfilter ist deswegen besonders für die Trinkwasserreinigung von Bedeutung, da mit ihrer Hilfe das Wasser sehr bequem bakterienfrei gewonnen werden kann. Die nebenstehenden Fig. 227 und 228 zeigen z. B. die Anordnung eines Membranfilters als Wasserfilter für den Hausgebrauch, wie es unmittelbar an die Wasserleitung angeschlossen werden kann. In der Figur 227 ist Z der Wasserzufluß, H_1 der Zapfhahn für unfiltriertes Wasser, H_2 (in der Fig. nicht deutlich zu sehen, da hinter H_1 liegend) der Sperrhahn für den Wasserzufluß nach dem Filter; G der Zulauf nach dem Filter, der natürlich auch in Bleirohr hinter die Grundplatte montiert werden kann; F die Filterkammer von einer Größe 10,36 cm, die nach vorn aufklappbar ist, und durch die Flügelschraube S festgeschlossen wird, und H_3 der Ablauf für das filtrierte Wasser.

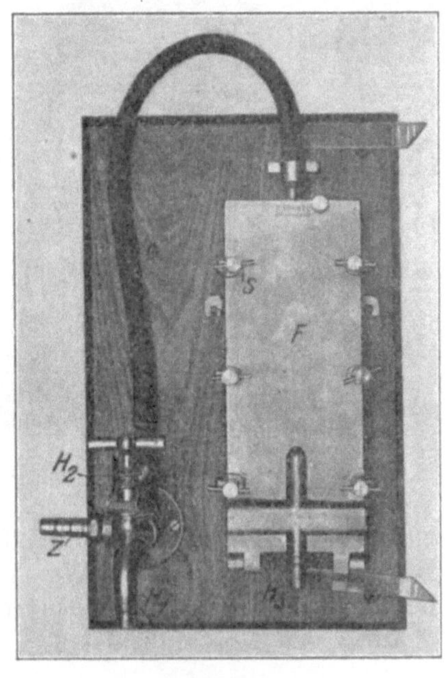

Fig. 227.

Die Fig. 228 stellt einen einfachen trommelförmigen Apparat dar, der direkt an einen Zapfhahn angeschlossen werden kann, wie aus der Figur ersichtlich ist. Das Membranfilter liegt zwischen den Platten p_1 und p_2, die Flügel dienen zum festen Verschluß des Apparates, das filtrierte Wasser läuft bei a ab. Fig. 229 gibt eine Filterpresse mit Membranfilter, die direkt an die Wasserleitung angeschlossen oder auch mittels Flügelpumpe gespeist werden kann. Die Kammern sind aus mehrfach verleimtem Holz gebaut und mit einer sehr feinen der Eigenart des Membranfilters angepaßten Riffelung versehen. Die Presse ist im übrigen ganz ähnlich konstruiert wie die Filterpresse im großen Maßstabe. Die einzelne Filterfläche beträgt $10 \cdot 11 = 100$ qcm. Der Apparat leistet pro Stunde bei 2 bis $2^1/_2$ Atmosphären Druck pro Filterkammer

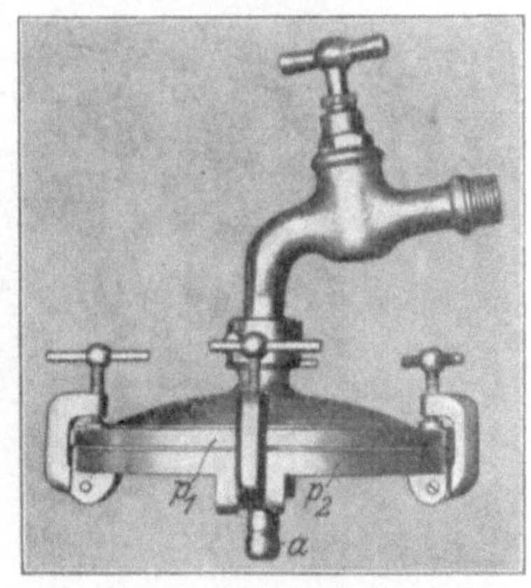

Fig. 228. Wasserreinigungsapparat zum Anschluß an die Wasserleitung.

und 100 l keimfreies Trinkwasser. 4 Kammern wie in der Fig. ergeben also eine Stundenleistung von 400 l. Bevor das Wasser in diesen Apparat geschickt wird, muß es durch gewöhnliche Sandfilter oder in anderer Art von den gröberen Verunreinigungen befreit sein.

Fig. 229. Filterpresse für Membranfilter.

Einen tragbaren Feldfilterapparat zeigen die Fig. 230 und 231. Er ist mit allen zugehörenden Teilen, die in Fig. 230 abgebildet sind, von einem einzelnen Manne bequem zu tragen, wie aus der Gesamtansicht, Fig. 231, zu ersehen ist. Die Stundenleistung dieses Apparates beträgt 600 l. Das Wasser wird mit Hilfe einer Pumpe, wie es Fig. 230 zeigt, dem Apparat zugeführt. Ihrem Wesen nach ist die Konstruktion dieselbe wie in der Fig. 229. In der Mitte des Apparats befindet sich ein Druckmesser, das erlaubt, den Druck abzulesen, den das Wasser in der Kammer besitzt.

D. Trennvorrichtungen ohne Filterschicht.

1. Dekantiergefäße.

Zum Trennen von Flüssigkeiten und festen Körpern bedient man sich öfters der Tatsache, daß spezifisch schwerere Körper in einer Flüssigkeit

Fig. 230.

unter der Einwirkung der Schwerkraft sich zu Boden setzen und alsdann durch Ablassen der Flüssigkeit von ihr getrennt werden können. Man nennt dies auch Dekantieren. Die Einrichtungen hierfür sind verhältnismäßig einfach. An einem Gefäß, dessen Inneres die zu trennenden Materialien enthält, sind eine Anzahl von Ablaßhähnen angebracht, welche erlauben, die Flüssigkeit in verschiedener Höhe abzuziehen, je nach der Dicke des Niederschlages, der sich aus der Flüssigkeit unter Einwirkung der Schwerkraft abgesetzt hat.

Fig. 231. Tragbarer Wasserreinigungsapparat (Membranfilter).

Fig. 232 zeigt eine solche Einrichtung. In dem Gefäß *a* trennt sich unter dem Einfluß der Schwerkraft das Gemisch, der schwerere Körper sinkt zu Boden, die Flüssigkeit bleibt darüber stehen. Die Hähne *b*, *c* und *d* dienen dazu, die Flüssigkeit in einer Höhe zu entnehmen, daß mit Sicherheit nur klares Filtrat kommt. Hahn *e* dient zur Entleerung. Statt mehrerer Hähne genügt auch ein einziger, welcher im Innern mit einem sog. Schwenkrohr verbunden ist.

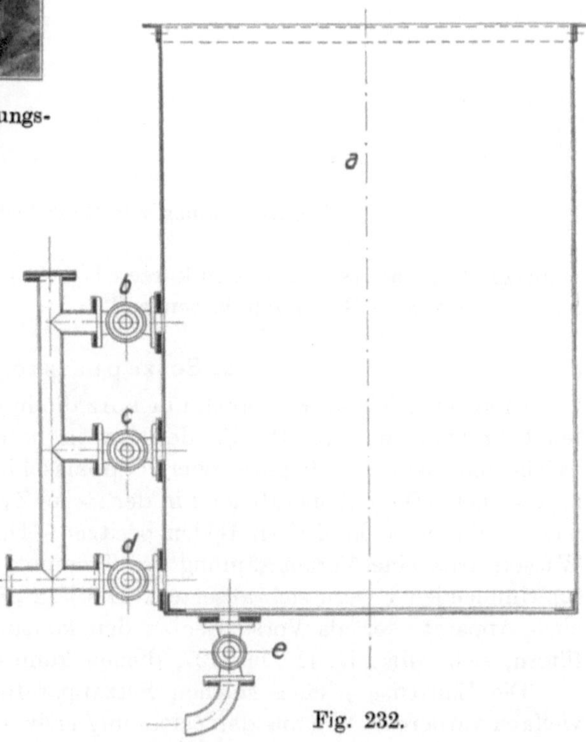

Fig. 232. Trennvorrichtung mit verschieden hohen Ablaßhähnen.

In dem Gefäß *a*, siehe Fig. 233, ist ein winkliges Rohr *b* vorhanden, dessen wagerechter Schenkel die Wand durchdringt und mit einem Hahn *c* drehbar verbunden ist. Je nach der Stellung des Rohres *b* kann die Flüssigkeit in größerer oder geringerer Entfernung vom Boden nach außen entleert werden.

In manchen Industrien macht man von der Tatsache Gebrauch, daß die einer Flüssigkeit beigemengten festen Bestandteile bei Verlangsamung der vorhandenen strömenden Bewegung sich von selbst zu Boden setzen und mittels geeigneter Vorrichtungen kontinuierlich verstapeln. Im größten Umfange macht man hiervon bei der Verarbeitung von Erzen Gebrauch. Die hierfür gebräuchlichen Setzmaschinen, d. h. die Einrichtungen zum Trennen der geschlämmten Erze und der Flüssigkeit sind so

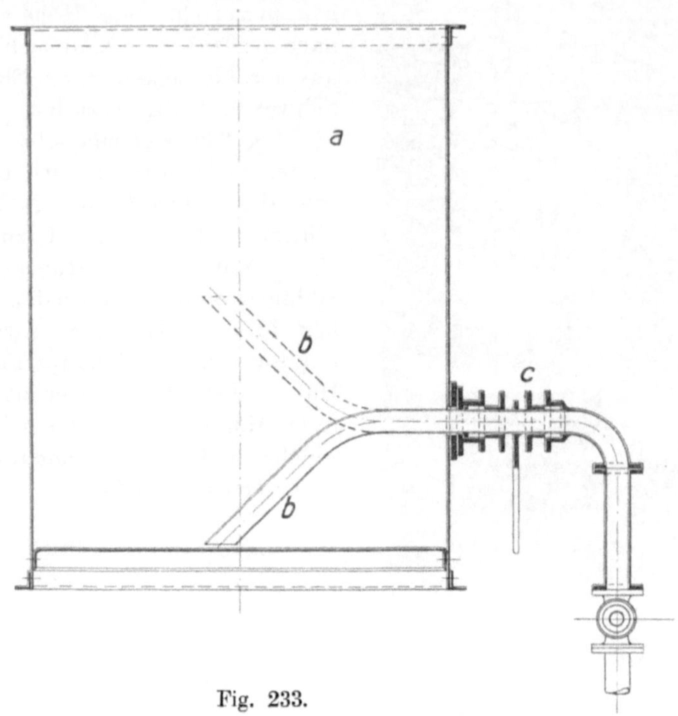

Fig. 233.
Trennvorrichtung mit Winkelhebel.

mannigfaltig, daß es mit diesem kurzen Hinweis auf ein immerhin entlegenes Sondergebiet sein Bewenden haben soll.

2. Setzapparate.

In gleicher Weise seien auch nur kurz die in der Papierindustrie bekannten Setzapparate erwähnt, die den Zweck haben, die Papierstoffteilchen, welche die Siebe der Papier- oder Pappmaschine passiert haben, zurückzugewinnen. Diese Apparate sind in der Regel Zylinder von größerem Durchmesser, die einen konischen Boden besitzen. Durch geeignete Führung des Wassers tritt eine Verlangsamung der Trennung ein, so daß die im Wasser schwimmenden Fasern sich absetzen. Die Fig. 234 und 235 zeigen einen solchen Apparat, der als Vorsichter zu den kontinuierlich wirkenden Nutschfiltern, siehe die Fig. 117 bis 127, dienen kann.

Die Einrichtung eines solchen Setzapparates kann in den Einzelheiten vielfach variieren. Wie aus der Zeichnung ersichtlich ist, tritt das ungeklärte Wasser durch den Zulauf *a* in den Ringkanal *b*, hier verteilt sich die Flüssigkeit und sinkt in dem konischen Teil *c* abwärts. In dem Maßstab der Querschnitte von *d*, d_1 und d_2 verlangsamt sich die Bewegung.

Die schwereren festen Substanzen sinken in den Konus *e*, während das geklärte Wasser um den Einsatz *c* nach oben in die Rinne *f* und den Ablauf *g*

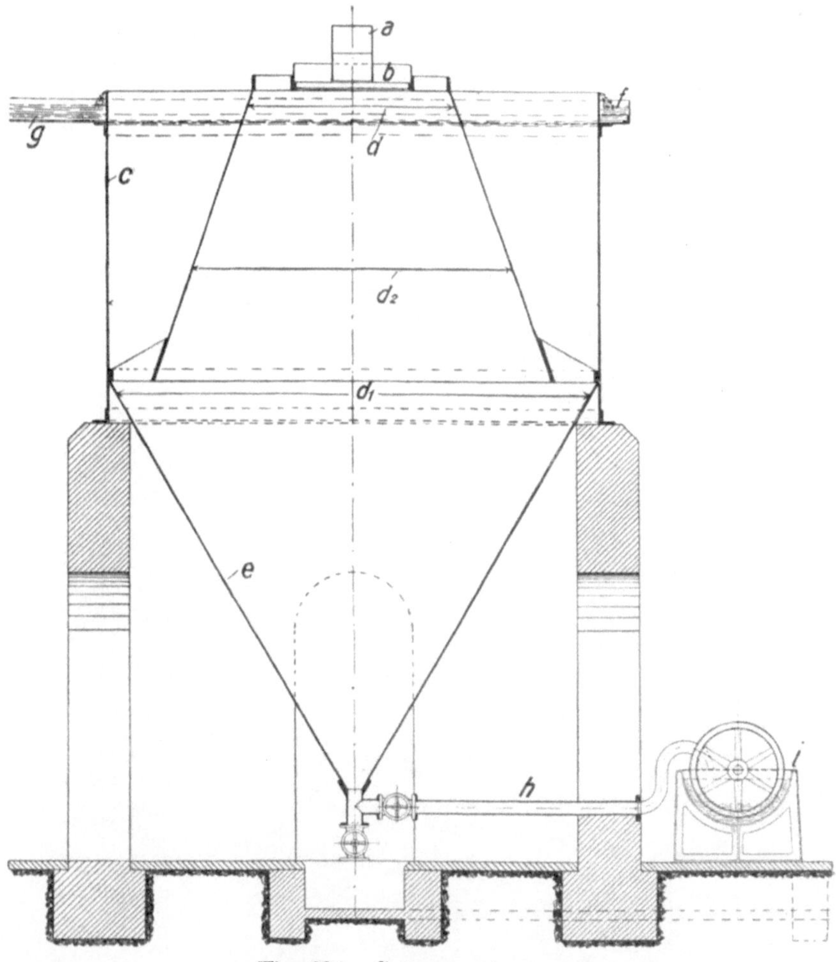

Fig. 234. Setzapparat.

entweicht. Durch ein unteres Ablaufrohr *h* können die gewonnenen Fasern, mit wenig Wasser vermischt, einem Filter *i* zugeführt werden, um sie vollständig von der Flüssigkeit zu trennen.

Eine hiervon etwas abweichende Ausführung gibt Fig. 236 wieder. Das Rohwasser tritt durch den zentral gelegenen Einlauf *a* ein, in dem zwei Siebe sich befinden, um die groben Beimengungen zurückzuhalten, die sonst den unteren Ablauf verstopfen würden. Das Gemenge sinkt in dem Konus *b* nach abwärts. Die schweren Bestandteile sinken in den Konus und können am Stutzen *d* entnommen werden. Das vorgeklärte Wasser steigt um den

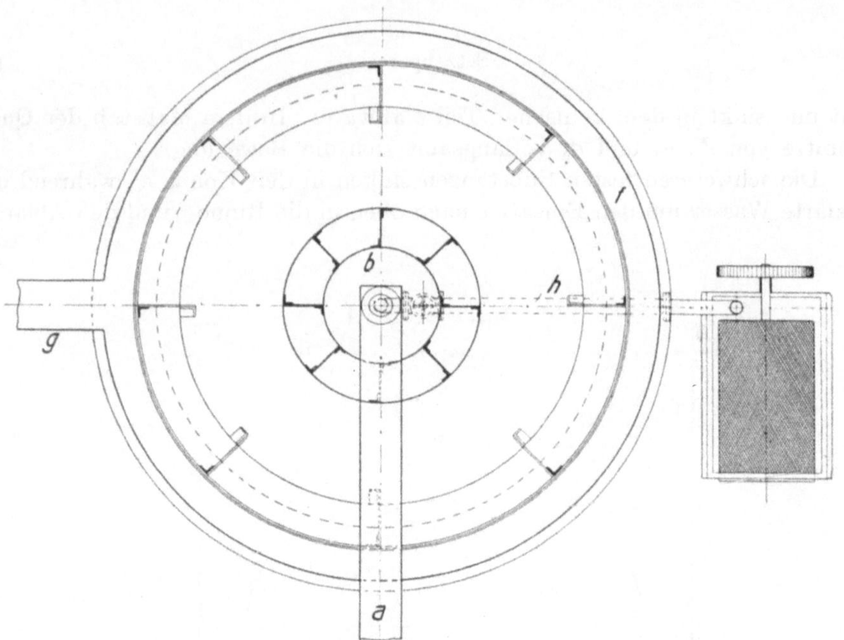

Fig. 235.

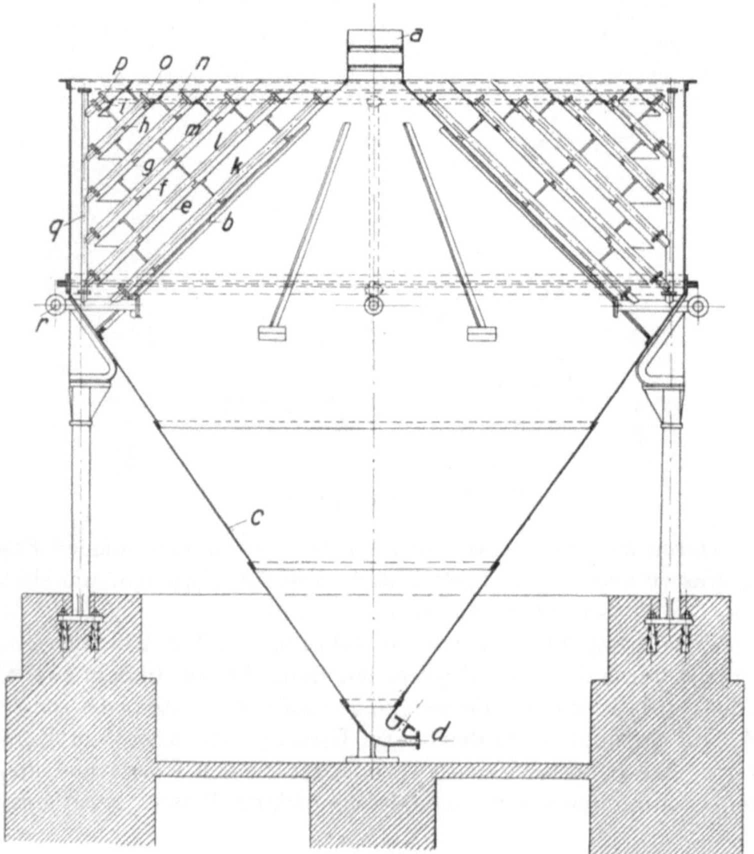

Fig. 236. Setzapparat.

Konus *b* herum nach oben und verteilt sich unter die anderen konischen Einsätze *e*, *f*, *g*, *h*, *i*. In diesen liegen die oben offenen Abflußrohre *k*, *l*, *m*, *n*, *o*, *p*. die an senkrechten Sammelrohren *q* sitzen, die ihrerseits wieder mit der Ringleitung *r* verbunden sind. Die Anzahl der Abflußrohre richtet sich nach der Leistung, die bei Apparaten von 4000 mm Manteldurchmesser 1 bis 1,2 cbm per Minute, bei solchen von 6000 mm Durchmesser 2 bis 2,5 cbm beträgt.

II. Teil: Pressen zum Trennen von Flüssigkeiten und festen Körpern.

Die Trennung von Flüssigkeiten und festen Körpern wird zuweilen auf einem von dem bisher beschriebenen abweichenden Wege erreicht. Die bisher beschriebenen Einrichtungen hatten das Gemeinsame, daß die Menge der Flüssigkeit im Verhältnis zu dem abgeschiedenen Rückstand beträchtlich war. In den Fällen, wo der in den gewöhnlichen Filterpressen oder den gewöhnlichen Druckfiltern zur Verfügung stehende Preßdruck nicht mehr ausreicht, wendet man besondere Pressen an. In der einfachsten Form besteht die Trennungseinrichtung in einer hydraulischen Presse, zwischen deren Preßflächen die der Einwirkung unterliegenden Masse, von besonderen Vorrichtungen umhüllt, dem Preßdruck ausgesetzt wird.

1. Gewöhnliche Pressen mit Preßtüchern.

Wenn das zu pressende Material in einer solchen Form vorhanden ist, daß man es in Tücher einschlagen kann, so hat man die einfachste Form einer solchen Preßvorrichtung. Die in Tücher eingeschlagenen Preßkuchen, nötigenfalls durch Preßplatten aus widerstandsfähigem Material voneinander getrennt, werden zwischen den Tisch und das Haupt der Filterpresse gelegt und

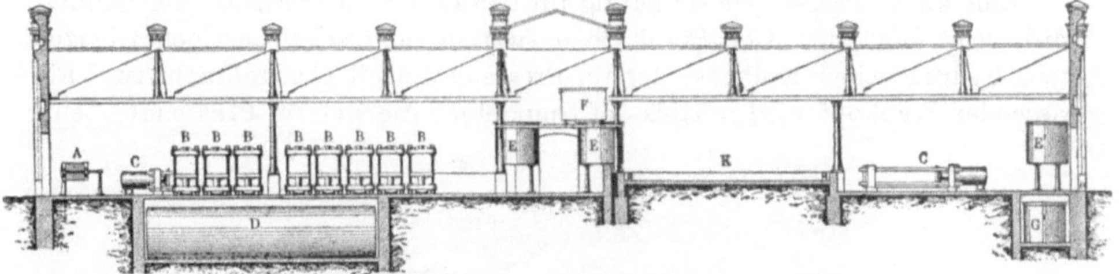

Fig. 237. Pressen mit Preßtüchern.

alsdann dem hydraulischen Druck ausgesetzt. Die ausgepreßte Flüssigkeit durchdringt die Tücher und läuft an der Außenseite ab.

Liegende Pressen eignen sich zur Verarbeitung von Ölfrüchten, Stearin, Margarin, Paraffin, Anthracen und ähnlichen Materialien.

In der Industrie der Braunkohlenteeröle verwendet man sowohl stehende wie liegende Pressen nebeneinander. Der Preßraum einer Paraffinfabrik ist in den Fig. 237 und 238 gekennzeichnet. Die stehenden Pressen *B* dienen zum Vorpressen, die liegenden Pressen *C* zum Nachpressen der Paraffinkristallkuchen.

Fig. 239 gibt eine liegende Presse für die Stearin- oder Paraffinfabrikation wieder. Entsprechend dem hohen Preßdruck, bis zu einigen hundert Atmo-

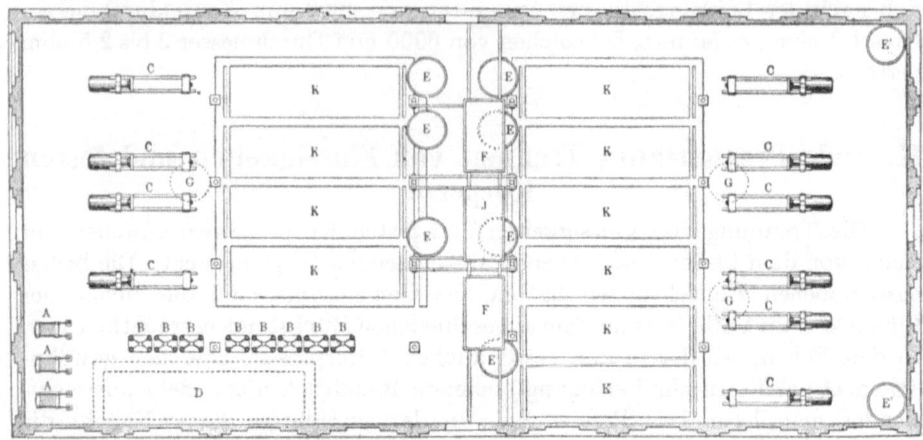

Fig. 238. Pressen mit Preßtüchern.

sphären, ist der Durchmesser des hydraulischen Kolbens und der Kolbenhub sehr beträchtlich.

Der Verschleiß an Preßtüchern ist ein sehr großer und die Handhabung der Preßkuchen eine unbequeme und zeitraubende, daher kostspielige. Um diesen Übelstand zu vermeiden, hat man die Preßtücher durch widerstandsfähige Preßkörbe ersetzt.

2. Pressen mit Preßkörben.

Eine kleine Presse, wie sie häufig für den Laboratoriumsgebrauch benützt wird, zeigt Fig. 240. Der Preßkorb *a* sitzt in dem schalenartigen Oberteil eines hydraulischen Kolbens, der im Pressenunterteil *C* angebracht ist. Ein passender Preßkopf wird mittels der Spindel *d*, die sich im Pressenoberteil *e*

Fig. 239. Presse für Stearin.

bewegt und vom Handrad *f* betätigt wird, in den Preßkorb eingeführt. Hat der Preßdruck eine solche Höhe erreicht, daß mit der Preßspindel nicht mehr weitergearbeitet werden kann, wird der Doppelhebel *h* betätigt, mittels dessen die Preßschraube *g* sich in die Preßflüssigkeit unter den hydraulischen Kolben hineinschraubt. Dadurch wird eine äquivalente Flüssigkeitsmenge verdrängt, und der hydraulische Kolben steigt, um so die Pressung zu vollenden.

Bei der Weinbereitung werden von alters her Pressen mit Preßkörben angewendet, um die so wertvolle Flüssigkeit zu gewinnen. In den Gegenden, in denen Weinbau getrieben wird, sieht man zuweilen noch altertümliche Hebelpressen

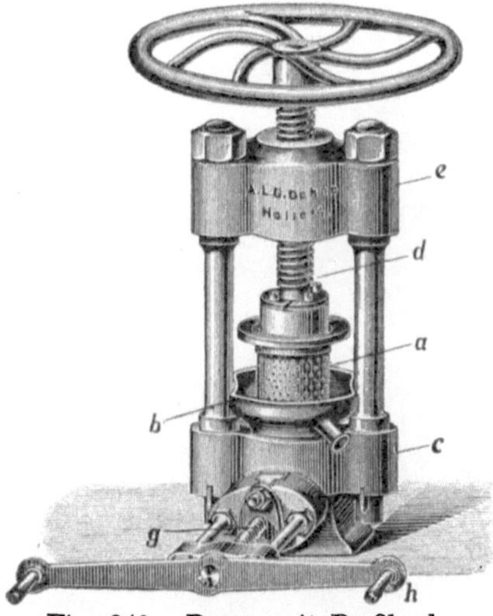

Fig. 240. Presse mit Preßkorb.

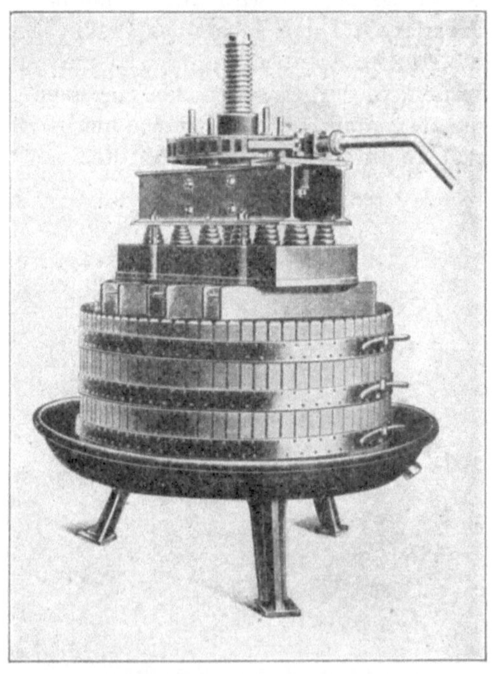

Fig. 241. Presse mit Handbetrieb.

mit den charakteristischen riesigen Hebelbäumen. Leistungsfähiger sind jedoch die modernen Schraubenpressen.

Fig. 242. Hydraulische Presse.

In Fig. 241 ist eine Presse mit Handbetrieb veranschaulicht. Eine mit der Fundamentschale fest verbundene starke Schraubenspindel trägt eine Schraubenmutter, die durch eine Klinkvorrichtung bewegt werden kann. Der Druck der Mutter wird durch Querhäupter und Druckfedern mit geeigneter Unterlage auf den Inhalt des Preßkorbes übertragen. Der Preßkorb besteht aus starken Dauben, die durch mehrere kräftige Ringe zusammengehalten werden, so daß zwischen den einzelnen Dauben schmale Schlitze verbleiben. Die ausgepreßten Trester bilden hierbei die filtrierende Schicht und verhindern das Hindurchtreten des Preßgutes.

Fig. 243. Presse mit ausschwenkbarem Preßkorb.

Wesentlich leistungsfähiger sind die Pressen mit hydraulischer Einrichtung gemäß Fig. 242.

Die Erfordernisse der neuzeitlichen Entwicklung bedingen möglichste Ersparung von Lohnkosten. Um die Leistungsfähigkeit der Presse gut ausnützen zu können, ist der Preßkorb ausfahrbar gemacht. Hierdurch spart man die Zeit, die sonst zum Entleeren des Korbes benötigt wird. Eine Presse mit ausschwenkbarem Preßkorb zeigt Fig. 243. Der erforderliche Preßdruck wird von einem Kolben unter dem Preßkorb hervorgebracht. Der Druck im Preßkorb beträgt in der Regel 9 bis 10 kg per Quadratzentimeter Oberfläche.

Zur Erzielung von höheren Drucken eignen sich diese Konstruktionen nicht. Ölfrüchte, auch Paraffin und Naphthalin, die höhere Drucke verlangen, werden in Preßkörbe eingefüllt, die aus widerstandsfähigem Material, Eisen oder Stahl, bestehen. Die Wandung dieser Preßkörbe besteht aus starken Stäben oder ist zylindrisch vollwandig und durchbohrt, so daß die abgepreßte Flüssigkeit die Wandungen überall leicht durchdringen kann. Die Abmessungen und Leistungen einer solchen Presse schwanken in sehr weiten Grenzen.

Wenn das Preßgut die Pressung in hoher Schicht, wie es bei den Korbpressen üblich ist, nicht verträgt, werden Topfpressen angewendet. Das Preßgut wird in einen unten geschlossenen Zylinder, dessen Wandungen durchbohrt sind, eingefüllt und dem Preßdrucke alsdann ausgesetzt.

Behufs bequemer Entleerung sind die Preßtöpfe ausschwenkbar angeordnet.

Die einzelnen Preßeinsätze sind an den Zugstangen in Führungen ver-

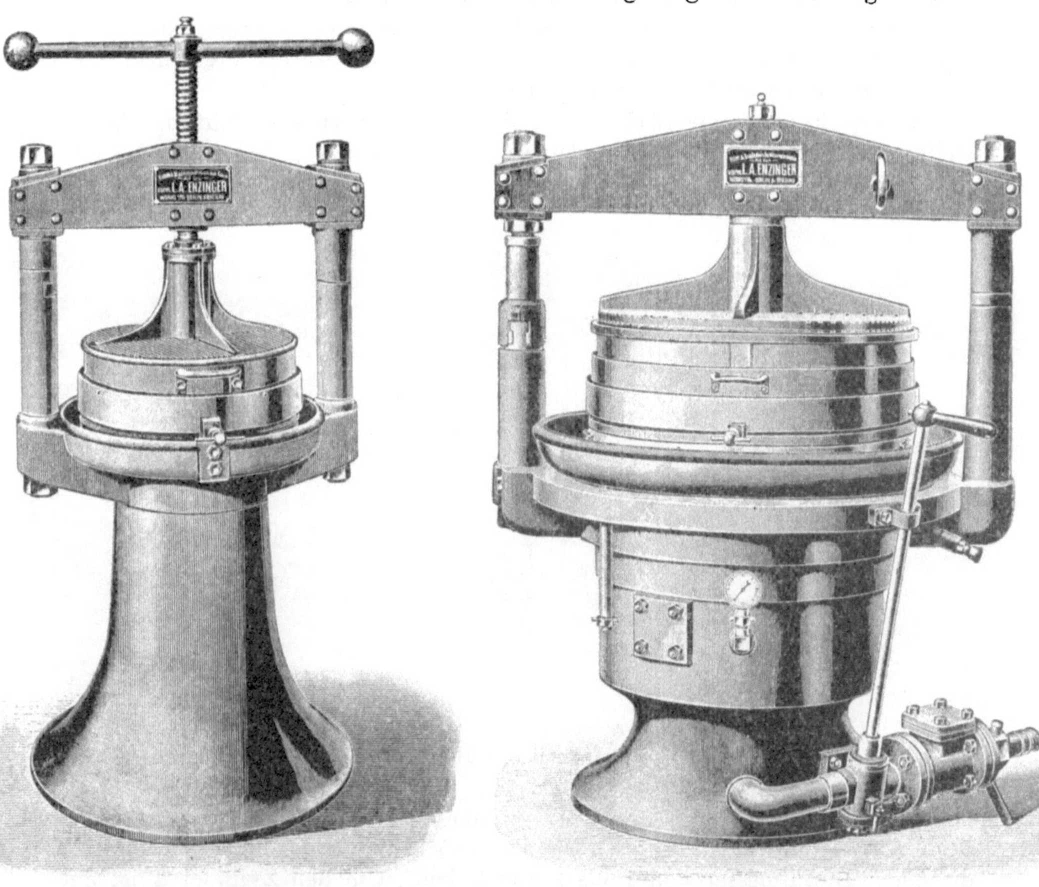

Fig. 244. Handpresse. Fig. 245. Hydraulische Presse.

schieblich angebracht und werden beim Entleeren von besonderen Hängstangen getragen und in bestimmten Abständen voneinander festgehalten.

3. Andere Pressen.

Sollen Massen ausgepreßt werden, die nur verhältnismäßig wenig Flüssigkeit enthalten, so treten an Stelle der Preßkörbe niedrige Ringe. In den beiden Fig. 244 und 245 sind zwei Pressen abgebildet, von denen die eine von Hand bedient wird. Die andere ist mit einer hydraulischen Presse versehen. Die Art ihrer Benutzung ist aus den Bildern leicht zu erkennen.

4. Pressen mit beheizten oder gekühlten Preßeinsätzen.

Die Natur der zu pressenden Materialien bedingt oft, daß die Pressung bei erhöhter Temperatur vorgenommen wird. Zur Erzielung derselben werden die, die einzelnen Preßkuchen trennenden Preßplatten durch Dampf oder Wasser beheizt. Die den Platten zugeführte Wärme teilt sich dem Preßkuchen mit und erleichtert den Austritt der Flüssigkeit.

Auch Korbpressen lassen sich mit Beheizung oder Kühlung einrichten. Bei der Fabrikation von Naphthalin verwendet man sowohl Pressen mit geheiztem Korb als auch solche ohne Heizung.

In den Fig. 246 und 247 ist ein Preßkorb mit Heizvorrichtung dargestellt. Das Naphthalin wird in den inneren Preßkorb *a* eingefüllt, der aus

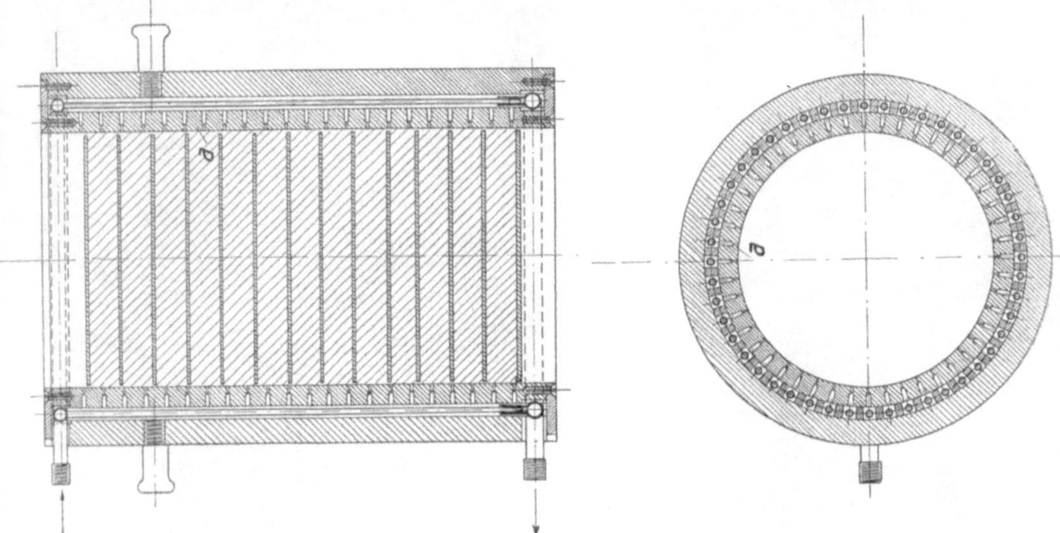

Fig. 246. Preßkorb mit Heizvorrichtung. Fig. 247.

einem Stahlrohr von 400 bis 500 mm Lichtweite und ca. 40 mm Wandstärke besteht. Die Wand ist mit Tausenden von feinen Bohrungen durchsetzt, die einen Durchmesser von 1 bis 2 mm haben. Um den Zylinder *a* ist ein zweiter Mantel *b* gelegt, der einen Zwischenraum von 20 bis 30 mm begrenzt. In diesem Zwischenraum sind einerseits die festen Stäbe *c* untergebracht, welche den Preßdruck auf den Außenzylinder *b* übertragen, andererseits ragen in ihn die Rohre *d* der Heizvorrichtung. Die Presse selbst ist in Fig. 248, 249 und 250 dargestellt. Wie man sieht, ist sie mit ausschwenkbarem Preßkorb versehen und besitzt zwei verschiedene Preßvorrichtungen.

Die Preßkolben *a* und *b* dienen zum Füllen und Entleeren des Preßkorbes *c*, die Kolben *d* und *e* zum Abpressen.

Beim Füllen wird der Kolben *a* in die höchste Stellung gebracht, damit die Dicke des Preßkuchens, die 5 bis 10 cm beträgt, kontrolliert werden kann. Ist das Füllgut, z. B. Naphthalin, in der erforderlichen Menge eingetragen, wird eine eiserne Preßplatte aufgesetzt und der Kolben gesenkt. Dies wiederholt sich, bis der Korb gefüllt ist. Zeitweilig kann mit dem Preßstempel *b*

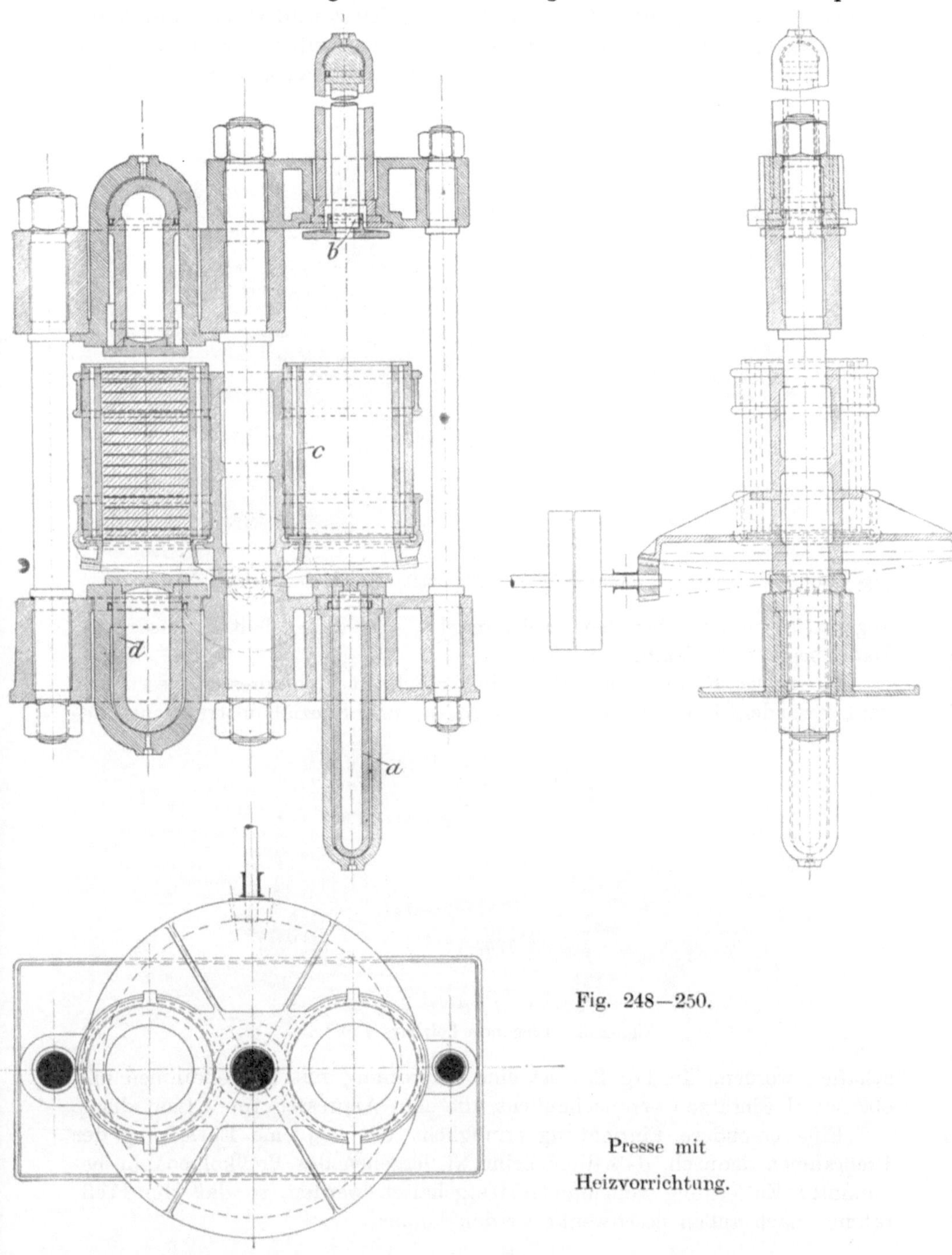

Fig. 248—250.

Presse mit Heizvorrichtung.

der Inhalt komprimiert werden, um für weitere Ladung Raum zu schaffen. Mittels eines Schwenkwerkes wird der gefüllte Preßkorb zwischen die zwei Preßkolben *d* und *e* gebracht und die Pressung selbst wird alsdann durch den Vorwärtsgang von *d* und *e* beendet, ev. unter Wärmezufuhr. Ist die Pressung beendet, wird der Korb geschwenkt, ein gefüllter tritt an seine Stelle und der

Fig. 251. Presse mit 5 Preßrahmen.

Fig. 252. Stehende heizbare Presse.

abgepreßte kommt über den Preßstempel *a*, der den Inhalt herausdrückt. Dann beginnt die Füllung wieder.

Für solche Körper, die sich in dicker Schicht nicht pressen lassen und ganz besonders hohe Preßdrucke verlangen, sind Spezialkonstruktionen ge-

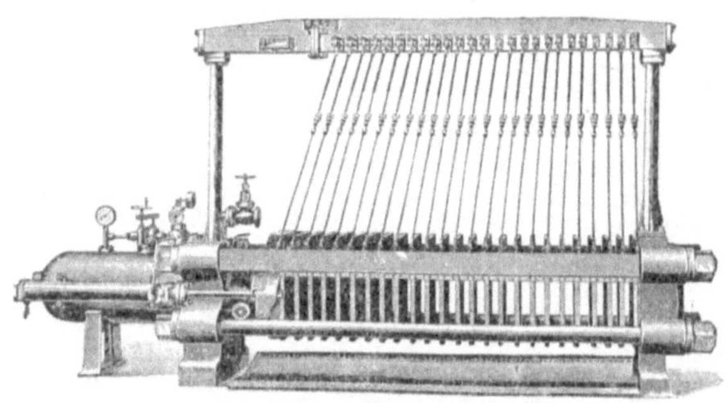

Fig. 253. Liegende heizbare Presse.

schaffen worden. In Fig. 251 ist eine Anordnung mit 5 Preßrahmen und ebensoviel Einsätzen veranschaulicht, die zum Abpressen von Ölsaat dient.

Eine besondere Einrichtung ermöglicht die bequeme Entleerung der Preßrahmen dadurch, daß diese beim Niedergehen des Preßkolbens in bestimmter Entfernung voneinander festgehalten werden, so daß die Preßrahmen nach außen geschwenkt werden können.

Eine stehende Presse mit heizbaren Preßplatten zeigt Fig. 252. Das Heizmittel — Wasser, Dampf, Öl usw. — wird durch biegsame Rohre den Platten zugeleitet und in analoger Weise wieder abgeleitet. Statt der Rohre kann man auch Metallschläuche nehmen.

Bei der liegenden Anordnung gemäß Fig. 253 ist die Zuführung des Heizmittels von einer über der Presse liegenden Traverse aus bewirkt. Die Abführung kann in analoger Weise nach einer unter oder neben der Presse liegenden Sammelleitung erfolgen.

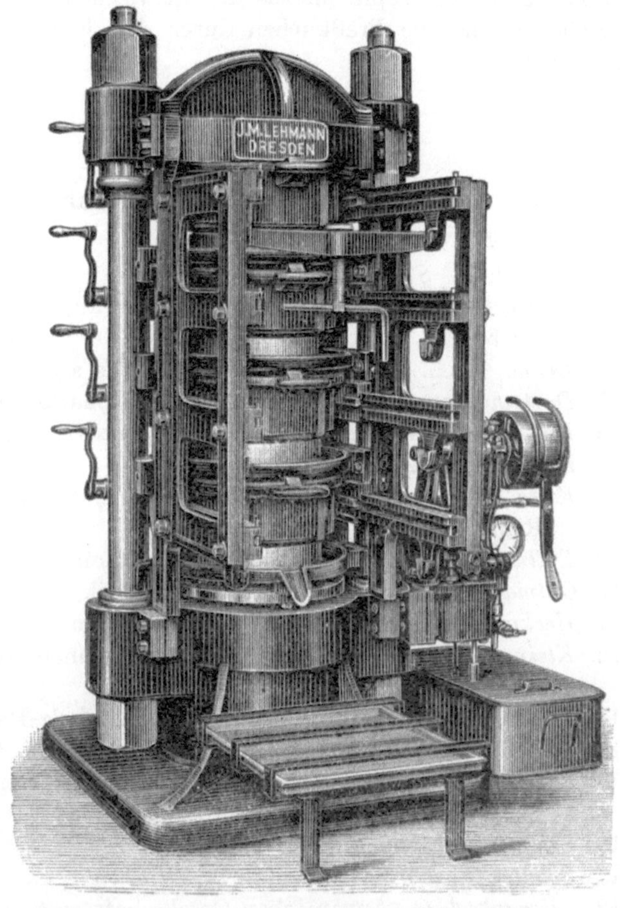

Fig. 254. Presse zum Pressen von Kakaopulver.

Eine heizbare Presse, wie sie zum Auspressen von Kakaobutter aus Kakaomasse benutzt wird, ist in Fig. 254 abgebildet. Die Pressung erfolgt je nach der Menge Kakaobutter, die gewonnen werden soll, mit Drucken von 50 bis 500 Atmosphären.

Die abgebildete Presse ist von zwei Seiten zu bedienen, enthält 12 Preßtöpfe, von denen abwechselnd 6 unter Druck stehen können, während die anderen 6 mit Kakaomasse gefüllt bzw. geleert werden. Das Fassungsvermögen eines Topfes beträgt ca. 14 kg. In starkem eisernen Gerüst sind, in Schienenführung herausziehbar, die stählernen Preßtöpfe angeordnet. Sie haben unten eine durchlöcherte Seiherplatte, oben eine mit Ölabflußlöchern und Kanälen versehene Abdeckplatte. Beide Platten werden außerdem mit einer Filterdecke aus Kamelhaar oder Baumwolle belegt, um eine möglichst klare Kakaobuttter zu gewinnen. Die gefüllten Preßtöpfe werden in die Presse eingeschoben, kommen hier zwischen die mit Dampf beheizten Drucktöpfe und schieben sich unter dem Druck des von unten aufsteigenden hydraulischen Preßkolbens teleskopartig zusammen. Die hierbei durch die Löcher von Seiher- und Abdeckplatte austretende Butter fließt auf den tellerartigen

Preßtisch und von da durch Röhren über die darunter gelegten Tische in den Sammelbehälter. Wenn nötig, wird die Butter noch in besonderen Filterapparaten filtriert. Nach beendeter Pressung werden die mit abgepreßtem Kakao gefüllten Töpfe mittels der inzwischen frisch gefüllten nach außen geschoben und die Preßkuchen durch den Kuchenausheber aus dem Topf gedrückt.

Verzeichnis der im Text erwähnten Firmen.

1. *Berkefeld*-Filter.
2. *Bornett, A. S.*, Köln a. Rh.
3. *Breda, Halvor, G. m. b. H.*, Ingenieurbureau, Berlin-Charlottenburg, Kantstraße 156.
4. *Dehne, A. L. G.*, Maschinenfabrik, Halle a. S., Schimmelstraße 5/6.
5. *Deutsche Ton- und Werkzeugwerke A.-G.*, Charlottenburg, BerlinerStraße 23.
6. *Düsseldorfer Eisenwerk und Maschinenfabrik A.-G.*, Düsseldorf.
7. *Enzinger, L. A. G.*, Worms.
8. *Fesca & Co., Albert*, Maschinenfabrik A.-G. und Eisengießerei, Berlin-Reinickendorf. Betrieb aufgelöst.
9. *Füllner, H.*, Maschinenfabrik, Warmbrunn i. Schles. Baut nicht mehr.
10. *Gutmann, Alfred, A.-G.*, Maschinenfabrik, Altona, Völckerstraße 18/20.
11. *Heckmann, Friedrich*, Apparatebau, Berlin, Brückenstraße 6b.
12. *Klein, Schanzlin & Becker, A.-G.*, Maschinenfabrik, Frankenthal. Baut keine Filterpressen mehr.
13. *Meyer, F. H.*, Apparatebauanstalt, Hainholz-Hannover, Petersstraße 2.
14. *Reisert, Hans, G. m. b. H.*, Armaturenfabrik, Köln-Braunsfeld, Maarweg 233.
15. *Sangerhäuser Maschinenfabrik und Eisengießerei A.-G. (vorm. Hornung & Rabe)*, Sangerhausen.
16. *Schuler, J.*, Isny, Württemberg.
17. *Schütz, G. A.*, Maschinenfabrik, Wurzen i. Sa.
18. „*Voran*“ *A.-G.*, Apparatebau-Gesellschaft m. b. H., Frankfurt a. M., Gutleutstraße 94.
19. *Wegelin & Hübner*, Maschinenfabrik und Eisengießerei, A.-G., Halle a. S., Merseburger Straße 153.
20. *De Haën, E.*, Chemische Fabrik „List“, Seelze bei Hannover.

Patentübersicht.

Die Zahl der in den letzten 20 Jahren erteilten deutschen Patente betreffend Filtervorrichtungen aller Art beträgt über 500. — Schätzungsweise beträgt die Gesamtzahl aller deutschen Reichspatente über dieses Gebiet gegen 1000. — Angesichts dieser Menge schien Beschränkung geboten und mit Rücksicht auf die Tatsache, daß die ersterwähnten Patente ihre Geltungsdauer vom Jahre 1898 zum Teil datieren, mithin schon am Ende ihrer Wirksamkeit stehen, schien es angezeigt, nur die neueren Patente zu beschreiben. Eine Berücksichtigung der ebenfalls außerordentlich reichhaltigen Patentliteratur des Auslandes erwies sich als ganz unmöglich. Einesteils erlaubte der gegebene Rahmen nicht, den Stoff unterzubringen, andererseits stellte sich heraus, daß diejenigen Patente, welche allgemeineres Interesse und größere Geltung beanspruchen können, auch in Deutschland genommen worden sind. Die nachfolgende Übersicht dürfte demnach ein im allgemeinen zutreffendes Bild der Fortschritte auf dem Gebiete des Filterns darstellen. Die ersten Patente auf Filterpressen wurden von Engländern genommen. 1879 wurde einer deutschen Firma (Wegelin & Hübner) das erste deutsche Reichspatent erteilt. Der Anteil Fremder an deutschen Patenten ist jetzt nicht groß.

Die Aufstellung der Patentliste ist nach dem Stoff geordnet. Einige der wichtiger erscheinenden Patente sind ausführlicher behandelt, und zu ihrer Erklärung sind die entsprechenden Patentzeichnungen herangezogen.

Verzeichnis

sämtlicher seit 1900 bis Ende April 1920 erteilten deutschen Patente auf Filter und Filterpressen mit Ausnahme von Gas-, Rauch-, Schlauch- und Staubfilter. Die Patente gehören der Klasse 12 an.

Klasse 12. Chemische Verfahren und Apparate, soweit sie nicht in besonderen Klassen aufgeführt sind.

Unterklasse 12d. Klären, Scheiden, Filtrieren (Filter und Filterpressen).

Gruppe 1. Klären und Scheiden von Flüssigkeiten.

Nr. 113 939. Scheidevorrichtung. Vom 22. 1. 99.

„ 117 538. Klärapparat. Vom 29. 8. 99.

„ 117 919. Zentrifugierverfahren für Gemenge aus festen Stoffen und Flüssigkeiten. Vom 4. 2. 00.

„ 128 011. Apparat zur Trennung von Flüssigkeiten nach Qualität und Konzentration. Vom 24. 1. 01.

„ 135 830. Verfahren zum Klären von Flüssigkeiten. Vom 27. 6. 01.

„ 136 792. Verfahren zur Gewinnung und Wiederbelebung von Kohle mit großer Entfärbungskraft. Vom 30. 8. 01.

„ 137 814. Verfahren zur Trennung von flüssigen, eutektischen Gemischen. Vom 28. 3. 01.

Nr. 143 196. Maschine zur Ausscheidung von Festkörpern aus Flüssigkeitsgemischen. Vom 30. 4. 02.

„ 143 756. Maschine zur Ausscheidung gröberer Festkörper und feinerer Beimengungen aus Flüssigkeitsgemischen. Vom 30. 4. 02.

„ 148 702. Verfahren und Vorrichtung zum Abscheiden von Flüssigkeiten aus schlammigen Massen. Vom 28. 8. 02.

„ 156 151. Verfahren zum Entfärben und Klären organischer Flüssigkeiten. Vom 11. 11. 02.

„ 178 929. Vorrichtung zum Abscheiden von Wasser aus fetthaltigen, festen Stoffen mittels eines mit Förderschnecke versehenen, durchlochten Zylinders. Vom 2. 7. 04.

„ 178 932. Verfahren zur Trennung einer aus feinen Bestandteilen bestehenden Mischung. Vom 5. 7. 05.

„ 179 086. Verfahren zur Entwässerung von mineralischen, pflanzlichen oder tierischen Stoffen in Brei- oder Schlammform mittels der Elektroosmose; Zus. z. Pat. 124 509. Vom 16. 6. 03.

„ 181 841. Verfahren zur gleichzeitigen Trennung und Entwässerung von pflanzlichen, tierischen und mineralischen Stoffen mit Hilfe der Elektroosmose. Vom 2. 5. 06.

„ 191 233. Verfahren zum Klären und Entfärben von Flüssigkeiten. Vom 8. 11. 05.

„ 202 166. Verfahren zum Reinigen von Flüssigkeiten, die durch färbende oder übelriechende organische Bestandteile, Zersetzungsprodukte oder Mikroorganismen verunreinigt sind. Vom 7. 11. 05.

„ 209 859. Einrichtung zum Entfernen von Niederschlägen aus einem Flüssigkeitsbehälter ohne Betriebsstörung und ohne Änderung der Flüssigkeitshöhe. Vom 27. 7. 07.

„ 233 281. Verfahren zur gleichzeitigen Trennung und Entwässerung pflanzlicher, tierischer oder mineralischer Stoffe mittels Elektroosmose; Zus. z. Pat. 181 841. Vom 13. 2. 10.

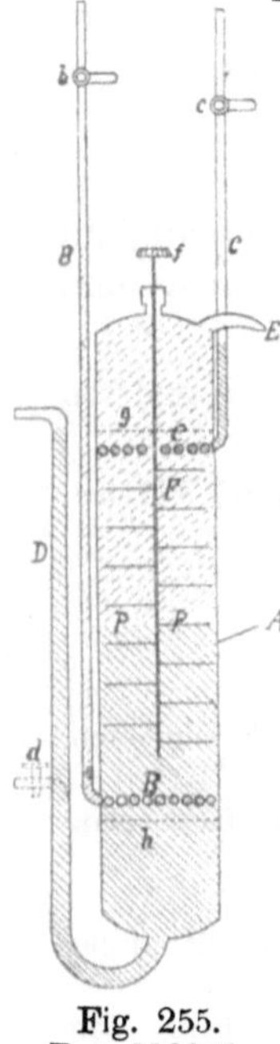

Fig. 255. Pat. 113946.

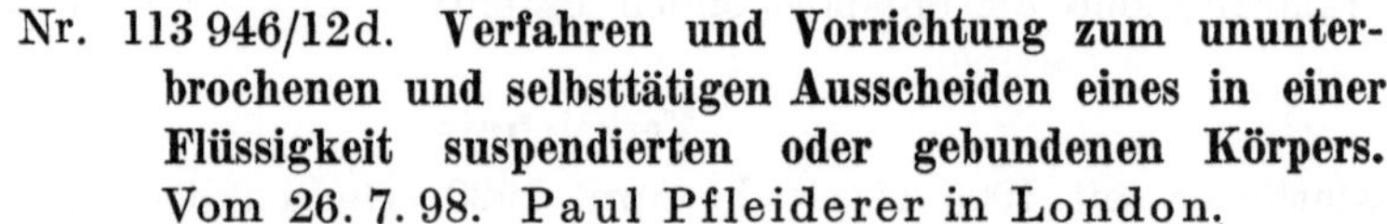
Nr. 113 946/12d. **Verfahren und Vorrichtung zum ununterbrochenen und selbsttätigen Ausscheiden eines in einer Flüssigkeit suspendierten oder gebundenen Körpers.** Vom 26. 7. 98. Paul Pfleiderer in London.

Strenggenommen gehört dieses Patent nicht in die Reihe der die eigentlichen Filterapparate betreffenden Patente, da das dargestellte Prinzip sich hauptsächlich zum Trennen zweier Flüssigkeiten eignet. Da man es aber auch zum Trennen von in Flüssigkeiten fein suspendierten festen Körpern anwenden kann, wurde es hier aufgenommen.

Die Wirkung beruht darauf, daß die eine Flüssigkeit, welche die Suspension enthält, die von ihr in einfacher Weise indessen nicht abgegeben wird, im Gegenstrome von einer anderen Flüssigkeit durchdrungen wird, welche die Suspension leichter aufnimmt und bequemer von ihr zu trennen ist. Das zylindrische Gefäß *A*, siehe Fig. 255, besitzt ein Rührwerk *F* mit dem Antriebsrad *f*. Die spezifisch leichtere Flüssigkeit tritt durch *B* mit Hahn *b* und die fein gelochte Schlange *B* in *A* ein und steigt aufwärts, die andere Flüssigkeit, mit der Suspension beladen, gelangt durch *C* mit Hahn *c* und die

Schlange C nach A. Die schwere Flüssigkeit durchströmt dann in fein verteiltem Zustande die ihr entgegensteigende leichte Flüssigkeit. Letztere belädt sich mit der Suspension und fließt durch E ab, während die gereinigte Flüssigkeit durch D entweicht. Die Siebböden g und h bewirken außer der gleichmäßigen Bewegung der Flüssigkeiten in A auch eine leichtere und vollkommenere Trennung. Die nunmehr mit der Suspension beladene leichtere Flüssigkeit kann durch Verdampfen, Filtern oder sonstwie von dem festen Rückstand getrennt werden.

Filteranlagen (Gruppe 2—4).

Gruppe 2. Filteranlagen mit losem Filtermaterial.

Nr. 145 057. Vorrichtung zur Rückspülung des Filters in Brunnenanlagen mit zwei in Wechselwirkung stehenden Pumpen. Vom 6. 11. 02.

„ 181 989. Einrichtung zum Anreichern des zu filtrierenden Wassers mit Sauerstoff für Filteranlagen mit losem, von unten nach oben durchströmtem Filtermaterial. Vom 31. 12. 04.

„ 183 627. Filteranlage mit in Sand eingebetteten hohlen Steinfiltern. Vom 3. 3. 05.

„ 206 408. Anlage zur Filtration von empfindlichen Flüssigkeiten und leicht verderblichen Säften. Vom 13. 4. 06.

„ 207 355. Aus einer Sandschicht und darüber gelegter Tuchdecke bestehendes Filter zur Wasserreinigung. Vom 9. 10. 16.

„ 208 253. Vorrichtung zum Aufbringen von Sand auf Sandfilterbetten, bestehend aus einem Gestell und einem auf ihm angeordneten, mit bekannten Fördervorrichtungen versehenen Sandbehälter. Vom 25. 12. 06.

„ 215 046. Maschine zum Aufbringen und Verteilen von Sand auf Filterbeete, bestehend aus einem farblosen, einen Trichter aufweisenden Gestell, in welchem der mit Wasser versetzte Sand geleitet und aus welchem er mittels einer Fördervorrichtung auf das Filterbeet gebracht wird. Vom 29. 1. 07.

„ 237 113. Kiesfilter mit mehreren zur Vergrößerung der nutzbaren Filterfläche übereinander gelagerten Filterschichten.

„ 289 774. Vorrichtung zur ununterbrochenen Abscheidung von Flüssigkeit aus körnigem Gut, insbesondere Kalisalzen.

„ 294 275. Zus. z. Pat. 289 774.

„ 314 043. Verfahren zum Trocknen von Schlamm.

„ 315 553. Trocknen von Schlamm.

Nr. 113 783/12d. **Wasserfilter mit Reinigungseinrichtung.** Vom 23. 1. 97. C. Sellenscheidt in Berlin.

Dieses durch die Fig. 256—259 erläuterte offene Wasserfilter ermöglicht eine leichte und bequeme Reinigung der verschmutzten Filterschicht ohne Unterbrechung der Lieferung von filtriertem Reinwasser. Das in zwei oder mehr Abteilungen A, B usw. zerlegte Filter erhält das Rohwasser durch die Zuleitung f, die durch Hähne oder Schieber abwechselnd mit den Kammern g verbunden werden kann. Das Rohwasser dringt durch die Öffnungen h in die Zwischenkammern i und von da aus durch die durchbrochenen Wände in die Filterkammern k. Das Filtrat fließt nach l und durch m in die Vorratskammern n. Ist die Filterschicht in k verschmutzt, dann wird der Wasserzulauf abgesperrt. Das in k befindliche Wasser stürzt durch die Öffnungen in den Trennwänden nach Öffnung der Abflußrohre p aus den Kieskammern nach den Zuleitungskammern, wobei es die Verunreinigungen mit sich reißt. Während dieser Reinigungsperiode wird die Abgabe des filtrierten Wassers

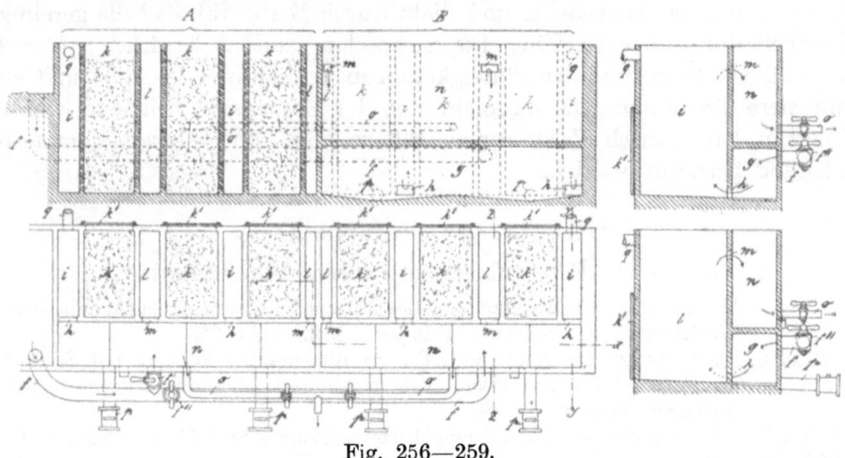

Fig. 256—259.

durch den Vorrat in *n* aufrechterhalten. Eine gründliche Reinigung oder der Ersatz der Filterschicht in *k* erfolgt in bequemer Weise nach Öffnung der dichtschließenden Schieber k^1.

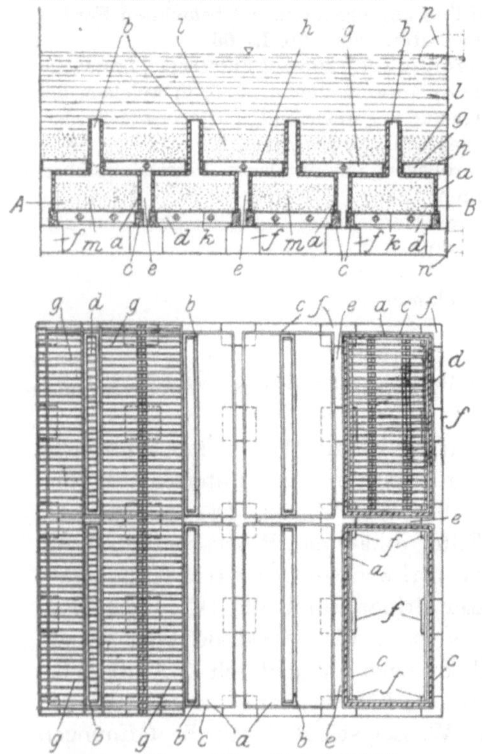

Fig. 260 u. 261. Pat. 237113.

Nr. 237 113. **Kiesfilter mit mehreren zur Vergrößerung der nutzbaren Filterfläche übereinander gelagerten Filterschichten.** Vom 26. 8. 09. Xaver Geißler in Posen.

Das Patent beabsichtigt, die nutzbare Filterfläche bei Kiesfiltern dadurch zu vergrößern, daß es mehrere Filterschichten übereinanderlegt, außerdem soll durch die Arbeitsweise, indem das zu filtrierende Wasser von unten eindringt, eine ungleichmäßige Ablagerung der Schmutzschichten, sowie die Bildung von nicht kapillaren Zwischenräumen ausgeschlossen werden. Die beiden Figuren 260 und 261 zeigen die filtrierenden Kästen in Querschnitten und in Aufsicht. Fig. 260 gibt einen teilweisen durch Fig. 261 nach Linie *A B* gelegten Schnitt mit und ohne Roste wieder. Die an der Unterseite offenen Kästen *a*, welche in der Mitte mit in der Längsrichtung des Filters verlaufenden Ausflußtüllen *b* versehen sind, ruhen in gleichen Abständen *e* auf Rahmen *c*, die gleichzeitig zur Aufnahme von Rosten *d* dienen. Die Rahmen *c* sind auf Lagerböcken *f* angeordnet. Die Kästen *a* tragen zwischen den Ausflußtüllen *b* Roste *g*, welche gleichzeitig die Kästen *a* in ihren Abständen zueinander sichern. Die Roste *g* und *d* tragen Gazebeläge *h*, *k* und tragen Kiesschichten *l*, *m*.

Das Rohwasser, dessen Zuleitung durch Rohr *n* erfolgt (Fig. **260**), tritt nun von unten aus teilweise durch die unteren und teilweise durch die oberen Kiesschichten, wobei die Zwischenräume *e* den Zufluß zu der oberen Kiesschicht *l* und die Tüllen *b* den Ausfluß aus den Kästen *a* vermitteln. Rohr *p* dient zur Leitung des Reinwassers in den Reinwasserbehältern.

Nr. 289 274 und Nr. 294 275. **Vorrichtung zur ununterbrochenen Abscheidung von Flüssigkeit aus körnigem Gut, insbesondere Kalisalzen.** Vom 28. 1. 14 und 4. 1. 16. Benno Schilde, Maschinenfabrik und Apparatebau G. m. b. H. und Siegfried Hann in Hersfeld.

Um ein besseres ununterbrochenes Absaugen von Salzen, insbesondere Kalisalzen, von ihrer Mutterlauge zu erzielen, wird mit Hilfe von hin- und hergehenden Schubblechen die Masse über eine besonders konstruierte Nutsche geführt, die an einem Rahmen drehbar aufgehängte Schaufel schiebt das Gut langsam über den Trog hin. Der Trog ist durch Siebböden 2 und 3 (Fig. **262**) in einen oberen Förderraum zur Aufnahme des Gutes und in einen unteren Sammelraum für die durch verminderten Druck abgesaugte Flüssigkeit geteilt. Die Schaufeln 9 besitzen einen Abstand kleiner als der Hub des hinundhergehenden Rahmens, in dem sie befestigt sind. Sie stehen in ihrer tiefsten Lage noch etwas von dem oberen Siebboden ab. Nach dem zweiten Zusatzpatent sind die Schaufeln 9 so verbessert, daß an der auf das Gut beim Vorwärtsbewegen drückenden Seite Winkeleisen 9a angebracht sind. Diese legen sich auf das aufgetürmte Gut, verhindern dadurch eine Türmung und pressen es gleichzeitig zusammen. Die abgepreßte Lauge sammelt sich in dem trichterförmigen Raume, der sich bei der Hubbewegung bildet und wird durch die Nutsche abgesaugt. Die von Flüssigkeit befreite Masse wird allmählich über die Saugfläche hingeführt und unten an dem einen Ende gesammelt.

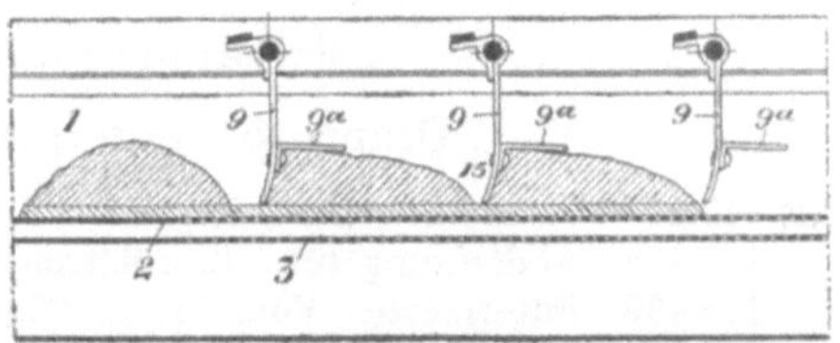

Fig. 262.

Gruppe 3. Filteranlagen mit festem Filtermaterial (Stein, Knetstein u. dgl.).

Nr. 126 132. Filterkörper aus Naturstein. Vom 4. 12. 00.
„ 135 328. Wasserfilter; Zus. z. Pat. 96 047. Vom 10. 4. 01.
„ 136 997. Formstein für Hohlfilter. Vom 29. 10. 01.
„ 143 994. Filterkörper aus Naturstein; Zus. z. Pat. 126 132. Vom 8. 10. 02.
„ 179 127. Verfahren und Vorrichtung zur Filtrierung und Filterspülung in offenen Filtern mit Filterkerzen und diese umschließender Sandschüttung. Vom 23. 6. 05.

Nr. 302 642. Biologischer Filterkörper mit Oxydation zur Entfernung von Keimen und sonstigen fäulniserregenden Stoffen aus mechanisch vorgereinigten Abwässern usw.

Gruppe 4. Füll- und Entleerungsvorrichtungen für Filteranlagen.

Nr. 126 674. Hebereinrichtung an Wasserfiltern zur selbsttätigen Regelung der Filtrationsgeschwindigkeit. Vom 30. 9. 00.

„ 157 367. Vorrichtung zur Konstanthaltung des Flüssigkeitsstandes in Filterbeeten. Vom 3. 10. 03.

„ 171 865. Selbsttätig kippender Verteilungstisch, insbesondere für Filteranlagen mit mehreren Filterbeeten. Vom 3. 5. 03.

„ 176 942. Offenes Filter für Wasserreinigung. Vom 2. 4. 05.

„ 241 219. Regelung des Reinwasserabflusses bei Wasserfiltern.

„ 241 220. Ablaßdüse für Filter mit Hemmwänden zur Beseitigung der saugenden Rückwirkung des abfließenden Filtrates auf den Filter.

„ 244 164. Einrichtung zum gleichmäßigen Überrieseln eines Filterbettes mit zu reinigendem Kloakenwasser.

„ 246 570. Filterkörper mit doppelseitigem Ablaufstutzen.

„ 251 690. Einrichtung zum Regeln des Ausflusses von Flüssigkeiten aus Filtern u. dgl.

„ 268 059. Vorrichtung zum Filtern gashaltiger Flüssigkeiten, besonders zum Sterilifiltern von Bier.

Filterpressen (Gruppe 5—9).

Gruppe 5. Filterpressen im allgemeinen.

Nr. 117 867. Schlamm- oder Filterpresse. Vom 27. 5. 00.

„ 121 742. Abdichtung für Filterplatten; Zus. z. Pat. 106 728. Vom 30. 4. 99.

„ 122 436. Filterplatte. Vom 11. 11. 00.

„ 123 145. Befestigung und Abdichtung von Filterelementen. Vom 25. 2. 99.

„ 125 816. Filter mit durch Filtertuch oder Filtersack umschlossenen Filterplatten zum Reinigen von Zuckersäften. Vom 25. 5. 00.

„ 127 268. Filterpresse für Töpfereizwecke mit einem zur Verschiebung der Filtereinsätze dienenden, auf Schienen laufenden Wagen. Vom 11. 7. 00.

„ 127 381. Filterpresse. Vom 17. 10. 00.

„ 132 089. Umsteuerungsvorrichtung an Filterpressen für doppelte Filtration. Vom 21. 2. 01.

„ 132 021. Einrichtung an Filterpressen zum mehrmaligen Filtrieren bei nur einmaligem Durchlaufen der Flüssigkeit durch die Presse. Vom 15. 5. 00.

„ 132 578. Hydraulische Hebevorrichtung für Filterpressen zum Transport der Filterelemente. Vom 26. 5. 01.

„ 133 476. Trommelfilter für ein- oder mehrfache Filtration. Vom 24. 4. 01.

„ 139 983. Filterplatte für Filterpressen. Vom 11. 5. 02.

„ 141 782. Filterpresse mit zwischen einzelnen Rahmen eingespannten Filtertüchern. Vom 10. 8. 02.

„ 145 056. Steuervorrichtung für Mehrfachfilter. Vom 5. 11. 02.

„ 157 588. Filterelement für Filterpressen mit beiderseits in den Filterkuchen eindringenden ringförmigen Vorsprüngen zur Abdichtung des Filterkuchens. Vom 25. 6. 03.

„ 161 356. Rahmen für im Brauereibetriebe verwendbare Filterpressen mit einem als Einlauf dienenden, nach oben über den Rahmen hinausragenden Anguß. Vom 11. 2. 04.

„ 162 654. Filterelement für Filterpressen. Vom 8. 5. 03.

„ 163 267. Gerippte Filterplatte für Filterpressen. Vom 24. 10. 03.

Nr. 166 890. Filterpresse zum Filtrieren der Würze und zum Nachläutern der Maische in Brauereien. Vom 5. 1. 04.

„ 171 353. Filterplatte für Filterpressen mit in einem Rahmen zwischen in beliebigem Abstande voneinander feststellbaren, gelochten Blechen oder Abdeckplatten verdichteten Filterschichten. Vom 8. 5. 04.

„ 173 129. Verfahren zur Trennung von Gemischen flüssiger und fester schmelzbarer Stoffe, wie Öl und Stearin, Paraffin u. dgl. in Filterpressen mit zwecks Ausübung einer Pressung auf das Filtergut ineinander dicht geführten Filterplatten. Vom 16. 2. 04.

„ 174 983. Filterpresse mit Preßmembranen. Vom 16. 3. 05.

„ 181 771. Gummidichtung für Filterrahmen. Vom 4. 6. 05.

„ 182 215. Filterelement für Filterpressen mit Wellenrost, bei welchem die durch die Wellentäler des Rostes gebildeten Verteilungskanäle mit den teilweise überdeckt angeordneten Ein- und Auslaufkanälen kommunizieren. Vom 19. 8. 04.

„ 182 570. Gummidichtung für Filter; Zus. z. Pat. 181 771. Vom 2. 3. 06.

„ 189 824. Rostrahmen für Filterpressen mit eingelegtem, fertigem Filterkuchen aus Faserstoff. Vom 5. 9. 03.

„ 189 827. Filterpresse mit Vorrichtung zum Nachpressen der Kuchen. Vom 25. 7. 06.

„ 189 829. Vorrichtung an Filterpressen zur selbsttätigen Absperrung ungenügend filtrierender Kammern. Vom 15. 3. 07.

„ 200 198. Filterelement für zusammengesetzte Filtrierapparate. Vom 3. 8. 06.

„ 211 062. Filterpresse. Vom 16. 8. 06.

„ 216 781. Rollvorrichtung für Platten und Rahmen von Filterpressen. Vom 27. 9. 06.

„ 222 988. Filterpressenplatten aus Holz. Vom 26. 3. 09.

„ 224 581. Vorrichtung zum aufeinanderfolgenden Filtrieren und hydraulischen Auspressen von breiigem Gut, bei der die Filterelemente aus die Filtertücher am Rand festhaltenden Ringen bestehen und die Pressung durch Hineintreiben von Kolbenplatten in die Ringe bewirkt wird. Vom 3. 3. 08.

„ 225 981. Aus mit Flüssigkeits- und Entlüftungskanälen versehenen Elementen zusammengesetztes Flüssigkeitsfilter. Vom 16. 10. 08.

„ 227 174. Filterpressenelement mit von der Filtermasse eingeschlossener zentraler Flüssigkeitskammer. Vom 26. 1. 09.

„ 228 356. Gummidichtung für Hartgummifilterrahmen. Vom 12. 8. 09.

„ 232 934. Maischefilter. Vom 15. 5. 09.

„ 234 680. Vorrichtung zum Austrebern von Maischefiltern. Vom 22. 8. 09.

„ 234 681. Vorrichtung zum Austrebern von Maischefiltern. Vom 22. 8. 09.

„ 236 811. Verfahren zum Aufrechterhalten gleichbleibenden Druckes in Filterpressen.

„ 237 921. Ununterbrochen arbeitende Filterpresse mit mehreren drehbaren Filterkammern.

„ 238 568. Von einem Rahmen umgebene Wellblech-Filterplatte.

„ 241 471. Presse zum Filtrieren von schwer filtrierbaren, z. B. schleimigen und kolloidalen Flüssigkeiten.

„ 244 536. Verfahren und Vorrichtung zum ununterbrochenen Entfernen des Wassers aus schlammiger Masse und zur Trennung fester Bestandteile von flüssigen.

„ 248 038. Filterpressenrost für Bier u. dgl.

„ 248 132. Filter mit aneinandergereihten, aus Rosten und Rahmen für das Filtermaterial bestehenden Filterelementen für einfache oder mehrfache Filtration.

„ 248 613. Filterpressenrost mit aus Blech bestehenden, aus einer Blechscheibe herausgedrehten Roststäben.

„ 249 719. Filterpresse mit Kammerplatten und zwischen diese geschalteten Hohlrahmen.

„ 250 882. Rahmenfilterpresse mit Hilfsfiltern.

„ 252 577. Mit einer hydraulischen Presse vereinigte Filterpresse.

„ 257 461. Filterelement für Flüssigkeitsfilter.

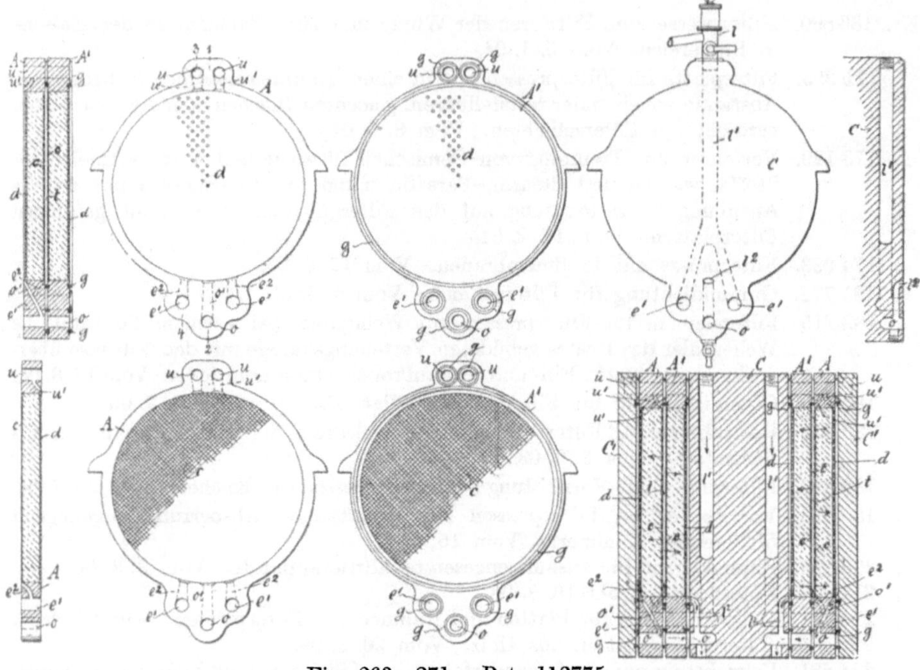

Fig. 263—271. Pat. 112775.

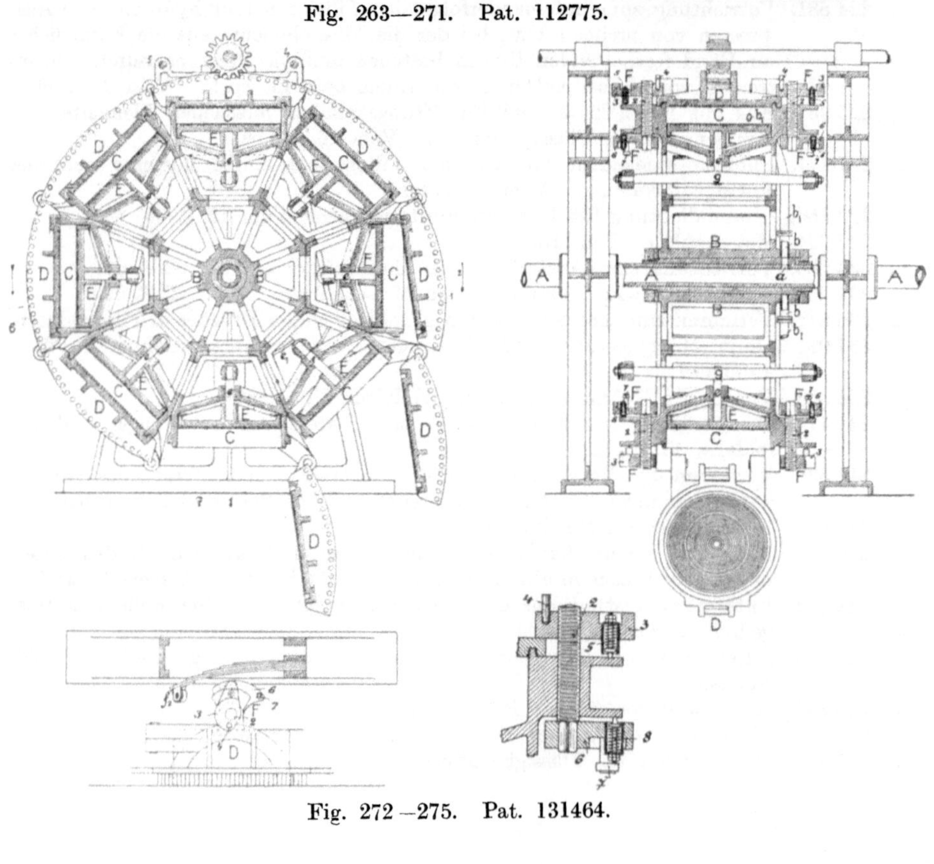

Fig. 272—275. Pat. 131464.

Nr. 258 431. Filterplatte für Filterpressen.
„ 271 058. Maischefilter.
„ 271 527. Kammerplatte für Filterpressen.
„ 276 806. Filterpressenelement mit Augen, welche an den Stirnseiten Rinnen zur Aufnahme der Abdichtung und radiale Kanäle besitzen.
„ 277 322. Filterpresse aus ringförmigen oder vieleckigen Rahmen.
„ 282 372. Tropfenfangvorrichtung unter Filterpressen.
„ 287 318. Verfahren zum selbsttätigen Nachpressen von Filterkuchen und zum selbsttätigen Anzeigen der Stärke der gebildeten Kuchen.
„ 291 010. Filter- oder Preßplatte zum Entwässern von Pappe, Papier, Holzstoff, Torf, Tuch od. dgl.
„ 294 310. Filterpresse, insbesondere zum Filtrieren von Zuckersäften u. dgl.
„ 294 391. Filterkuchenrost.
„ 295 244. Einrichtung an Filterpressen mit losen Rahmen und Platten zur Ausschaltung eines Teiles der Filterpresse.
„ 295 245. Flüssigkeitsfilter mit innerhalb eines geschlossenen Gehäuses angeordneten Rostkörpern und Filtermassescheiben.
„ 296 013. Presse, insbesondere Filterpresse.
„ 297 432. Filterkuchenrost.
„ 299 453. Filterpresse mit in einem Behälter geschichteten Filtermitteln und Verteilscheiben für die Flüssigkeit.
„ 307 243. Rost aus Holz oder säurebeständigem Material zur Auflagerung von körnigem Filtermaterial.
„ 309 570. Um ihre Längsachse drehbare Filterpresse.
„ 313 678. Nach Art der Filterpressen arbeitendes Filter.
„ 314 520. Filterpressenverteilscheibe.
„ 315 269. Maischefilter.
„ 319 500. Verteilplatte für Kerzenfilterpressen.

Nr. 112 775. **Filterpresse.** Vom 19. 1. 98. Georg Nicol in Berlin.

Der Erfinder verfolgt den Zweck, eine Presse mit möglichst kleinen Kammern herzustellen. Naturgemäß kann diese Filterpresse nur zum Filtrieren von solchen Gemengen dienen, die wenig feste Rückstände haben. Die Kammern werden nur durch die Dichtungsringe gebildet, die zwischen je zwei Platten eingelegt werden. In den Fig. 263—271 ist das Wesentliche dieser Presse wiedergegeben. Die Filterplatten A, A^1 enthalten durchlaufende Kanäle u, e und o. Aus e^1 tritt die unfiltrierte Flüssigkeit in die Kammer t, die Kanäle u dienen zur Entlüftung der unfiltrierten bzw. filtrierten Flüssigkeit. Kanal o dient als Ablaufkanal der filtrierten Flüssigkeit. Die Kanäle stehen mittels kurzer Bohrungen u^1, e^1 und o^1 mit den Kammern in Verbindung, doch enthält nur die Platte A diese Durchbohrungen. Die Platten besitzen durchlochte Böden c und d, zwischen welchen die Filterschicht eingebracht ist. Der Filterprozeß verläuft wie folgt: Durch l, den Eintritt der Flüssigkeit in C und den Kanal l^1, tritt die zu filtrierende Flüssigkeit durch e^1, e^1 in die zwischen A und A^1 durch den großen Dichtungsring g gebildete Kammer t, wobei die Entlüftung zunächst durch den einen Kanal u^1 stattfindet, durchdringt dann die Filtermasse beider Elemente A, A^1 und gelangt in filtriertem Zustande in den Verbindungskanal o^1 in A. Von hier läuft das Filtrat durch o und l_2 in C ab.

Der Siebboden *d* besteht mit dem Rahmen von *A* aus einem Stück, während die Platten *c* lose aufgelegt sind. Die Presse hält Betriebsdrucke bis 12 Atm. aus, da die Dichtungsringe *g* infolge ihrer eigenartigen Befestigung an A^1 nicht herausgedrückt werden können.

Nr. 131 464. **Rotierende Filterpresse mit selbsttätig sich schließenden und öffnenden Filterkammerdeckeln.** Vom 26. 2. 01. Eugen Wernecke in Gerstewitz b. Weißenfels.

Eine wenn auch noch wenig leistungsfähige und sehr komplizierte Konstruktion einer automatisch arbeitenden Filterpresse zeigen die Fig. 272—275. Es ist indessen nicht zu verkennen, daß das Bedürfnis nach einer die immer teurer werdende Handarbeit ersetzende, maschinell arbeitende Filterpresse stets lebhafter wird. Insbesondere tritt dies Bedürfnis in allen jenen Fällen auf, in denen große Mengen von Filterpreßrückständen regelmäßig zu entleeren sind.

Um die festgelagerte Hohlwelle *A* mit den Durchbohrungen *a* rotiert der Körper *B*, welcher die Filterkammern *C* trägt. Entsprechend der Anzahl der Filterkammern *C* trägt der Körper *B* Durchbohrungen, die mittels der Verbindungsrohre b^1, *b* die Verbindung zwischen *A* und *C* vermitteln. Die Kammern *C* sind durch Deckel *D* verschlossen und enthalten im Innern eine dicht passende Preßplatte *E*, die nach außen bewegt werden kann. Das Gemenge gelangt aus *A* nach *C*, wenn die Öffnungen in *A* und *B* einander decken. Das Filtrat durchdringt die Filterschicht über *E* und fließt durch hier nicht gezeichnete Rohre ab.

Der Filterprozeß ist beendet, wenn die Kammer in die unterste Stellung gelangt ist. Der Rückstand fällt alsdann entweder selbsttätig heraus oder er wird von der nach außen bewegten Preßplatte *E* herausgedrückt. Bei der weiteren Drehung wird der Deckel *E* wieder auf die Filterkammer *C* gedrückt und durch besondere Mechanismen selbsttätig geschlossen. Die speziellen Einrichtungen hierfür sind nebensächlicher Natur, da dies Problem auf die verschiedenste Art gelöst werden kann.

Nr. 131 933. **Vorrichtung an Rahmenfilterpressen zur leichten Entfernung der Filterrückstände aus dem Rahmen.** Vom 5. 11. 01. John Wilson und The Wilson-Filter-Syndikate, Ltd. in Glasgow.

Das Problem der maschinellen Entleerung der Filterpresse sucht die Konstruktion Fig. 276—279 zu lösen. Da bei den gewöhnlichen Filterpressen die Rahmen, welche die Preßrückstände enthalten, immer senkrecht stehen, fallen letztere nicht oder nur unvollständig selbsttätig beim Öffnen der Presse heraus. Es bedarf zur völligen Entleerung stets der Nachhilfe von Hand. Die Rahmen werden etwas gekippt und eventuell noch abgeklopft. Das erstere läßt sich maschinell bewerkstelligen. Die Rahmen *E* sind zu dem Behufe mit wagerechten Zapfen *B* versehen, an denen Gleitschienen *A* sitzen. Die Schlitze *M* und *N* rechts und links der Bolzen *B* sind von verschiedener Länge *x* und *y*. Ähnliche Gleitschienen sind an den Platten *F* und den Kopfstücken *L* und *D* angebracht. Die Anordnung ist derart, daß der obere Zapfen einer Platte bzw. eines Kopfstückes in einen längeren Schlitz eingreift, wenn der untere Zapfen in den kürzeren Schlitz faßt.

Die Presse kann ohne jede Behinderung fest geschlossen werden. Beim Öffnen stellen sich infolge der verschiedenen Schlitzlängen die Rahmen schief. Das Herausfallen der Preßrückstände wird durch die Abschrägung des unteren Rahmenschenkels wesentlich erleichtert. Das Filtertuch ist als endloses Tuch zwischen den Rahmen und Platten auf- und abgeführt und kann auf maschinellem Wege von etwa anhaftenden Preßrückständen befreit werden.

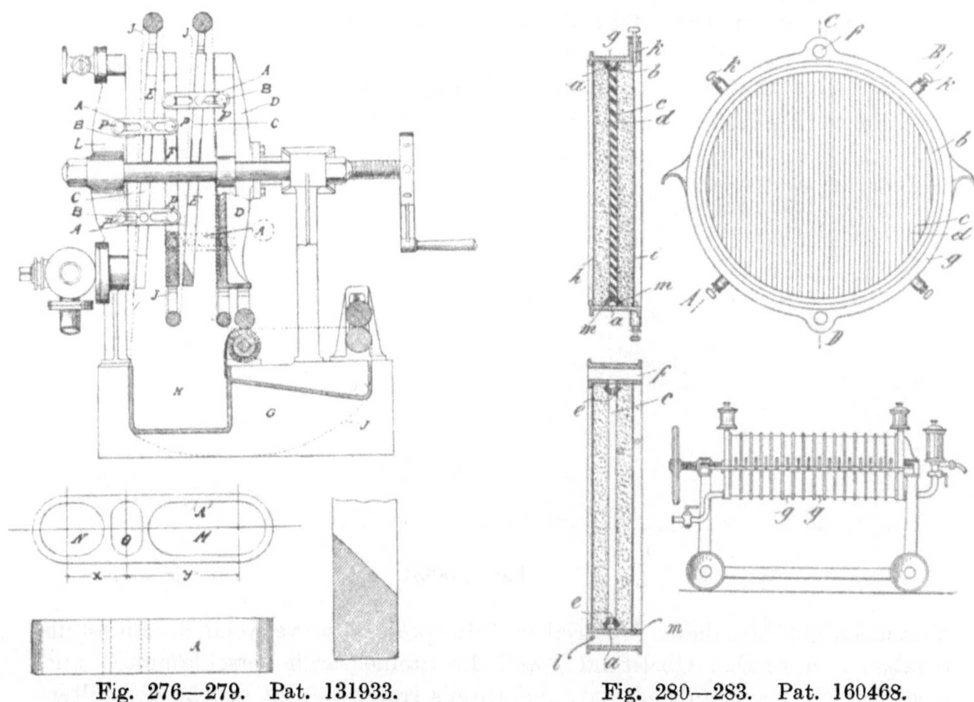

Fig. 276—279. Pat. 131933. Fig. 280—283. Pat. 160468.

Nr. 160468. Trommelfilter mit in die Filtermasse eingebettetem Rahmenrost. Carl Membach in Berlin.

Um bei Trommelfiltern mit Filtermasse die eingelegten Siebe zu vermeiden, ist in der Filtermasse ein Rost eingelegt, siehe die Fig. 280—283. Der Rost besteht aus einem Rahmen *b*, der außen einen Sammelkanal *a* und innen schräge Stäbe *c* zeigt.

Von jedem der zwischen zwei solchen Rippen befindlichen Sammelkanäle *d* zweigen Abführungskanäle *e* nach *a* ab, welcher mit dem Kanal *f* der Filtertrommel *g* in Verbindung steht. Die aus Fasermaterial gebildete Filtermasse wird in der Trommel an den Außenflächen durch Siebplatten *h* und *i* begrenzt, wobei *i* durch Vorsteckstifte *k* in der richtigen Lage erhalten wird.

Der Rahmen *a* ist außen kegelförmig abgedreht, so daß diese Flächen das Filtermaterial nach außen pressen und eine Abdichtung bewirken. Die Anordnung mehrerer solcher Rahmen zeigt Fig. 283. Die zu filtrierende Flüssigkeit tritt dann durch einen unteren Zuleitungskanal *l* und kleine Bohrungen *m* ein und macht den vorbeschriebenen Weg. Die schräge Stellung der Roststäbe *c* soll das Filtermaterial verhindern, in die Zwischenräume *d* einzudringen.

Nr. 178 931. **Kammerfilterpresse zum Filtrieren saurer oder alkalischer Flüssigkeiten mit paarweise in Rahmen untergebrachten, sich gegenseitig absteifenden Filtersteinen.** Vom 27. 11. 04. Maschinenbau-Aktiengesellschaft Golzern-Grimma in Grimma (Sa.), und Wilhelm Schuler in Isny (Württ).

Die vorzügliche Eignung der porösen Filtersteine hat zu vielfachen

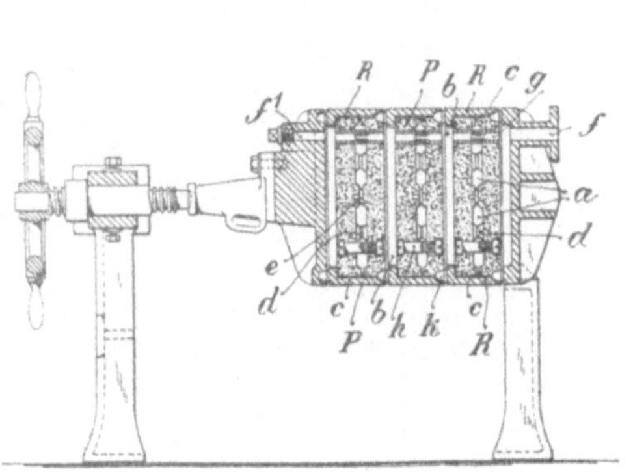

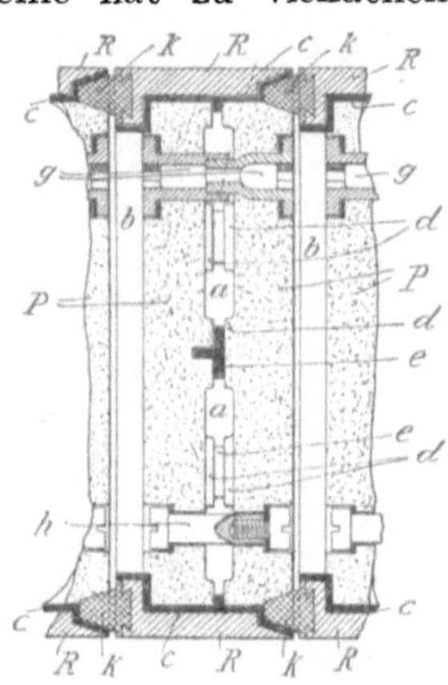

Fig. 284. Pat. 178931. Fig. 285.

Versuchen geführt, dieses Material in Filterpressen zu verwenden. Einesteils ergaben sich hierbei Übelstände, weil die Steine rasch verschlammten und ihre Reinigung zeitraubend war, anderenteils traten häufig Brüche der Filtersteine ein. Die letztere Erscheinung hat ihren Grund in der verschieden großen Ausdehnung von Stein und Metallrahmen oder auch in der Reibung der direkt aufeinander gelegten Steine. Man kann die Brüche dadurch vermeiden, daß man zwischen die unnachgiebigen Rahmen und die Steine selbst ein elastisches Polster einfügt, das entsprechend der Natur der zu filtrierenden Flüssigkeiten hergestellt wird.

Die Filterpresse besteht aus den üblichen Rahmen mit den Tragstangen und dem Verschluß gemäß Fig. 284. Der Verschluß kann in beliebiger Weise hergestellt werden. Die Kopfplatten können durch säurefesten Überzug nach der Innenseite der Presse hin geschützt werden oder durch einen Ton- oder Porzellaneinsatz oder durch einen widerstandsfähigen Anstrich geschützt werden. Fig. 285 zeigt die Einrichtung der Platten in größerem Maßstabe. Die Rahmen *R* sind einerseits mit einer schwalbenschwanzförmigen Nute zur

Aufnahme der Dichtung und andererseits mit einer konischen Fläche zur Herstellung der Abdichtung versehen. In die schwalbenschwanzförmige Ausdrehung ist ein Dichtungswulst *k* eingelegt, und in den Rahmen ist innen die Manschette *c* eingebracht, die aus Asbest besteht. *c* dichtet direkt auf *k* ab, wie aus der Schnittzeichnung deutlich hervorgeht. In jedem Rahmen sind zwei beiderseits poröse Filterplatten *P* so eingelegt, daß ihre Rückseiten einander zugekehrt sind. Die Platten besitzen Vorsprünge *d* mit elastischer Zwischenlage *e*, welche den nötigen Zwischenraum zur Herstellung der Filterkammer bilden. Die Zuleitung des Gemenges erfolgt durch den Kanal *f*. In der axialen Verlängerung des Kanals ist eine entsprechende Öffnung in den Platten *P* ausgespart. In diese Öffnung passen zweiteilige, ineinander schraubbare Hülsen *g*, welche zusammen mit den Verschraubungen *h* die Platten zusammenhalten. Der durch die Hülsen *g* gebildete durchgehende Füllkanal ist an der Kopfplatte f^1 durch eine Schraube verschlossen und kann infolgedessen bei einer etwaigen Verstopfung von hier aus leicht gereinigt werden. Das Gemenge dringt aus dem Füllkanal *f* bzw. *g* in die Kammern *b*, tritt durch die Filterplatten hindurch und fließt durch den Ablaufkanal ab. Das Auswaschen der Presse kann dadurch erfolgen, daß auf den Abwaschstutzen von *a* ein Druckrohr aufgesetzt wird, das Auswaschmittel tritt aus den Rahmen *a* durch die Steine hindurch nach dem Raum *b* und fließt durch den Kanal $f\,f^1$ ab.

Soll die Presse mit einer Auslaugevorrichtung versehen sein, so steht dem nichts entgegen. Die Anordnung der entsprechenden Kanäle ist in beliebiger Weise zu ermöglichen.

Nr. 241471. **Presse zum Filtrieren von schwer filtrierbaren, z. B. schleimigen und kolloidalen Flüssigkeiten.** Vom 20. 10. 10. Chemische Fabrik Güstrow in Güstrow (Meckl.).

In vielen technischen Betrieben, z. B. wenn es sich um das Filtrieren von schwer filtrierbaren, z. B. schleimigen und kolloidalen Flüssigkeiten handelt, reichen die bekannten Filtrierapparate (Filterbeutel, Filterpressen, Nutschen, Zentrifugen usw.) nicht aus, um die Niederschläge usw. von der sie umgebenden Flüssigkeit vollkommen und schnell zu trennen. Besonders macht sich dieser Übelstand bei sehleimigen und kolloidalen Flüssigkeiten bemerkbar, weil die zurückbleibenden Bestandteile auf dem Filtermaterial eine undurchlässige Schicht bilden, die bis zum Versagen des Filters führt. Bei feinkörnigen Bestandteilen ist dieser Nachteil in geringerem Maße vorhanden, weil die Ablagerung auf dem Filter in den meisten Fällen die Filterwirkung unterstützt. Die genannten Nachteile der schwerfiltrierbaren Flüssigkeiten schlossen bisher den Gebrauch von Filterpressen aus, so daß man auf andere Filter, wie Filterbeutel, beschränkt war. Diese erfordern aber in der Anzahl, die der Wirkung einer Filterpresse gleichkommen würde, viel Raum und erschweren wegen der notwendigen Wartung eines jeden einzelnen Filters den Betrieb, abgesehen von der unverhältnismäßig langen Zeit, die das Filtrieren in einer großen Anzahl von Filterbeuteln erfordert.

Die vorliegende Erfindung bezweckt, die Filterpressen für schwer filtrierbare Flüssigkeiten, z. B. schleimige und kolloidale Substanzen, nutzbar zu machen. Der Zweck wird dadurch erreicht, daß die abzufiltrierenden Bestandteile der Flüssigkeit zwischen den Filterflächen der Presse während des Filtrierens in Schwebe erhalten werden. Gemäß der Erfindung geschieht dieses in der Weise, daß zwischen den Filterflächen der Filterpresse während des Filtrierens beständig gedrehte Rührarme angeordnet sind.

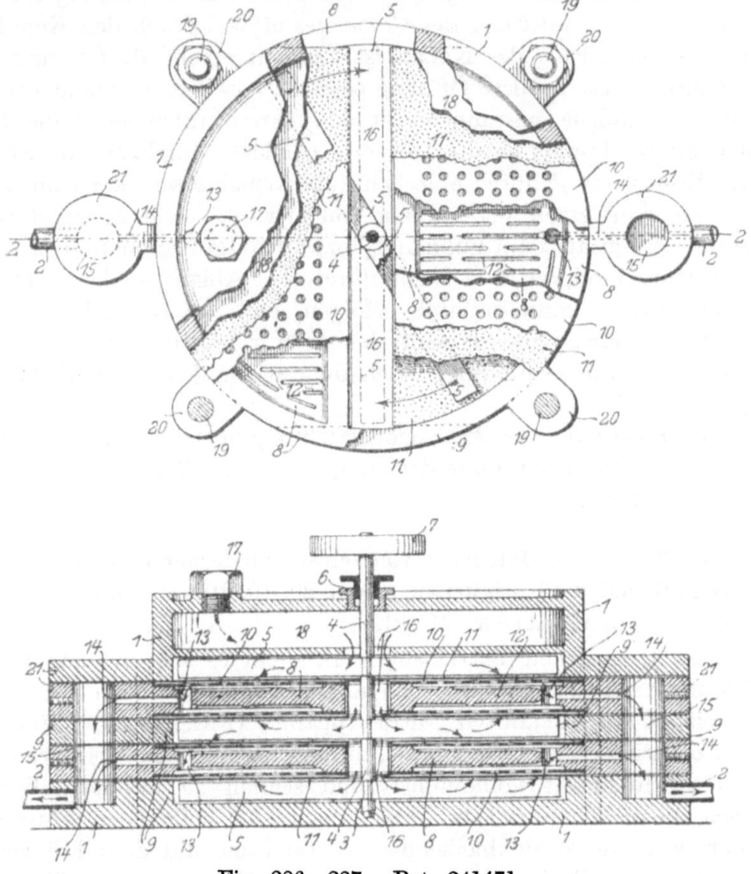

Fig. 286—287. Pat. 241471.

Der zur Ausführung des Verfahrens dienende Apparat ist in der Zeichnung dargestellt, und zwar zeigen: Fig. 286 einen Grundriß, bei welchem in verschiedenen Ebenen liegende Teile abgebrochen gezeichnet sind, Fig. 287 einen senkrechten Längsschnitt nach der Linie 2—2 der Fig. 286.

Die Filterpresse besteht aus dem Gehäuse I, das so abgeschlossen ist, daß an den Stutzen 2, 2 das Vakuum angesetzt werden kann. Im Fußlager des Bodens 3 ist die Welle 4 mit den Rührarmen 5 gelagert, die durch Stopfbüchse 6 des Deckels abgedichtet wird und an das Antriebsrad 7 trägt.

Das eigentliche Filter besteht aus den Filterplatten 8 und den Filterrahmen 9, die abwechselnd übereinander gelegt und auf beiden Flächen von Siebplatten 10 abgedeckt sind, die außen von den Filtertüchern 11 umgeben werden. Die Filterplatten sind mit Rillen *12* versehen. Zwischen den Filterplatten *8* befinden sich die Rührflügel *5*, welche innerhalb des von dem Rahmen *9* gebildeten Hohlraumes sich drehen und die abzufiltrierenden Teile in der Schwebe erhalten. Jede Filterplatte *8* besitzt Öffnungen *13* und Kanäle *14*, die in einen gemeinsamen Kanal *15* münden. In der Mitte der Presse befindet sich ein durchgehender Kanal *16*, der das Einsetzen und Herausnehmen der Welle mit den Rührflügeln gestattet, welche in entsprechender Weise übereinander angeordnet sind. Der Gang der Flüssigkeitsmassen ist während des Filtrierens in der Fig. 287 durch Pfeile angegeben und leicht zu verfolgen.

Nr. 250 882. **Rahmenfilterpresse mit zwischen den Hauptfiltern und dem Auslaufkanal eingebauten Hilfsfiltern.** Vom 14. 2. 12. Badische Maschinenfabrik und Eisengießerei vorm. G. Sebold und Sebold & Neff in Durlach (Baden).

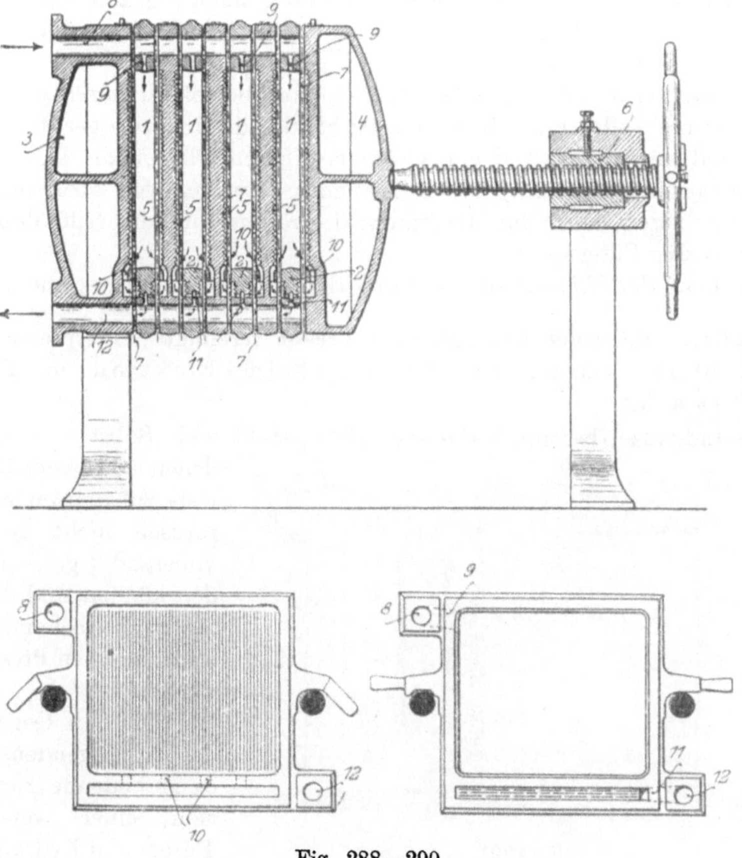

Fig. 288—290.

Da bei Filterpressen häufig ein Reißen des Filtertuches eintritt und hierdurch kein klares Filtrat erzielt wird, hat man wohl Hilfsfilter als selbstständige Filter vorgeschlagen. Das vorliegende Patent will diese Hilfsfilter nicht als selbständige Filter ansehen, sondern es sind zwischen den Hauptfiltern und dem letzten Kanal lediglich Hilfskammern eingeschaltet. Die Hilfskammer wird durch das Hauptfiltertuch mit überdeckt, so daß hierfür keine besonderen Filtertücher nötig sind.

Eine Einrichtung nach der Erfindung ist in der Zeichnung veranschaulicht. Fig. 288 ist ein Schnitt durch die ganze Filterpresse; Fig. 289 und 290 zeigen die Elemente zur Zusammensetzung der Presse.

Wie aus Fig. 288 ersichtlich ist, befinden sich zwischen den Hauptfilterkammern *1* und dem unten dargestellten Auslaufkanal *12* für die reine Flüssigkeit die Hilfsfilter *2*.

Die Presse setzt sich in der bekannten Weise aus einem festen Kopfstück *3*, einem losen Kopfstück *4* und den einzelnen Doppelfilterelementen *5* nebst einer entsprechend zu gestaltenden Verschluß- oder Anpreßvorrichtung *6* zusammen. Die Filterelemente *5* besitzen bei Rahmenfilterpressen der dargestellten Art abwechselnd eine geriffelte Platte nach Fig. 289 mit erhöhten Dichtungsrändern und einen Hohlrahmen nach Fig. 290. Zwischen die einzelnen Filterelemente werden die Filtertücher *7* gelegt.

Die Hilfsfilter *2* sind gemäß dem gezeichneten Beispiel dadurch geschaffen, daß der untere Teil der Hohlramen *1* als kleine oder niedrige geriffelte Hilfsplatten und der untere Teil der vollen geriffelten Platten als kleine Hilfskammern ausgebildet sind. Die Filtertücher *7* reichen von oben bis unten durch und bilden daher für die Hauptfilterräume und die Hilfsfilterräume gemeinsam die Filterwand.

Der Lauf der Flüssigkeit ist durch die Pfeile leicht zu ersehen.

Nr. 252 577. **Mit einer hydraulischen Presse vereinigte Filterpresse.** Vom 5. 10. 11. Chem. Fabrik Griesheim-Elektron in Frankfurt a. M.

Die Industrie, besonders die chemische, stellt viele Substanzen her, bei denen Flüssigkeit und feste Substanzen in Filterpressen nicht genügend vollständig getrennt werden können, und die noch einer Nachbehandlung in hydraulischen Pressen bedürfen.

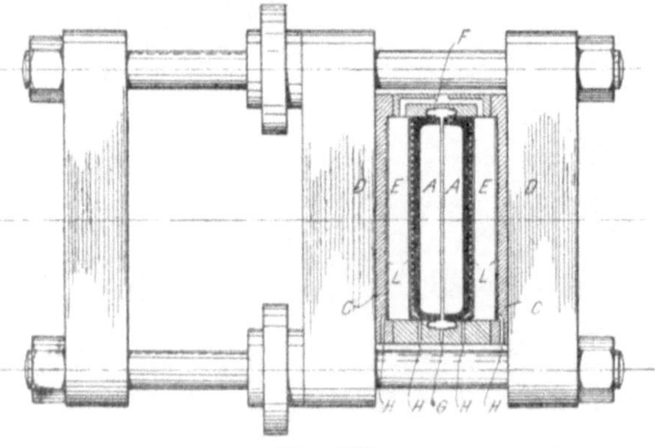

Fig. 291.

Die den Gegenstand der vorliegenden Erfindung bildende Konstruktion einer vereinigten Filter- und hydraulischen

Presse, deren Wirkung mehrere 100 Atmosphären betragen kann, zeichnet sich besonders aus durch die überaus einfache Konstruktion und die vollkommene Beibehaltung der bei den gewöhnlichen Filterpressen vorhandenen Filterflächen.

Das Wesen der Filterpresse nach der Erfindung besteht in der Hauptsache darin, daß zwischen Elemente, die wie Filterplatten einer normalen Presse ausgebildet, hydraulische Preßzylinder eingeschoben sind, deren Kolben die Filterkuchen unter einen beliebig hohen Druck setzen und auf diese Weise den Filterkuchen entsprechend dem angewandten hydraulischen Druck weiter abpressen. Fig. 291 gibt eine nur aus den zwei Kopfstücken *D*, die mit halben Filterplatten *C* belegt sind, zwei Kammern *E*, zwei beweglichen Kolbenteilen *A* bestehende Presse einfacher Bauart.

Das Filtergut tritt durch den gemeinsamen Füllkanal *F* in die Kammern *E* ein. Nachdem die Kammern *E* gefüllt sind, wird zwischen die Kolben *A* Druckwasser eingelassen, so daß die Kolben *A* auseinandergehen und die Flüssigkeit durch die Filterflächen *L* (Siebe, Tücher, Siebe mit Tüchern) hindurchtreiben. Das Filtrat läuft durch die Kanäle *H* und das Druckwasser durch die Kanäle *G*, die während des Pressens, falls sie nicht gleichzeitig als Einlaßkanäle des Druckwassers dienen, auf irgendeine Weise verschlossen gehalten werden müssen, ab. Beide Flüssigkeiten müssen natürlich an den Ausgangsstellen ihrer Abflußkanäle *G*, *H* getrennt voneinander aufgefangen werden. Die Abflußkanäle der verschiebbaren Zwischenstücke *B* müssen zu den Kanälen *H* so angeordnet sein, daß ihre Verbindung während des Preßvorganges (bei Verschiebung der Zwischenstücke *B*) nicht unterbrochen wird. Nach dem Entleeren bedürfen Kolben und Zwischenstücke keiner besonderen Regulierung. Sie werden beim Füllen in der geschlossenen Presse durch den Druck des Filtergutes in ihre Anfangsstellung gebracht, und das Pressen beginnt von neuem.

Nr. 271 527. **Kammerplatte für Filterpressen.** Vom 25. 10. 13. Johann Trommer in Mitwitz i. B., Oberfranken.

Die bisherigen Platten, durch deren Zusammensetzen die Kammern an Filterpressen gebildet werden, sind aus Holz oder Eisen hergestellt. Die

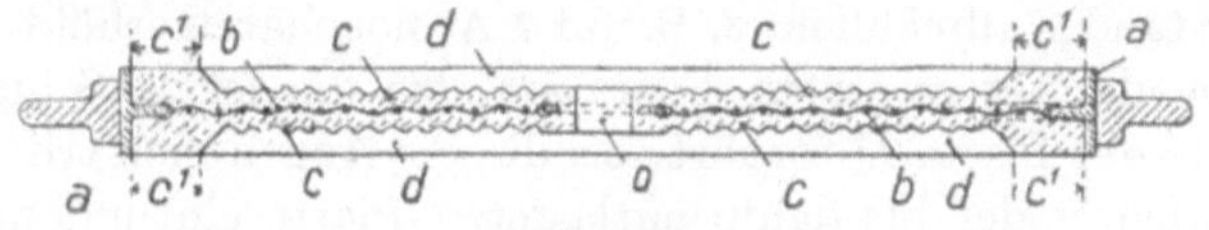

Fig. 292.

hölzernen Platten halten nicht sehr lange, müssen zeitweilig ausgebessert werden und ergeben häufig Undichtigkeiten in der Zusammenstellung. Die aus Eisen gefertigten Platten leiden erheblich durch den Rost, der auch äußerst schädlich auf die Filtertücher einwirkt.

Gegenstand der Erfindung ist eine in Figur 292 dargestellte Platte für Filterpressen, bei welcher in einen Eisenrahmen *a*, zweckmäßig von T-förmigem Querschnitt, ein Drahtnetz *b* eingespannt und beiderseits mit einer erhärteten Steinmasse *c* (Zementbeton- o. dgl. Mischung) abgedeckt ist, die die Vertiefungen *d* für die Kammern enthält. Der Rand *c* der Masse ist ohne jede Vertiefung und dient als Abdichtungsfläche bei der Zusammensetzung der Platten in der Presse. In der Steinmasse *c* und dementsprechend auch im Drahtnetz *b* ist die Verbindung zwischen den Kammern herstellende Öffnung *o* geeignet ausgespart.

Nr. 287 318. **Verfahren zum selbsttätigen Nachpressen von Filterkuchen und zum selbsttätigen Anzeigen der Stärke der gebildeten Kuchen.** Vom 3. 5. 14. Dipl.-Ing. Albert Legraud Genter in Berlin-Wilmersdorf.

Die Erfindung läßt sich an Hand der Fig. 293 auseinandersetzen. *A* ist ein geschlossener Filtrationsraum von der bei allen Filterpressen oder Saugfiltern üblichen Bauart, *B* ein kanneliertes Filtrierelement, welches mit Filtertuch oder mit einem anderen Filtermittel überzogen und ferner mit einem Filtratablauf *b* versehen ist. *D* ist eine Platte aus beliebigem Material von undurchdringlicher oder poröser Beschaffenheit. Die Platte *D* ist mit einer Stange *d* versehen, die in einer Stopfbüchse *c* verschiebbar geführt ist. Am äußeren Ende der Stange *d* ist ein Zeiger *f* und daneben eine Skala *e* angebracht, um die selbsttätige Verschiebung der im Innern befindlichen Platte von außen beobachten und verfolgen zu können.

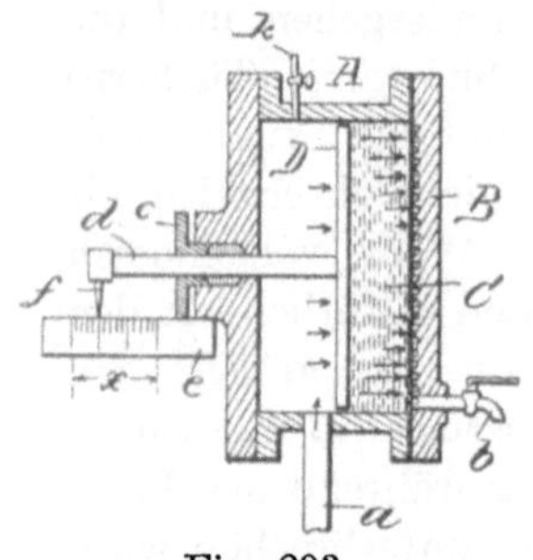

Fig. 293.

Die Hohlkammer *A* wird mit der durch Filtration zu trennenden Mischung durch das Rohr *a* gefüllt, wobei, wie üblich, die Luft durch eine passende Einrichtung *k* abgelassen wird. Der Filterkuchen setzt sich während der Trennung von flüssigen und festen Bestandteilen in der bei allen Filterapparaten bekannten Weise an *B* ab.

Während dieses Vorganges herrscht im Innern der Filterkammer nach hydraulischen Gesetzen überall gleicher, und zwar der von der Pumpe erzeugte Filtrationsdruck, so daß, wie die Pfeile schematisch zeigen, die bewegliche Platte *D* entlastet bleibt, gleichviel, ob sich der Druck infolge des wachsenden Kuchenwiderstandes allmählich, z. B. auf 4 Atmosphären erhöht. Der Kuchen wächst infolge der fortgesetzten Filtration, bis die letzte Schicht desselben die rechte Seite der Platte *D* berührt. In diesem Augenblick tritt eine Störung des Gleichgewichtes der bis dahin entlasteten Platte ein, indem der hydraulische Druck auf der rechten Seite der Platte durch den Kuchenwiderstand ersetzt wird, wohingegen auf der Peripherie des Kuchens und der linken Seite der Platte der Druck von 4 Atmosphären erhalten bleibt. Dieser plötzliche Umschwung der Druckverhältnisse macht sich dadurch bemerkbar, daß die Platte ohne jede weitere äußere Ursache lediglich durch den Filtrationsdruck ganz plötzlich sich nach *B* bewegt. Es wird dann der Kuchen selbsttätig zusammengepreßt und die zwischen dem Kuchentuche befindliche Flüssigkeit durch das Tuch und den Ablauf *b* herausgequetscht. Bei dem

Verfahren ist auch noch vorgesehen, die in dem Kuchen als Feuchtigkeit zurückgehaltene Flüssigkeit durch Auswaschen wiederzugewinnen.

Gruppe 6. Verschlüsse für Filterpressen.

Nr. 124 975. An der Wand oder an einer Stütze zu befestigende Filterpresse Vom 8. 4. 00.
„ 164 127. Einspannvorrichtung für Filterpressen. Vom 13. 3. 04.
„ 178 933. Hydraulische Verschlußvorrichtung an Filterpressen. Vom 24. 4. 06.
„ 204 566. Verschlußvorrichtung für Filterpressen. Vom 27. 9. 06.
„ 222 504. Filterpressenverschluß mit hohler Schraubenspindel und darin verschiebbarer, auf die bewegliche Kopfplatte der Presse einwirkender Druckstange. Vom 14. 3. 08.
„ 249 186. Verschluß von Filterpressen u. dgl. durch einen axial verschiebbaren Deckel.
„ 249 994. Filterpresse mit einem aus einem Behälter herausfahrbaren Träger der Filterelemente und mit einer durch Druckflüssigkeit gesteuerten Verriegelung des Behälterdeckels.
„ 284 482. Druckfilter, dessen Gehäuse aus zwei zueinander beweglichen Teilen besteht.

Gruppe 7. Auslaugung und Waschung bei Filterpressen.

Nr. 144 429. Filterpresse mit Spülkanälen, insbesondere zur schnellen Gewinnung großer Mengen Würze aus Maische. Vom 20. 11. 01.
„ 159 389. Filterpresse mit abwechselnd angeordneten Rahmen und Filterplatten und dazwischengelegten Filtertüchern. Vom 17. 4. 02.
„ 185 283. Auslaugeeinrichtung an Filterpressen für Maische und ähnliche Flüssigkeiten mit abwechselnd aufeinander folgenden Filterrahmen und beiderseits mit Filtertuch bedeckten Filterplatten. Vom 15. 5. 06.
„ 195 124. Verfahren zur Entfernung der festen oder halbfesten Rückstände aus den Kammern von Filterpressen. Vom 28. 3. 05.
„ 216 414. Maischfilter. Vom 20. 2. 08.
„ 216 415. Maischfilter; Zus. z. Pat. 216 414. Vom 25 6. 08.
„ 217 504. Maischfilter; Zus. z. Pat. 216 414. Vom 3. 4. 08.
„ 217 590. Vorrichtung zur Ausführung des Verfahrens zur Entfernung der festen und halbfesten Rückstände aus den Kammern von Filterpressen gemäß Patent 195 124; Zus. z. Pat. 195 124. Vom 28. 3. 05.
„ 221 300. Verfahren zur vollkommenen Gewinnung des Extraktes bei Maischfiltern. Vom 6. 5. 09
„ 233 639. Filterpresse zum Auswaschen und Abziehen der Malztreber. Vom 3. 4. 08.
„ 272 600. Verfahren zum Auslaugen von Treberkuchen bei Maischefiltern.

Gruppe 8. Speisevorrichtung für Filterpressen.

Gruppe 9. Pressen und Vorrichtungen zur Herstellung von Filterkuchen.

Nr. 113 847. Einrichtung zur Herstellung von Filterelementen; Zus. z. Pat. 104 620. Vom 23. 9. 09.
„ 118 495. Verfahren zur Herstellung von Sterilisierfilterplatten. Vom 22. 1. 99.
„ 134 196. Unterlagsplatte für Filterkuchenpressen. Vom 22. 12. 01.
„ 141 697. Einrichtung an Rahmenfiltern mit senkrechten Filterelementen zum Hineinpressen der Filtermasse in die Rahmen. Vom 27. 7. 02.
„ 143 024. Presse zur Herstellung von Filterkuchen aus Faserstoff u. dgl. Vom 27.7.02.
„ 160 939. Vorrichtung zur Herstellung gepreßter Faserstoffelemente für Filterpressen. Vom 20. 3. 04.

Nr. 194 050. Vorrichtung zum Herausheben der Filterelemente aus Filtergehäusen mit in einem hohlen Schaft freischwingend gelagerten und durch eine in dem Schaft angeordnete, mit besonderem Griff versehene Schubstange zwangläufig in ihre Außen- oder Innenstellung gebrachten Greifern. Vom 2. 10. 06.

„ 195 436. Ring zum Füllen von Filterrahmen mit Filtermasse unter Belassung eines durchgehenden ringförmigen Hohlraumes zwischen dem Rahmenmantel und der Filtermasse. Vom 18. 11. 05.

„ 284 481. Vorrichtung zum Entnehmen gepreßter Filtermassekuchen aus der Kuchenpreßform und zur Überführung derselben zu einem Auflager.

Filterapparate (Gruppe 10—24).

Gruppe 10. Filterapparate mit losem, körnigem oder faserigem Material.

Nr. 114 837. Filtrierapparat für Bier u. dgl. Vom 18. 10. 99.

„ 115 331. Schlitzfilter für die Verwendung körnigen Filtermaterials. Vom 29. 4. 99.

„ 117 866. Rührvorrichtung für Filteranlagen. Vom 25. 11. 97.

„ 120 415. Filter, insbesondere für Bier, Würze u. dgl., mit Vorrichtung zum Zusammenpressen und Lockern des Filtermaterials. Vom 15. 5. 00.

„ 121 929. Filterkasten. Vom 11. 8. 00.

„ 127 177. Filter für gashaltige Flüssigkeiten. Vom 21. 1. 00.

„ 132 430. Filter mit Reinigung der Filtermasse durch Umkehrung der Bewegungsrichtung des filtrierten Wassers. Vom 15. 11. 99.

„ 132 914. Sandsäulenfilter; Zus. z. Pat. 101 096. Vom 7. 11. 06.

„ 134 918. Sandsäulenfilter. Vom 9. 2. 02.

„ 141 696. Filteranlage. Vom 3. 9. 01.

„ 143 413. Filterkörper. Vom 7. 10. 02.

„ 145 059. Sandfilter. Vom 11. 1. 03.

„ 149 191. Filter mit übereinander angeordneten, unabhängig voneinander wirkenden Filterkammern. Vom 8. 1. 03.

„ 160 062. Vorrichtung an Filtern mit aufsteigender Flüssigkeitsbewegung zur getrennten Abführung der sich ausscheidenden Luft und Gase. Vom 29. 1. 03.

„ 160 138. Filterscheibe mit übereinander gelagerten Schichten aus Asbest und anderen Faserstoffen und mit einer oder mehreren dazwischen eingebetteten Lagen aus gepulverter oder gekörnter Kohle. Vom 1. 4. 04.

„ 162 821. Apparat zum Filtrieren unter Luftabschluß. Vom 28. 8. 04.

„ 172 104. Stützwand für Sandsäulenfilter mit in Abständen übereinander liegenden Schrägflächen zum Stützen des Filtersandes unter seinem natürlichen Böschungswinkel. Vom 18 11. 02.

„ 174 672. Sandfilter mit auf der Zuflußseite durch übereinander angeordnete, schräg gestellte Platten oder konische Ringe im natürlichen Böschungswinkel gestützten Sandschichten. Vom 24. 3. 05.

„ 176 943. Filter mit streubarem, mittels Stützflächen unter seinem natürlichen Böschungswinkel gelagertem Filtermaterial. Vom 20. 1. 06.

„ 185 738. Schwimmende, mit Senkkästen versehene Filtervorrichtung mit durchbrochenem Boden. Vom 29. 7. 04.

„ 186 579. Filteranlage, bei der die mittels Pumpe zugeführte Flüssigkeit von unten nach oben durch die Filterschichten tritt. Vom 20. 4. 06.

„ 207 579. Stützwand für loses Filtermaterial. Vom 5. 5. 07.

„ 211 064. Filterapparate, bestehend aus mehreren, übereinander in einem Gehäuse angeordneten, durch Zwischenräume voneinander getrennten Filterschichten mit besonderen, an gemeinsame Ablauf- und Waschwasserleitungen angeschlossenen Zu- bzw. Ablaufzellen für jede Filterschicht. Vom 23. 1. 08.

„ 219 462. Verfahren zum Reinigen von Filterkörpern, welche einzeln oder in größerer Anzahl in einem Gehäuse stehen und mit grobkörnigem, hartem Material umgeben sind. Vom 12. 7. 07.

Nr. 221 299. Filter, dessen Gefäß für Filtermaterial durch eine nicht bis zum Boden reichende Wand in zwei kommunizierende Abteilungen geteilt ist. Vom 21. 3. 08.

„ 224 948. Verfahren zum Reinigen von Flüssigkeiten mittels eines in einem Absatzbehälter schwimmenden Filters, welches mit Kammern versehen ist, in die als Ballast dienendes Wasser eingelassen werden kann. Vom 18. 12. 08.

„ 230 085. Filtervorrichtung mit elastischem Filtermaterial. Vom 5. 11. 09.

„ 233 682. Vorrichtung zum Regeln des Wasserzulaufs bei Filteranlagen. Vom 30. 6. 08.

„ 236 704. Filter, dessen aus Sand bestehende Filtermasse auf der Eintrittsseite der Flüssigkeit durch eine schräge jalousieartige Wand gehalten wird.

„ 241 622. Einrichtung an Filterapparaten zur Beaufsichtigung des Filtervorganges.

„ 243 118. Sandfilter zum Filtrieren von Sirup, Zuckersäften od. dgl. mit mehrfacher Filtration durch mehrere nebeneinander angeordnete, mit Siebböden versehene Filterkammern.

„ 245 891. Filter zum Reinigen von Flüssigkeiten mittels elastischen Filtermaterials.

„ 259 570. Filter zum raschen Filtrieren von Getränken (z. B. Kaffee) ohne Druckanwendung.

„ 260 096. Einrichtung zur Mehrfachfiltration unter Druck.

„ 267 744. Filter, bei welchem das Filtermaterial während des Betriebes nach dessen Kopf übergeführt wird.

„ 268 880. Vorrichtung zum Filtern, Entgasen und Destillieren von Flüssigkeiten mit mehreren übereinander liegenden Filterschichten, welche von der Flüssigkeit regenartig beaufschlagt werden.

„ 275 661. Sandsäulenfilter mit porösen Wänden, bei welchem das zu filtrierende Wasser als Regen durch einen oberen Luftraum unter Mitreißen von atmosphärischer Luft auf ein Sandfilter strömt.

„ 276 807. Filter, dessen Filtermaterial durch Kippen des Filterbehälters gereinigt wird.

„ 277 053. Filtervorrichtung mit übereinander gelagerten Filtern.

„ 280 087. Einrichtung zur Mehrfachfiltration unter Druck.

„ 281 838. Filter.

„ 290 307. Filtrierapparat für Bier od. dgl. mit übereinander angeordneten Filterschichten, mit äußerem ringförmigen Zuleitungskanal und mittlerem, mit einem Entlüftungshahn versehenen Ableitungskanal.

„ 290 739. Filterapparat.

„ 292 621. Vorrichtung zum Reinigen von Flüssigkeiten.

„ 299 289. Filter mit auswechselbarem Siebkörper.

„ 304 658. Verfahren zum Betriebe und zur Spülung von Filtern.

Gruppe 11. Kohlefilter und ihre Wiederbelebung.

„ 119 860. Verfahren zur Herstellung von Filtermaterial beliebiger Herkunft. Vom 3. 11. 99.

„ 144 430. Verfahren zur Wiederbelebung von Filtermaterial. Vom 13. 9. 02.

„ 235 140. Verfahren zur Herstellung von Filterkohle.

„ 236 340 Verfahren und Einrichtung zur Wiederbelebung von Holzkohle und Filter.

„ 239 760. Verfahren zur Herstellung von aktiver Kohle aus Gemischen von kohlenstoffhaltigen Materialien und Mineralstoffen in feiner Verteilung durch Trockendestillation.

„ 246 376. Verfahren zur Wiedergewinnung und Belebung von Entfärbungsmitteln durch Trocknen in einer von Heißluft durchströmten Trommel und danach erfolgendes Glühen in einer Retorte.

„ 250 399. Verfahren zur Erhöhung der Wirksamkeit von fein verteilter aktiver Kohle.

„ 254 148. Verfahren und Vorrichtung zur Wiederbelebung von Knochenkohle durch Ausglühen bei Luftabschluß.

„ 268 881. Verfahren zur Herstellung eines Filterstoffes aus Faserstoffen und Kohle.

Nr. 275 973. Verfahren zur Herstellung von Entfärbungskohle aus vegetabilischen Stoffen, die vor dem Verkohlen mit Salzen imprägniert werden.
„ 297 345. Verfahren und Vorrichtung zum Glühen von schon gebrauchten, fein pulverisierten Entfärbungsmitteln.

Gruppe 12. Filterapparate mit festen Filterkörpern (Stein, Kunststein u. dgl.).

Nr. 151 643. Filter für Hausgebrauch, Laboratoriumszwecke u. dgl. Vom 13. 1. 03.
„ 152 760. Filterkörper; Zus. I. Pat. 154 314. Vom 12. 3. 03.
„ 183 505. Verfahren zur Herstellung großer Steinfilter aus einer Anzahl kleiner Steinplatten. Vom 14. 11. 05.
„ 184 436 Filtrier- und Extrahierapparat mit von senkrechten Filtrierwänden gebildeten, für sich verschließbaren Filtrier- und Ablaufzellen. Vom 16. 2 04.
„ 197 073. Filterkerze. Vom 25. 6. 07.
„ 239 996. Verfahren zum Entwässern von Schlamm, der ununterbrochen durch die zentrale Öffnung eines Filters hindurchgedrückt wird.
„ 241 337. Filter mit stehenden Filterelementen.
„ 244 165. Aus einem geschlossenen Behälter mit Filterelementen bestehende Filtriervorrichtung, bei welcher die zu filtrierende Flüssigkeit unter Druck dem Behälter zugeführt und durch die Filterelemente gepreßt wird.
„ 244 878. Vorrichtung zum Filtrieren oder Konzentrieren schlammhaltiger Flüssigkeiten.
„ 250 883. Filter mit stehenden Filterelementen und zwischen den Filterelementen eingehängten Körpern und Verfahren zur Trocknung des Rückstandes in solchen Filtern.
„ 259 910. Verfahren zur Herstellung eines Tridymit-Filters.
„ 264 919. Filtriergefäß.
„ 271 156. Filter, bei welchem aus Flüssigkeiten oder Gasen Unreinigkeiten dadurch ausgeschieden werden, daß die Flüssigkeiten oder Gase lediglich durch eine feste Filterschicht geleitet werden.
„ 297 587. Aus Kies- oder Stein- oder Schlackensplitt oder Bimskies und Zement hergestellte Platte für Enteisenungszwecke.
„ 309 015. Durch Verdünnung wirksames Filter.

Gruppe 13. Filterapparate mit Sieben oder Tüchern u. dgl. im allgemeinen.

Nr. 114 836. Filter. Vom 6. 1. 99.
„ 120 686. Vorrichtung zum Filtrieren von Flüssigkeiten, insbesondere von Wein, beim Überfüllen derselben aus einem Gefäß in ein zweites unter Abschluß der Außenluft. Vom 14. 3. 00.
„ 123 647. Vorrichtung zum Filtrieren von Flüssigkeiten, insbesondere von Wein, beim Überfüllen derselben aus einem Gefäß in ein zweites unter Abschluß der Außenluft. Zus. z. Pat. 120 686. Vom 21. 11. 00.
„ 130 016. Mit oder ohne Luftabschluß arbeitender Filterapparat zum teilweisen Filtrieren von aus Flaschen abzufüllenden Flüssigkeiten. Vom 27. 2. 01.
„ 130 283. Filtersieb mit Reinigungsvorrichtung. Vom 15. 9. 01.
„ 130 456. Rohrbrunnenfilter mit Metallgewebemantel. Vom 30. 4. 01.
„ 131 135. Befestigung der Filtertücher in Filtern mit radialen, fächerartig um ein Rohr herum angeordneten Filtertaschen. Vom 22. 2. 01.
„ 131 465. Filtervorrichtung für Aufgußgetränke. Vom 13. 4. 01.
„ 135 327. Drehbarer Filterapparat. Vom 15. 8. 00.
„ 139 391. Preßfilter für Fruchtsaft u. dgl. mit Verdrängerkolben und gelochtem, mit Filtertuch ausgekleidetem Filtergefäß. Vom 29. 1. 02
„ 145 058. Siebvorrichtung für Flüssigkeiten. Vom 28. 12. 02.
„ 154 314. Filterkörper. Vom 1. 11. 02.

Nr. 157 366. Filtersieb mit durch feingelochte Siebplatten abgedeckten Durchbrechungen Vom 23. 12. 02.
„ 167 349. Filtriervorrichtung mit an einem Ständer abnehmbar angebrachten Filterkammern. Vom 16. 8. 04.
„ 185 093. Gewebefilter. Vom 24. 7. 06.
„ 189 823. Filter aus mehreren mit ihren Öffnungen versetzt übereinander liegenden weitmaschigen Sieben oder grobgelochten Blechen. Vom 15. 8. 05.
„ 190 144. Filterkasten mit dreieckigen Filterrahmen. Vom 15. 4. 06.
„ 191 880. Apparat zum Filtrieren von Abwässern mit einem ein- oder beiderseitig offenen Hohlkörper und einem diesen umschließenden endlosen Filtertuch. Vom 14. 8. 06.
„ 197 072. Filterelement zum Reinigen von Flüssigkeiten. Vom 31. 12. 05.
„ 198 539. Filtervorrichtung mit in einem ringförmigen Behälter angeordneten segmentartigen Abteilungen oder Trögen und um eine mittlere Achse sich drehenden, in die Tröge senkbaren Filterelementen. Vom 22. 5. 06.
„ 206 014. Verfahren zum Abdichten von Filtern mit Filtertuch. Vom 23. 9 04.
„ 220 763 Rahmentaschenfilter, dessen Zu- und Abflußrahmen durch ein in Zickzackform verlaufendes Filtertuch überdeckt werden. Vom 20. 2 08.
„ 222 096. Wälzvorrichtung zum Anbringen der Filterschicht an eine zylindrische Siebfläche. Vom 7 10. 08.
„ 234 508. Drehbare Filtriervorrichtung mit selbsttätiger Einschaltung von Vakuum und Druckmittel. Vom 15. 10. 08.
„ 241 668. Filterpresse zum Entwässern keramischer Massen.
„ 245 836. Rotierendes Planfilter zum Entwässern von Materialien beliebiger Art.
„ 248 612. Vorrichtung zum Auslaugen von Schlamm, insbesondere von Filterpressenschlamm in der Zuckerfabrikation, unter Anwendung von Preßschnecken, die sich in von einem Mantel umgebenen Filterzylindern bei fortgesetzter Zuführung von Auslaugewasser drehen.
„ 249 577. Siebvorrichtung zur Abscheidung fester Teile aus Flüssigkeiten.
„ 250 047. Filter für Flüssigkeitsreinigung.
„ 250 881. Filter.
„ 251 692. Drahtgewebesieb für Filter, desen Maschen mit aufgelöstem Filtermaterial, z. B. Asbest, ausgefüllt werden.
„ 251 932. Filter zum Entwässern beliebiger Stoffe mit einer durch Filterbelag abgedeckten umlaufenden Filterschale, deren Kammern mit einer in der Mittelsäule angeordneten Saugkammer in Verbindung treten.
„ 257 612 Filtervorrichtung, bei welcher Filterkörper mit vertikalen Filterflächen in das zu filtrierende Gut eingetaucht werden.
„ 258 509. Filter, dessen Gehäuse von der zu reinigenden Flüssigkeit in wechselnder Richtung durchströmt wird.
„ 262 696. Einrichtung zum Filtrieren von Flüssigkeiten, insbesondere zum Entrahmen von Milch.
„ 269 204. Vorrichtung zum Filtrieren und Abfüllen von Spirituosen, insbesondere von Faß- und Flaschenweinen.
„ 271 200. Maischefilterbottich zum Trennen der Bierwürze von Trebern und Auswaschen des in Trebern befindlichen Extraktes und Verfahren zum Auslaugen der Treberkuchen mittels dieses Maischefilterbottichs.
„ 271 891. Reiniger für Flüssigkeiten mit übereinander angeordneten, aus je zwei Sieben und einer von diesen eingeschlossenen Filterschicht bestehenden Filterkörpern und zwischen diesen angeordneten Zwischenböden.
„ 275 888. Vorrichtung zum Filtrieren kolloidaler Stoffe mittels zwei oder mehrerer hintereinander geschalteter Siebe.
„ 284 116. Filtervorrichtung zur Ausscheidung fester Stoffe aus Flüssigkeiten.
284 312. Vorrichtung zum Filtrieren kolloidaler Stoffe zweier oder mehrerer hintereinander geschalteter feinmaschiger Siebe oder feingelochter Bleche.

„ 295 220. Filtervorrichtung zur Ausscheidung fester Stoffe aus Flüssigkeiten.
„ 295 905. Ununterbrochen arbeitende kreisende Nutsche.
„ 306 259. Ununterbrochen arbeitender Saugentwässerer mit feststehendem oder horizontal bewegtem Filterboden.
„ 309 016. Nutsche.
„ 309 716. Nutsche.

Nr. 161 170. **Filter zum Ausscheiden fester Körper aus Flüssigkeiten mit schrägstehenden Wänden und an diesen vorgesehenen, abwechselnd oben und unten befindlichen Durchgängen.** Vom 6. 5. 03. Carl Bächler in Zürich.

Die Aussonderung von festen Teilen aus Flüssigkeiten kann durch eine Kombination des Absetzverfahrens und der Filtration erfolgen, wie es Fig. 294 zeigt.

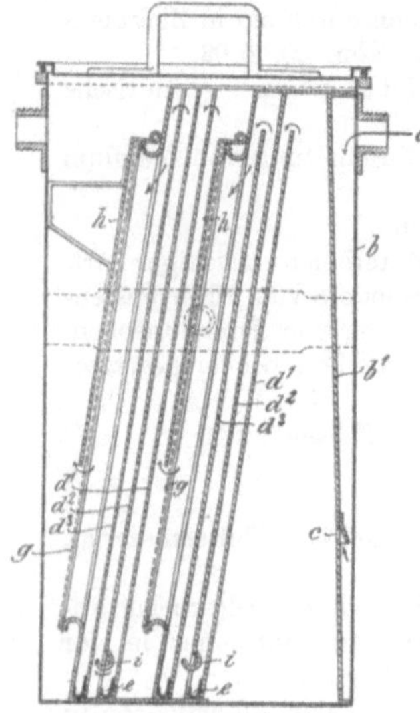

Fig. 294. Pat. 161170.

Die bei *a* eintretende Flüssigkeit stößt gegen eine feste Wand b_1, bewegt sich zwischen *b* und b_1 nach unten und tritt durch den Schlitz *c* in einen Vorraum, in dem die Bewegung sich verlangsamt. Die gröbsten Beimengungen scheiden sich hier aus. Die Flüssigkeit steigt nach oben und passiert die Zwischenräume der Wände d_1, d_3, *d* in auf- und absteigender Richtung. Die Sinkstoffe lagern sich hierbei in den Taschen *e* ab. Nach dem Durchgang durch die Filterschicht *g*, die durch eine Schutzplatte *h* teilweise abgedeckt ist, können nochmals eine oder mehrere Gruppen von Prellwänden *d* mit Taschen *e* und Filtern *g* zu passieren sein. Die gute Aussonderung der Sinkstoffe ist in der schiefen Anordnung der Prellwände *d* in Verbindung mit den Fangtaschen *e* zu erblicken, in denen die ausgeschiedenen Beimengungen der Einwirkung des Flüssigkeitsstromes entzogen werden.

Nr. 172 183. **Vorrichtung zum Entwässern feuchter Stoffe mittels Siebwalzen.** Vom 10. 6. 04. Hermann Riensch in Dresden - A.

Die Trennung der flüssigen und festen Bestandteile bei solchen Materialien, bei denen letztere in beträchtlicher Menge und einer solchen Form vorhanden sind, daß das Gemenge mechanisch befördert werden kann, z. B. nasse Rübenschnitzel, kann in kontinuierlich arbeitenden Preßfiltern erfolgen, wie in den Fig. 295 und 296 dargestellt. Die Filterkammer wird durch drei oder mehr Trommeln gebildet, deren Umfang aus fein geschlitzten Metallsieben besteht.

Die Preßwalzen a_1 und a_2 berühren einander ganz dicht und sind festgelagert; a_3 und a_4 sind verstellbar gelagert und berühren einander ebenfalls ganz dicht. Alle Walzen sind durch Zahnräder *b* gekuppelt, die durch *c* angetrieben werden. Die Stirnseiten der Walzen werden durch ein geeignetes Lagerschild *d* begrenzt, so daß der Preßraum nur durch zwei schmale verstellbare Schlitze zwischen a_1, a_2 und a_3, a_4 nach außen Verbindung hat. Das zu entwässernde Material wird von den Preßschnecken f durch g und e an den Stirnseiten in den Preßraum eingeführt und von der sich drehenden Walze a nach außen getrieben. Die Flüssigkeit dringt durch die Siebplatten in das

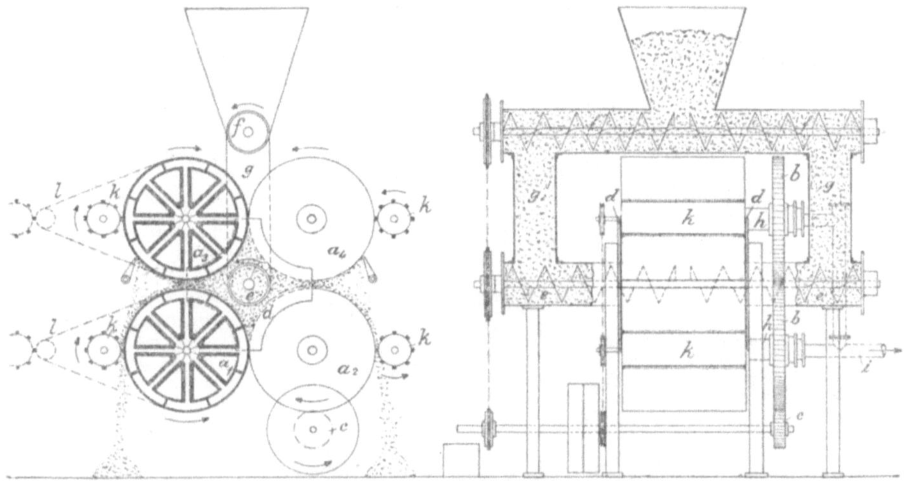

Fig. 295 und 296. Pat. 172183.

Innere der Walzen ein und wird durch die hohlen Achsen h und die Sammelleitung i nach außen abgeführt. Die Reinigung der Siebflächen erfolgt durch Schaber oder Bürstenwalzen k. Für schlammiges Material sollen Filtertücher l zu Hilfe genommen werden, deren Reinigung in beliebiger Weise außerhalb der Walzen a erfolgen kann.

Nr. 191 296. **Apparat zur Trennung fester Körper von Flüssigkeiten, z. B. zum Abscheiden von Gold aus Cyanidlaugen.** Vom 10. 1. 05. Richard Kendall Evans in London.

Eine kontinuierlich arbeitende Filteranordnung ist in den Fig. 297 und 298 angegeben. Der Apparat ist in der Hauptsache bestimmt zum Abscheiden von Gold aus Cyanidlaugen und besteht im wesentlichen aus einer Anzahl voneinander unabhängiger offener Filterkästen, die zu einem endlosen Band vereinigt sind und durch eine rohrförmige Führungsbahn abwechselnd mit einer Druckluft- oder Absaugeleitung in Verbindung gebracht werden können.

Jedes Filterelement besteht aus einem Trog a, der mit einer geeignet ausgebildeten Filterschicht versehen ist. Die Filterelemente sind untereinander zu einem endlosen Bande verbunden und werden an den Enden der Maschine über Führungsräder h geführt. Die obere Führungsbahn f^1 ist rohrförmig ausgestaltet und durch ein Rohr l^1 mit der Absaugvorrichtung verbunden. Diese rohrförmige Bahn besitzt auf ihrer oberen Seite einen Schlitz, und die Tröge a schleifen mit sattelartigen unteren Ansätzen a^1, welche die rohrförmige Bahn f^1 umgreifen, auf dieser. Die Ansätze a^1 besitzen in ihrem oberen Teile einen Kanal, welcher mit dem unter der Filterschicht befindlichen Raum in Verbindung steht, so daß in einer gewissen Zeit die Filterelemente mit der rohrförmigen Bahn f^1 verbunden sind. Die Rieselvorrichtungen r^1 ermöglichen das Aufspritzen von Wasser- oder Löseflüssigkeiten, und die Rohre s können die verschieden starken Lösungen den Be-

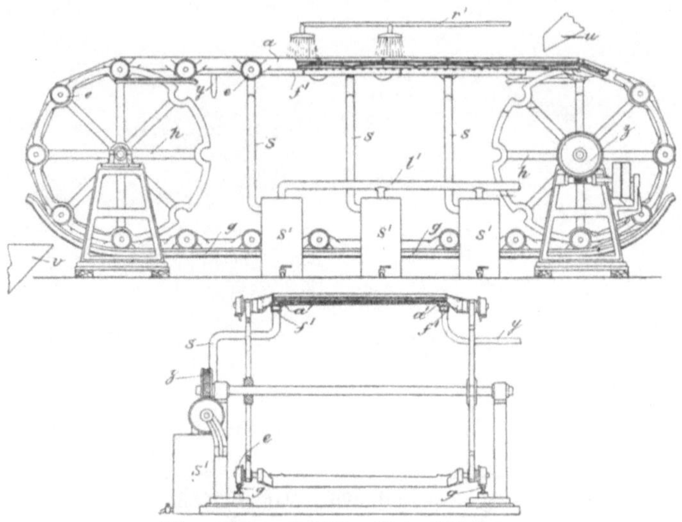

Fig. 297 und 298. Pat. 191296.

hältern s^1 zuführen. Die Bahn f^1 kann mit einem Zuführungsrohr y für Druckluft verbunden sein, um die Entleerung der Filterelemente zu fördern. An der Verbindungsstelle zwischen den einzelnen Filterelementen sind Führungsräder angeordnet, welche die Filterelemente während ihrer Bewegung über die untere Bahn hinwegführen.

Nr. 224 627. **Filter mit ununterbrochener Entleerung der abgeschiedenen festen Rückstände, bestehend aus einem senkrechten zylindrischen Filterkörper, in welchem sich eine senkrechte Welle mit Abstreichern und in den konischen Gehäuseboden hineinragender Förderschnecke befindet.** Vom 21. 11. 08. Charles Leclaire und La Société A. et G. Héricourt in Paris.

Bei Filtern mit ununterbrochener Abscheidung oder Entleerung des festen Rückstandes, welcher sich beim Filtrieren trüber Flüssigkeit oder des halbflüssigen Breies ergibt, wird diese Abscheidung dadurch hervorgebracht, daß das Gemenge durch einen senkrechten, zylindrischen Filterkörper getrieben wird, in welchem sich eine senkrechte Welle mit Abstreichern und in den kegelartigen Gehäuseboden hineinragender Förderschnecke befindet, wobei die Welle sich ständig dreht. Bei der gemäß Fig. 299 und 300 ausgestalteten Konstruktion ist die Wirkung der Abschaber dadurch verstärkt, daß die nachgiebig gelagerte Welle plötzlichen Stößen ausgesetzt wird.

Das Gehäuse *1* trägt den Antrieb für die Welle und die Zuleitung *7* für das zu filtrierende Gemenge. An dem Zwischenzylinder *6* ist die Stoßvorrichtung zur Erschütterung der Welle *2* angebracht, bestehend aus einer federbelasteten Stange *49*, die auf der Kurvenscheibe *48* schleift und dadurch die Welle *2* bei jedem Umgang erschüttert. Infolgedessen gerät auch der Schaber *10*, welcher auf der Welle *2* befestigt ist, in Erschütterung und vermag dadurch eine besser reinigende Wirkung auszuüben. Der feste Rückstand, der auf der Filterfläche *9* sich allmählich abscheidet, wird durch die Schnecke *22* in den Auslauf getrieben, der durch eine feste Wand *24* und eine federbelastete Klappe *27* gebildet wird. Die Schnecke findet infolgedessen einen regulierbaren Widerstand, und hierdurch ist eine nochmalige Auspressung von Flüssigkeit gewährleistet. Die zeitweise Erschütterung der Welle *2* bewirkt, daß die an *9* anhaftenden Rückstände von Zeit zu Zeit abgelöst werden und der Schnecke *22* zufallen. Sie würde andererseits sonst mit der neu zulaufenden Flüssigkeit gemischt werden und schwer zu entfernen sein.

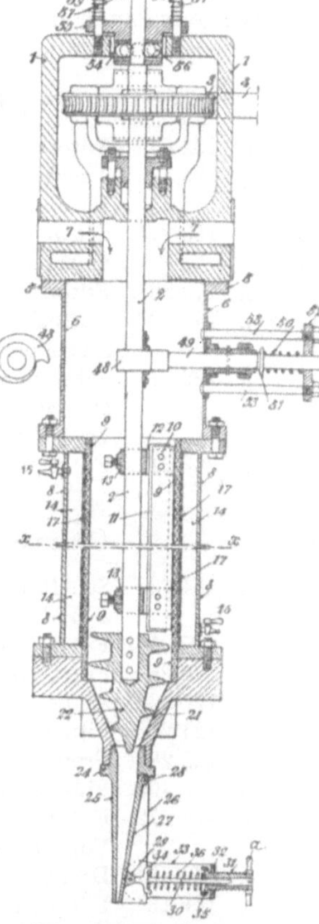

Fig. 299 und 300. Pat. 224627.

Nr. 233 595. **Einrichtung zum Filtrieren mittels bewegten Filtertuches.** Vom 20. 9. 08. Arnold M. Manski in Almelo, Holl.

Ein anderer Weg zur bequemen Entleerung der Rückstände aus Filtrierapparaten ist in den Fig. 301 und 302 veranschaulicht.

Es ist hierbei ein Filtertuch oder Band *d* verwendet, welches um die Gummiwalzen *b*, die in *a* gelagert sind, dermaßen herumgeleitet wird, daß es an dem einen Ende eintritt und am anderen wieder austritt. Hierbei sind die Filterbänder oder Tücher *d* durch Siebe *e* gestützt. Die zu filtrierende Flüssigkeit tritt durch den Stutzen *f* ein, füllt dabei den ganzen Raum zwischen den Walzen *b* und *c* aus und durchdringt alsdann die Filtertücher und entweicht durch den Rohrstutzen *g*. Die Seitenwände sind mit Dichtungsleisten *i* bedeckt, welche gemeinsam mit den Gummiwalzen den erforderlichen dichten Abschluß gewähren. Das aus dem Apparat austretende Filtertuch kann in geeigneten Reinigungsvorrichtungen gereinigt werden und ist also ohne Unterbrechung zu benutzen. Es ist klar, daß die vorbeschriebene Vorrichtung sich nur zur Filtration von solchen Flüssigkeiten eignet, die verhältnismäßig sehr wenig feste Bestand-

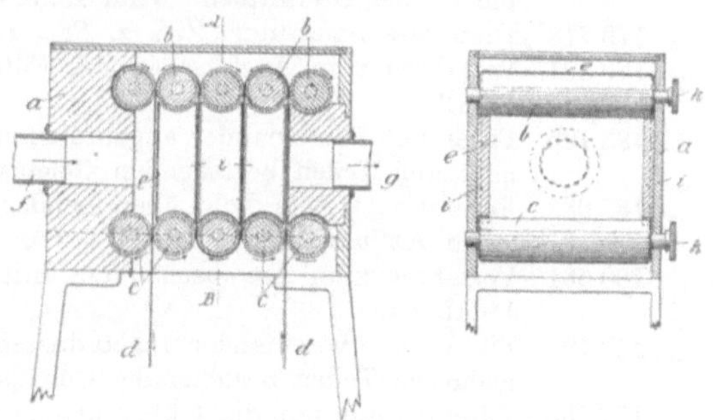

Fig. 301 und 302. Pat. 233595.

teile enthalten. Der Antrieb der Gummiwalzen *b* und *c* kann in beliebiger Weise erfolgen und ist für die Ausgestaltung der Maschine nebensächlich.

Gruppe 14. Filterapparate mit angeschwemmtem Filtermaterial.

Nr. 132 655. Filterkörper. Vom 6. 4. 00.

„ 133 185. Auswechselbarer, rahmenförmiger Filterkörper für Schwemmfilter. Vom 12. 6. 01.

„ 158 345. Schwemmfilter mit vergrößerter Tragfläche für das aufgeschwemmte Filtermaterial. Vom 20. 6. 03.

„ 179 287. Filterzelle für Schwemmfilter. Vom 31. 12. 03.

„ 186 737. Aufrechtstehende Filterplatte mit Gewebeumhüllung und aufgeschwemmter Ziegelmehlschicht. Vom 15. 4. 04.

„ 192 074. Schwemmfilter mit zylindrischen, hohlwandigen, konzentrisch auf einem gemeinschaftlichen Abflußhohlkörper angeordneten Filterzellen. Vom 16. 2. 05.

„ 286 211. Filter mit angeschwemmtem Asbest als Filtermaterial.

Gruppe 15. Trommelfilter mit losem Filtermaterial.

Nr. 114 736. Schaltvorrichtung für aus mehreren Abteilungen bestehende Filter; Zus. z. Pat. 109 606. Vom 30 1. 98.

„ 117 357. Filter mit Verteilungs- und Abdichtungsring. Vom 27. 9. 98.

„ 120 263. Filtriervorrichtung für alkoholische Flüssigkeiten u. dgl. Vom 12. 10. 99.

„ 120 494. Abdichtung für Kammerfilter. Vom 2. 9. 99.

„ 121 286. Filterelement. Vom 8. 9. 00.

„ 122 285. Trommelfilter. Vom 15. 11. 99.

„ 124 403. Flüssigkeitsfilter. Vom 19. 8. 99.

„ 151 272. Filterelement mit mittlerer Abschlußnabe und gepreßtem Filterstoff. Vom 14. 10. 02.

„ 159 381. Drehbares Sandfilter. Vom 22. 9. 01.

„ 166 151. Filter für körniges Filtermaterial mit doppelwandiger, in einem feststehenden Behälter drehbar gelagerter, nicht vollständig gefüllter Siebtrommel. Vom 28. 7. 03.

„ 171 682. Filterelement mit mittlerer Abflußnabe und gepreßtem Filterstoff; Zus. z. Pat. 151 722. Vom 24. 7. 04.

„ 173 609. Verfahren zum annähernd gleichmäßigen Verteilen des Filtersandes in Sandfiltern mit horizontaler Drehachse und parallel dazu liegenden, den Sand tragenden Sieben. Vom 23. 3. 04.

„ 178 930. Drehbares Sandfilter mit Zuführung und Abführung der Flüssigkeit durch die hohlen Drehzapfen. Vom 13. 3. 04.

„ 179 718. Drehbares Sandfilter; Zus. z. Pat. 159 381. Vom 10. 4. 04.

„ 180 561. Verfahren zum Auswaschen des Filtermaterials in Trommelfiltern. Vom 14. 12. 04.

„ 183 195. Filter mit übereinander angeordneten Filterzellen in einem aus zwei oder mehreren Teilen bestehenden Gehäuse. Vom 11. 2. 06.

„ 187 683. Filterapparat mit dicht übereinander liegenden Filterelementen und mittlerem Abflußkanal. Vom 29. 4. 05.

„ 180 561. Verfahren zum Auswaschen des Filtermaterials in Trommelfiltern. Vom 14. 12. 04.

„ 183 195. Filter mit übereinander angeordneten Filterzellen in einem aus zwei oder mehreren Teilen bestehenden Gehäuse. Vom 11. 2. 06.

„ 187 683. Filterapparat mit dicht übereinander liegenden Filterelementen und mittlerem Abflußkanal Vom 29. 4. 05.

Nr. 189 826 Filterapparat mit zwei oder mehreren Einzelfiltern für einfache oder mehrfache Filtration. Vom 11. 2 06.

268 058. Filter mit einer im Filtergehäuse sich drehenden Siebtrommel, aus deren Inneren die filtrierte Flüssigkeit abgesaugt wird.

273 072. Filter, bei welchem das Filtergut zwischen mehreren sich drehenden Walzen und mit diesen sich bewegenden endlosen Filtertüchern gepreßt wird.

300 671. Verfahren zum Betriebe von Saugtrommeln zum Absondern von festen Stoffen aus Flüssigkeiten oder breiigen Massen.

Nr. 197 495. **Drehbares, mit Sand teilweise gefülltes Trommelfilter mit zentraler Zuführung der Filter- und Waschflüssigkeit.** Vom 17. 6. 06. Franz Wolf in Kuttenberg (Böhmen).

Um Sand- und Waschwasserverluste zu vermeiden, ist in dem mit Sand teilweise gefüllten Trommelfilter, gemäß Fig. 303—305, ein axial eingeführtes und rechtwinklig abgebogenes, oberhalb des Filterbettes befindliches

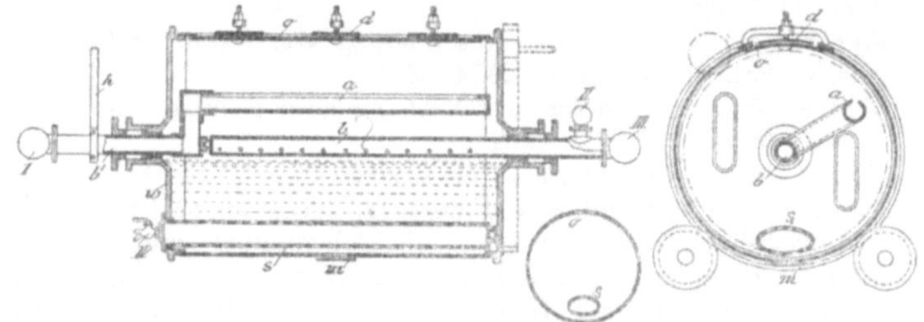

Fig. 303—305. Pat. 197495.

Schlitzrohr *a* angebracht, durch dessen Stellung die Höhe des Wasserspiegels geregelt werden kann. Der Trommelmantel ist mit einem Längsschlitz *o* versehen, welcher mit einem dicht schließenden Deckel *d* abgedeckt werden kann. Gegenüber diesem Längsschlitz ist dicht am Rande ein ovales Siebrohr *s* eingeschoben, welches in der vorderen Stirnwand *w* abgedichtet ist und an der anderen Stirnwand entsprechend gelagert wird. Durch den Hahn *IV* kann der Abfluß des Filtrats geregelt werden. Der Zufluß der zu filtrierenden Flüssigkeit erfolgt durch das Rohr *b*, und die Flüssigkeit läuft alsdann durch *s* bzw. Hahn *IV* ab. Soll die Filterschicht gewaschen werden, dann wird das Ventil *II* geschlossen und die im Sand zurückbleibende Flüssigkeit durch Einlassen von Waschwasser verdrängt. Dies erfolgt durch das Öffnen des Hahnes *III*, durch welchen das Waschwasser oder die Waschflüssigkeit eintritt. Dann wird die Trommel um 180° gedreht, so daß der Siebkörper behufs Reinigung herausgenommen werden kann und das doppelt rechtwinklig gebogene Rohr $a\,b^1$ in die höchste Lage gedreht und durch Öffnen des Ventils *I* der Waschprozeß eingeleitet. Versetzt man die Trommel in langsame Drehung, so läuft das Schmutzwasser durch den Schlitz des Rohres *a* und des Ventils *I* ab, während ständig reines Wasser durch die Öffnungen des Rohres *b* zuströmt. Die Höhe des Wasserspiegels wird durch entsprechende Einstellung des Rohres *a* geregelt. Das Waschen des Filters kann auch so begonnen werden, daß bei *IV* ein Schlauch angeschlossen wird und reines Wasser von unten nach oben durch die Filterschicht getrieben wird, um die gröbsten Verunreinigungen abzuschwemmen. Diese treten, wie vordem beschrieben, durch *a* und b^1 nach außen.

Gruppe 16. Trommelfilter mit Sieben, Tüchern u. dgl.

Nr. 118 389. Verfahren zur Regelung der Drehgeschwindigkeit von in einer Flüssigkeit rotierenden Filtertrommeln. Vom 30. 4. 99.

„ 131 467. Vorrichtung an Trommelfiltern zur Veränderung der Eintauchtiefe der Trommel und zur Einstellung des Kuchenabstreichers, entsprechend dem jeweiligen Flüssigkeitsstande Vom 7. 4. 01.

„ 138 322. Apparat zur mechanischen Absonderung von festen Stoffen aus Wasser; Zus. z. Pat. 85 043. Vom 11. 3 02.

„ 138 323. Apparat zur mechanischen Absonderung von festen Stoffen aus Wasser; Zus. z. Pat. 85 043. Vom 11. 3. 02.

„ 138 623. Apparat zur mechanischen Absonderung von festen Stoffen aus Wasser. Vom 11. 3. 02.

„ 151 187. Apparat zur mechanischen Absonderung von festen Stoffen aus Wasser; Zus. z. Pat. 85 043. Vom 29. 4. 03.

„ 159 986. Trommelfilter mit endlosem Filterband zum Reinigen der Abwässer von Papierfabriken. Vom 4. 2. 02.

„ 166 354. Trommelfilter mit endlosem Filtertuch. Vom 13. 9. 04.

„ 172 254. Trommelfilter mit endlosem Filtertuch. Vom 11. 12. 04.

„ 173 101. Trommelfilter mit endlosem, um die Siebtrommel herumlaufendem Filterstoff zur Reinigung der Abwässer der Papierfabriken u. dgl. Vom 17. 8. 01.

„ 178 619. Trommelfilter mit als Hohlzylinder ausgebildeter Trommelwelle. Vom 28. 12. 05.

„ 221 752. Vorrichtung zum Reinigen von Trommelfiltern für Luft oder Gase. Vom 5. 2. 07.

„ 222 054. Kontinuierlich arbeitende Filtertrommel mit spiralförmigem Abstreifer. Vom 18. 7. 08.

„ 222 550. Trommelfilter nach Patent 134 919; Zus. z. Pat. 134 919. Vom 28. 7. 08.

„ 228 848. Rotierendes Trommelfilter, durch dessen Mantel die in den zu filtrierenden Materialien enthaltene Flüssigkeit (Wasser usw.) in das Innere der Trommel eintritt und mittels einer Pumpe durch Einhängerohre abgesaugt wird, während die festen Bestandteile am äußeren Trommelumfange haften bleiben und von diesem durch einen Schaber abgenommen werden. Vom 11. 7. 09.

„ 228 875. Filtriervorrichtung mit um eine horizontale Achse sich drehender Filtertrommel, deren Filterkammern abwechselnd mit Vorrichtungen zur Erzeugung einer Saugwirkung, eines Vakuums und zur Einführung von Druckluft in Verbindung gebracht werden. Vom 8. 10. 08.

„ 240 073. Verfahren zum Eindicken und Trocknen von Niederschlägen aus schlammhaltigen Flüssigkeiten, bei welchem Schlammschichten mittels Vakuums an Filterzellen angesetzt und nach dem Trocknen von diesen durch Druckluft wieder abgeworfen werden, und Vorrichtung zur Ausübung dieses Verfahrens.

„ 244 739. Trommelfilter, bei welchem die zu filtrierende Flüssigkeit durch das in einer Reihe von rotierenden Rahmen angeordnete Filtermaterial hindurchgesaugt wird.

„ 244 877. Verfahren und Einrichtung zur Regelung des Betriebes von selbsttätig durch das filtrierte Wasser gedrehten Trommelfiltern.

„ 246 026. Verfahren und Vorrichtung zur Auslaugung breiiger Massen durch ein der Saugwirkung ausgesetztes Trommelfilter.

„ 248 611. Trommelfilter für Abwässer.

Nr. 252 498. Einrichtung zur Regelung des Betriebes von selbsttätig durch das filtrierte Wasser gedrehten Trommelfiltern.
„ 264 138. Vorrichtung zum Filtrieren und Auslaugen.
„ 266 910. Naßfilter für Schlammassen, insbesondere für Braunkohlentrübe.
„ 267 378. Vorrichtung zum Abscheiden von Fasern aus Flüssigkeiten mittels rechtwinklig zur Strömungsrichtung der Flüssigkeit rotierender Siebe.
„ 268 620. Drehbares Trommelfilter.
„ 278 258. Vorrichtung zum Entwässern von Schlamm, Schlempe und ähnlichen Massen mittels einer rotierenden Trommel.
„ 278 883. Verfahren und Vorrichtung zur Trennung von Flüssigkeiten von in ihnen enthaltenen ungelösten Stoffen unter gleichzeitiger Trocknung letzterer.
„ 282 122. Trommelfilter für Abwässer mit schwebenden Fremdkörpern.
„ 287 513. Filter zum Entwässern von Schlempe u. dgl. mit einer um eine Hohlsäule umlaufenden Filterschale, deren Kammern durch Vermittlung selbsttätig gesteuerter Ventile abwechselnd mit einer Saugleitung und mit einer Druckleitung in Verbindung gebracht werden.
„ 288 337. Umlaufendes, zylindrisches Nutschenfilter mit im Innern der Trommel vorgesehenen Fangvorrichtungen für heiße Flüssigkeiten.
„ 288 730. Filteranlage.
„ 289 817. Filtervorrichtung zur Ausscheidung fester Bestandteile aus Flüssigkeiten, bei welcher zwei gegenüberliegende Wandungen des die Filterelemente in sich aufnehmenden, kastenartigen Behälters abnehmbar befestigt sind.
„ 290 629. Filtereinrichtung mit kontinuierlicher oder periodischer Entfernung der Filterkuchen.
„ 291 687. Trommelfilter für Flüssigkeiten mit schwebenden Fremdkörpern.
„ 292 144. Trommelfilter.
„ 292 172. Vorrichtung zum Absondern von festen Bestandteilen aus Flüssigkeiten,
„ 292 172. Vorrichtung zum Absondern von festen Bestandteilen aus Flüssigkeiten, Schlamm, Trübe u. dgl.
„ 292 754. Mit Sickerwirkung ohne Unterdruck arbeitendes Trommelfilter für Flüssigkeiten mit schwebenden, organischen Fremdkörpern.
„ 295 577. Verfahren und Vorrichtung zum kontinuierlichen Eindicken und Filtrieren von Farben u. dgl. mittels Vakuums, Preßluft oder beider Mittel zugleich.
„ 295 942. Verfahren und Vorrichtung zum Filtrieren von Gasen und Flüssigkeiten.
„ 297 845. Vorrichtung zum Entwässern oder Eindicken von Nieder chlägen und schlammartigen Flüssigkeiten.
„ 305 843. Selbstreinigende Filtertrommel
„ 308 727. Filteranordnung mit ringförmiger, kreisender Filterfläche.
„ 309 039. Apparat zur Schlammgewinnung aus schlammhaltigen Flüssigkeiten
„ 310 556. Trommelfilter mit Tuchspannvorrichtung.

Nr. 146 547. **Apparat zum Abscheiden fester Bestandteile aus Flüssigkeiten mittels endloser Filztücher od. dgl.** Vom 8. 1. 03. Johs. Groendahl in Baegna bei Hoenefos (Norw.).

Bei den Filtern mit endlosem Filtertuch ist der Umstand nachteilig, daß die Poren der Tücher sich bald mit den Schwemmstoffen versetzen, so daß man von Zeit zu Zeit eine gründliche Reinigung vornehmen muß.

Dies ist bei der Konstruktion gemäß Fig. 306 und 307 unnötig. Das endlose Filtertuch a umgibt die Siebtrommel c, die in einem Behälter b um eine Hohlachse h drehbar gelagert ist und wird über Leitrollen nach außen geführt. Zwischen den Rollen r und e^1 hängt das Tuch herunter und wird in der entstandenen Bucht um 180° verdreht, so daß die innere Fläche nach

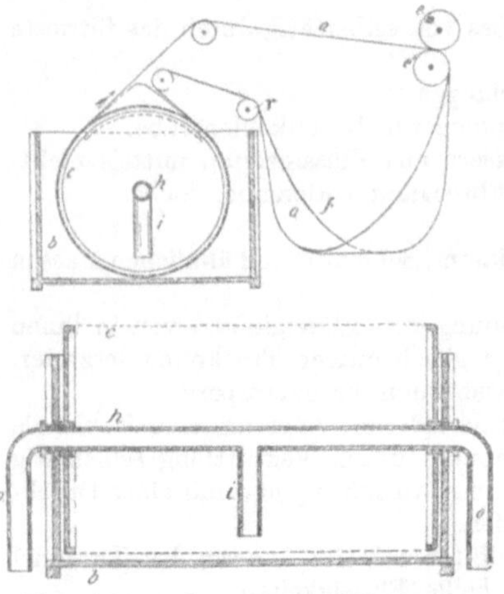

Fig. 306 und 307. Pat. 146547.

außen zu liegen kommt. Das in die Siebtrommel gedrungene Wasser wird vermittels des Saugstutzens *i* in die Hohlachse *h* geleitet, in die 2 Stutzen *o* endigen, an welchen besondere Saugvorrichtungen angebracht werden können. Das auf dem Filtertuch ausgeschiedene Produkt wird von der Walze *e* von ihm entfernt.

Nr. 177 764. **Mit Vakuum arbeitendes Trommelfilter zur Absonderung von festen Stoffen aus Wasser und anderen Flüssigkeiten mit Vorrichtung zur Überleitung der Stoffe auf eine Förderbahn.** Vom 19. 5. 04. Heinrich Hencke in Berlin.

Ein kontinuierlich arbeitendes Trommelfilter ist in den Fig. 308—312 wiedergegeben. Das Filter arbeitet mit Vakuum, und sein Charakteristikum besteht darin, daß die Saugwirkung an der Stelle, wo die Niederschläge abgenommen werden und die Trommelfläche gereinigt wird, aufgehoben wird.

Die Filtertrommel ist in einem Bottich *14* gelagert, dessen Stirnseiten *2* auf entsprechenden Schleifringen *4* abdichten. Die Trommel ist in Lagern mit den Buchsen *10* gelagert, in denen Rollen *11* zur Verminderung der Reibung sich befinden können. Die Hohlzapfen *8* und *9* dienen der Verbin-

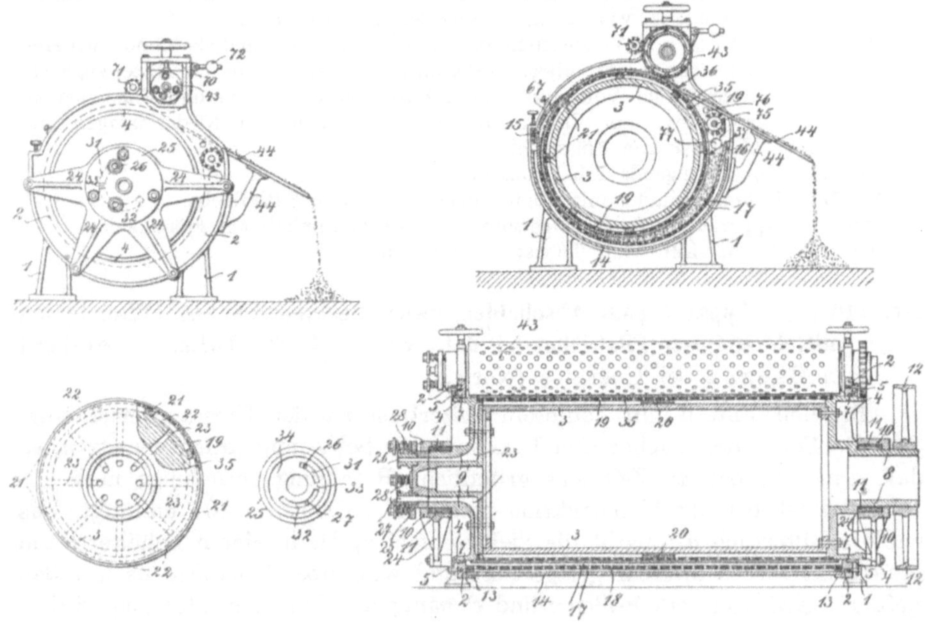

Fig. 308—312. Pat. 177 764.

dung mit außen und zum Antrieb mittels Scheibe *12*. Der Mantel umschließt nur teilweise die Trommel und enthält eine gebogene Siebplatte *17*, die einen von *16* nach *15* sich allmählich verengenden Zwischenraum mit der Trommel bildet. Bei der Drehung der Trommel wird das ausgeschiedene Material ausgepreßt und die Flüssigkeit entweicht zum Teil durch *17* in den Ablauf, zum Teil dringt die Flüssigkeit in die evakuierten Randzellen der Trommel, die durch den äußeren Trommelmantel *19* und Leisten *21*, den Innenmantel *3* nebst Distanzringen *20* gebildet werden.

Das abgenutzte Material wird in seinen äußeren Schichten durch eine Hilfstrommel *43*, mit ähnlicher Einrichtung, nochmals entwässert und verläßt bei *36* die Trommel. Die Reinigung der Filterschicht erfolgt durch Bürstenwalzen *71* und *75*. Durch *76* erfolgt der Eintritt von Spülwasser, durch *77* der Zulauf des Gemenges. Die Verbindung der Trommelzellen mit der Saugpumpe erfolgt dadurch, daß die Kanäle *23* mit schlitzartigen Vertiefungen *31* und *32* zur Deckung gelangen, welche durch *26* die Verbindung mit der Saugleitung herstellen.

Nr. 211 063. **Drehbares Trommelfilter zur Entwässerung nasser Stoffe mit unterhalb der Filterfläche auf dem Trommelumfang verteilten Zellen, die nacheinander unter Saugwirkung gesetzt werden.** Vom 1. 9. 06. Heinrich Hencke in Berlin.

Bei den Trommelfiltern konnte das Ansaugen von Luft bisher nicht verhindert werden, weil die Verbindung der Saugzellen mit der Saugleitung sich nicht beliebig unterbrechen ließ. Insbesondere war die Luftansaugung beim Beginn des Betriebes unerwünscht, wenn ein Teil der Filterfläche von der zu entfeuchtenden Schicht entblößt wurde. Der Übelstand ist bei der in den Fig. 313—318 dargestellten Filteranordnung behoben.

Die Trommel *1* ruht bei der Ausführungsform, gemäß Fig. 314, mit ihren hohlen Drehzapfen *2* und *3* in den Lagerböcken *4*, wobei zur Verminderung der Reibung Rollen *5* eingeschaltet sein können. Die Trommel besteht aus den Stirnwänden *7*, *8*, auf denen der gelochte Mantel *9* befestigt ist. Um diesen Mantel *9* ist noch ein Filtertuch *10* gelegt. Unmittelbar unter dem Mantel sind Kammern *11* vorgesehen, durch welche die abfiltrierte Flüssigkeit nach außen geleitet wird. Mehrere solcher Kammern *11* sind gruppenweise vereinigt, um sie gemeinsam unter Saugwirkung bringen zu können. Das Absaugen erfolgt vom Innern der Trommel aus. Wie aus Fig. 313 ersichtlich, sind die Auslaßöffnungen *12* mit einem nach außen geführten Mantel *13* verbunden, der in entsprechende, durch die Stirnwand *7* und den Drehzapfen *2* geführte Kanäle *14* endigt. Die Mündungen der Kanäle *14* werden durch einen Deckel *15* dicht verschlossen, und dieser Deckel kann mittels Federn gegen die Stirnwand gepreßt werden. Der Deckel *15* ist mit einem Ringkanal *17* versehen, welcher sich durch Verschlußkörper *18* in mehrere Abschnitte unterteilen läßt und steht durch einen Stutzen *19* mit der Saugleitung der Pumpe in Verbindung. Sobald der zu entfeuchtende Stoff durch den Trichter *20* eingebracht wird, sind alle Verschlußkörper *18* geschlossen, so daß gemäß Fig. **316** der Kanalabschnitt *21* mit dem Stutzen *19* in Verbindung steht. Demgemäß erfolgt die Absaugung der Feuchtigkeit nur an dem Teil der Trommelfläche, die dem Kanalabschnitt *21* entspricht. In dem Maße, wie die Trommel sich dreht, und die darauf sich bildende Schicht vergrößert, werden die Verschlußkörper *18* nacheinander geöffnet und der Kanal *17*

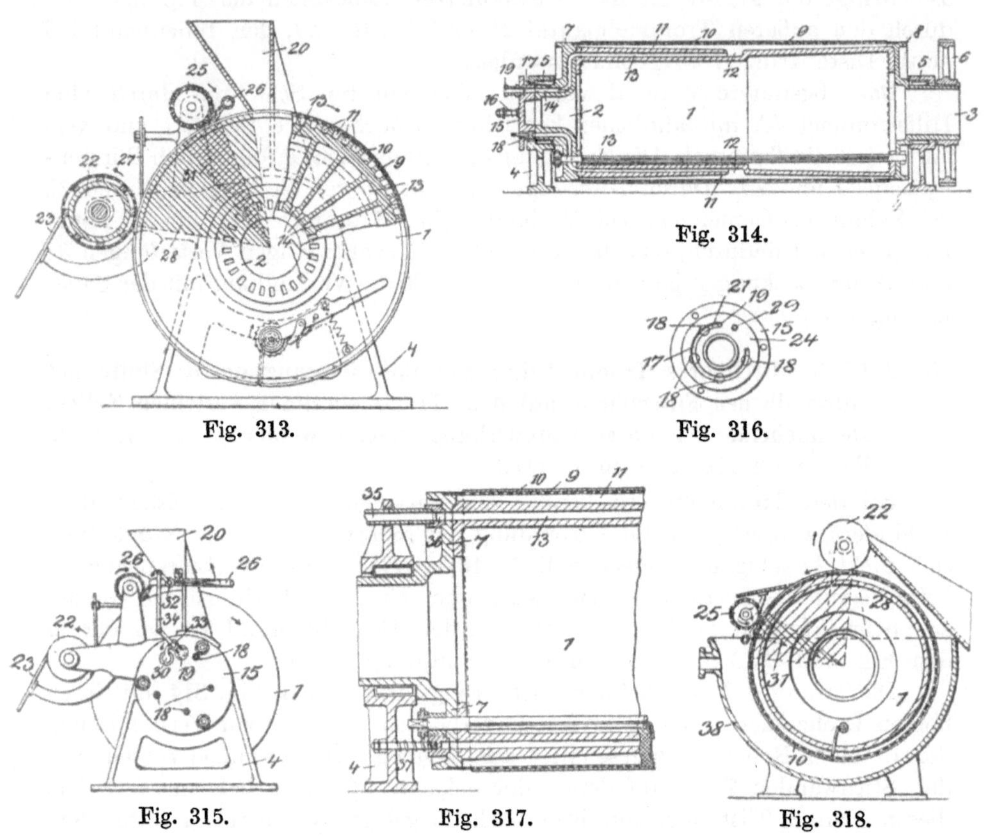

Fig. 313. Fig. 314. Fig. 316.

Fig. 315. Fig. 317. Fig. 318.

vergrößert, bis schließlich der ganze Kanal mit den Mündungen der Kanäle *14* der Kammern *11* in Verbindung steht. Die entfeuchtete Stoffschicht wird auf einer kleinen Saugwalze *22* abgenommen und in der üblichen Weise auf das Streichbrett *23* abgegeben. Um die Saugwirkung an der Abnahmestelle der Trommelfläche auszuschalten, ist der Ringkanal gemäß Fig. **316** bei *24* unterbrochen. Wenn die Mündungen von *14* an dieser Stelle *24* vorbeigedreht werden, so wird ihre Verbindung mit der Pumpe unterbrochen und demzufolge die dieser Stelle entsprechende Trommelfläche nicht mehr evakuiert. Die Reinigung des Filtertuches erfolgt durch Bürstenwalzen *25* und ein Spritzrohr *26*. Die Zuführung des Stoffes kann, wie Fig. **318** zeigt, anstatt von oben auch von unten erfolgen, zu welchem Zweck die Trommel von einem Trog umgeben ist. Die Wirkungsweise ist im übrigen dieselbe.

Nr. 221 753. **Vorrichtung zum Filtrieren, Waschen und Trocknen von Stoffen in ununterbrochenem Arbeitsgang.** Vom 11. 3. 08. Thomas Train Mathieson in Tattenhall b. Chester und John Bebbington in Runcorn.

Bei den Trommelfiltern wird es oft als ein Übelstand empfunden, daß dieselben im Innern während des Ganges nicht zugänglich sind, oder daß die Filterfläche behufs Reinigung nur im Ruhezustande bearbeitet werden kann. Es dürfte als ein Vorteil angesehen werden, wenn die Reinigung der

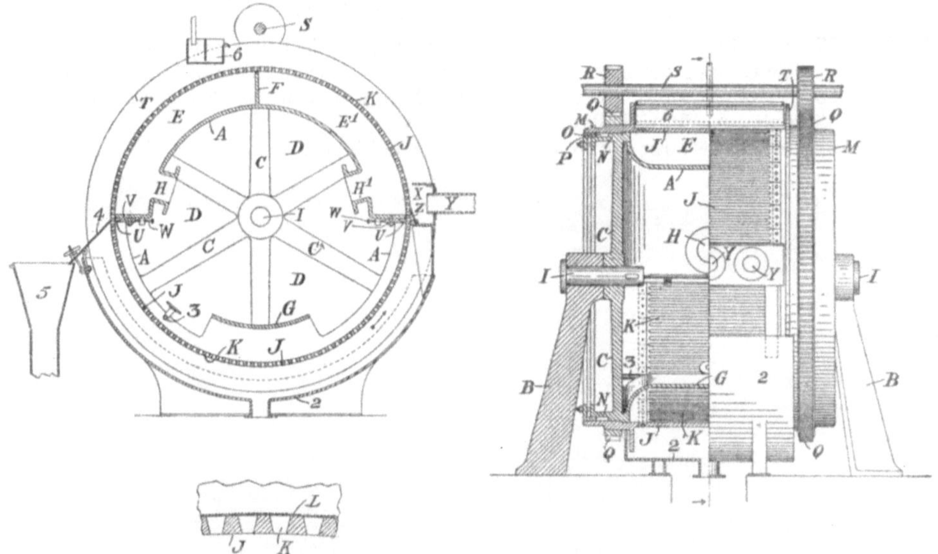

Fig. 319—321. Pat. 221753.

Filterfläche ohne Störung des Filtervorganges erfolgen kann und wenn außerdem das Innere der Maschine zugänglich bleibt, wie es aus den Fig. 319—321 zu ersehen ist.

Um dies zu erreichen, ist in der Trommel ein Hohlzylinder A angeordnet, derart, daß er sich in den Maschinenständern B nicht drehen kann. Durch die Öffnungen D zwischen den Speichen C ist das Innere zugänglich. Die obere Hälfte des Umfanges von A ist als Trog ausgebildet, der durch eine Zwischenwand F in zwei Abteilungen E und E^1 geteilt ist. Die untere Hälfte des Zylinders ist offen mit Ausnahme einer Wand G, die als Stand für den Arbeiter dient, und zur Versteifung von A. Die Stutzen H, H^1 werden mit einer Rohrleitung verbunden, die zur Saugvorrichtung führt. Der Zylinder A ist in den Ständern B in einer geeigneten Weise gelagert. Die äußere Trommel ist auf dem Zylinder A in passender Weise durch Rollen oder Gleitflächen gelagert und kann durch ein Zahnradvorgelege mit auf dem Umfang von K befindlichen Zahnkränzen gedreht werden. Die Räume E, E^1 bilden in Gemeinschaft mit der Filtertrommel J Saugräume, in welchen ein teilweises Vakuum hervorgebracht werden kann. Die Bodenkanten dieser Räume sind an den Stellen, an denen sie mit der Innenseite der Filtertrommel *J* in Berührung kommen, mittels Gummipackungen *U* abgedichtet. Die zu filtrierende Masse wird durch das Rohr *Y* in den Kasten *X Z* eingeführt und von dort auf die Oberfläche der Trommel verteilt. Den unteren Teil von *J* umgibt ein Trog zur Aufnahme des Waschwassers der Filteroberfläche. Die Spritzdüsen *3* reinigen von innen die Poren der Filtertrommel. Das filtrierte Material wird durch einen Schieber *4* in den Trichter *5* abgestrichen, und außerdem kann aus einer Rinne *6* Waschwasser auf die Filterschicht gespritzt werden.

Gruppe 17. Zentrifugenfilter.

Nr. 130 777. Verfahren und Vorrichtung zur Trennung flüssiger und fester Stoffe und zur Gewinnung der letzteren in reinem und trockenem Zustande. Vom 5. 6. 01.

„ 161 025 Verfahren und Vorrichtung zum Reinigen von besonders kohlensäurehaltigen Flüssigkeiten. Vom 17. 3. 03.

„ 245 394. Filtrierverfahren durch einen Filterhohlkörper.

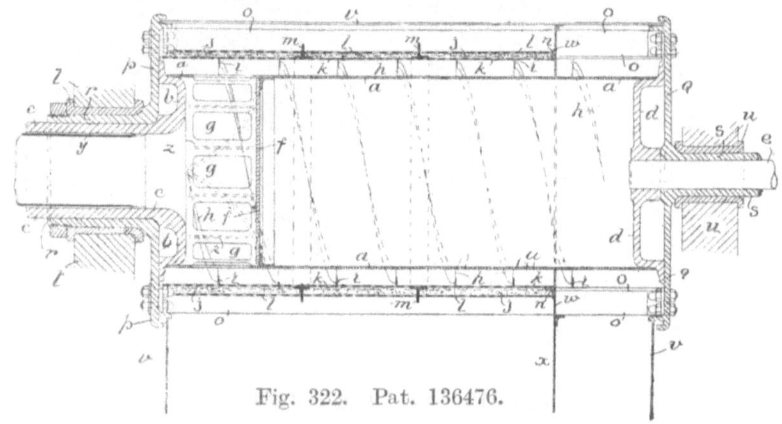

Fig. 322. Pat. 136476.

Nr. 136 476. **Zentrifugalfilter.** Vom 20. 3. 01. J. Th. Pullon in Leeds (Engl.).

Eine ständige Reinigung der Filterfläche während des Betriebes ist bei dem nachstehend beschriebenen Zentrifugalfilter angestrebt. Zwei Zylinder *a* und *k*, *l*, *j*, siehe Fig. 322, rotieren in gleichem Sinne um die gleiche Achse. Der Zylinder *a* trägt einen schraubenförmigen Abstreicher *i*, welcher die Innenfläche des Siebbleches *k* bestreicht. Die Umdrehungsgeschwindigkeiten beider Zylinder variieren um ein Geringes derart, daß der schraubenförmige Abstreicher *i* eine transportierende Wirkung auf die an der Innenfläche von *k* abgelagerten festen Teile ausübt. Das Rohwasser tritt durch den hohlen Zapfen *c* aus der Leitung *y* in *a* ein und strömt durch die Öffnungen *g* in den Siebzylinder. Dieser wird durchflossen und das reine Wasser fließt durch das feste Gehäuse *v x* ab. Der Niederschlag wird nach rechts befördert und

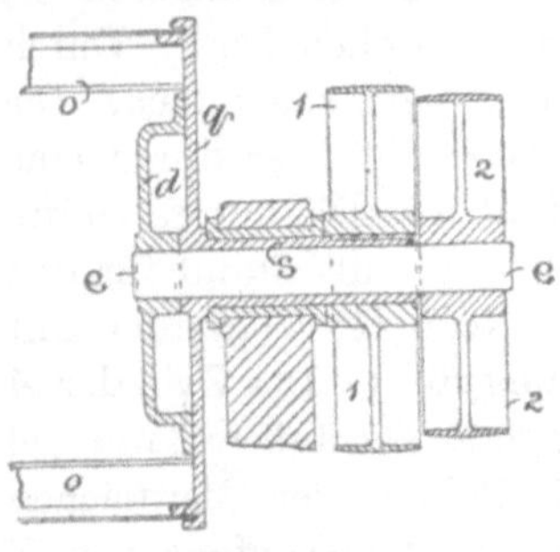

Fig. 323.

fließt durch $x\ v$ ab. Die Wände $v\ x\ v$ dichten auf dem Umfang der Siebzylinderwände p, w und q sorgfältig ab.

In Fig. 323 ist die Anordnung des Antriebes der beiden Zylinder angegeben. Auf den beiden Zapfen e und s sitzen 2 Riemenscheiben *1* und *2*, deren Durchmesser um ein gewisses Maß differiert. Diese Differenz bedingt die Förderwirkung von i.

Gruppe 18. Sackfilter.

Nr. 114 737. Filter. Vom 17. 2. 00.
„ 115 332. Verfahren und Vorrichtung zum Filtrieren von Zuckersaft durch Säcke. Vom 8. 10. 99.
„ 117 562. Filter. Vom 13. 4. 99.
„ 122 122. Abdichtung der Filterelemente an Beutelfiltern gegen die Gehäusewandung. Vom 9. 2. 00.
„ 130 100. Filtersack mit wagerecht um denselben gelegten Bändern. Vom 7. 9. 01.
„ 132 473. Filterelement aus Drahtgeflecht. Vom 31. 7. 01.
„ 134 195. Elastische Filtersackeinlage. Vom 30. 5. 01.
„ 144 631. Tragbares Wasserfilter. Vom 24. 6. 02.
„ 146 846. Flächenfilter mit Filtertaschen, deren Boden in Falten gelegt und zwischen den letzteren mit Trennungsgittern u. dgl. ausgerüstet ist. Vom 18. 5. 02.
„ 149 191. Filter mit übereinander angeordneten, unabhängig voneinander wirkenden Filterkammern. Vom 8. 1. 03.
„ 170 350. Filter mit vom Filterabflußrohr getragenen, frei herabhängenden Filtersäcken. Vom 15. 5. 04.
„ 180 991. Maschine zum Hindurchpressen von dünn- oder dickflüssigen bzw. breiartigen Massen durch das Gewebe oder anderen durchlässigen Stoffen bestehende Säcke. Vom 9. 5 06.
„ 204 111. Filterapparat zur Ausscheidung fester Stoffe aus Flüssigkeiten. Vom 20 10. 06.
„ 209 032. Aus mehreren Filterrahmen zusammengesetztes Filterelement. Vom 13. 10. 05.
„ 215 048. Spreizvorrichtung für allseitig geschlossene Filtersäcke, welche an einer Ecke einen zur Führung des Filtratabflußrohres dienenden Ärmel besitzen. Vom 23. 1. 08.
„ 217 777. Filter. Vom 21. 11. 06.
„ 222 989. Abgesteifter Filtersack. Vom 5. 11. 08.
„ 237 112. Filter für Wein und andere Flüssigkeiten.
„ 240 979. Vorrichtung zum Anzeigen von Undichtigkeiten in Gasfiltern.
„ 259 571. Taschenfilter für Wein und andere Flüssigkeiten.
„ 261 963. Filter mit gefalteten, von Zwischenwänden gehaltenen Säcken.
„ 266 290. Vorrichtung zur Filtration von Rübenrohsäften, Diffusionswässern und anderen Flüssigkeiten der Zuckerindustrie, welche durch Zusatz von Kalk, Baryt od. dgl. flockige und schleimige Schwebestoffe enthalten.
„ 287 512. Filter.
„ 290 425. Filter, bei welchem die Filterelemente in einem aus dem Filterbehälter ausfahrbaren Rahmen vereinigt sind.
„ 291 316. Filterpresse, insbesondere zum Filtrieren von Zuckersäften u. dgl.

Gruppe 19. Filterapparate mit röhrenförmigen Filterkörpern (vgl. Gruppe 18).

Nr. 134 917. Filterapparat mit rohrförmigen Filterkörpern. Vom 29. 9. 01.
„ 183 506. Taschenfilter mit zusammendrückbarem Wasserbehälter. Vom 30. 1. 06.
„ 186 578. Kolbenfilterpresse. Vom 12. 7. 04.

Nr. 208 519. Filterhohlkörper, bestehend aus zwei konzentrischen, eine Filtermasse zwischen sich einschließenden, gelochten Zylindermänteln, von denen der äußere einen scharnierartigen Verschluß hat. Vom 21. 2. 07.

„ 219 324. Filter mit hohlzylindrisch oder ähnlich geformtem Filterkörper mit auf den beiden offenen Seiten abschließenden Platten. Vom 12. 11. 08.

„ 224 947. Abhebfilter mit Abschlußorgan, das vor dem Abheben des Filters sich schließt. Vom 16. 5. 08.

„ 240 356. Verfahren zur Herstellung von Rohr- oder Sackfiltern aus Kollodium und ähnlichen empfindlichen Membranen aus ursprünglich gallertartiger Masse.

„ 305 845. Filter.

Nr. 145 055. **Filter mit säulenförmigen, aus übereinander geschichteten Filterscheiben gebildeten Filterelementen.** Vom 3. 6. 02. Emanuel Simoneton in Paris.

Bei Säulenfiltern, deren Filterelemente aus übereinander geschichteten Filterelementen bestehen, war der Umstand, daß bei der zuweilen erforderlichen Reinigung die Filtersäule auseinander genommen werden muß, ein wesentlicher Nachteil. Durch die übliche Art der Befestigung war die Unterbringung mehrerer Säulen in einem gemeinsamen Behälter illusorisch.

In einfacher Weise vermeidet das in der Fig. 326—328 dargestellte Säulenfilter diese Übelstände.

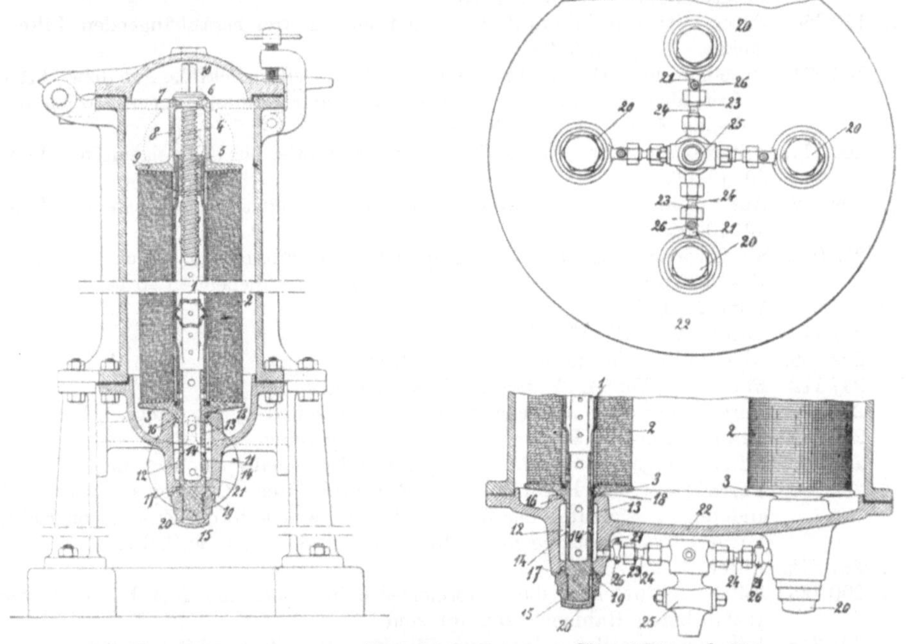

Fig. 324. Pat. 145755. Fig. 325 und 326.

Das Filter besteht aus dem zentralen Sammelrohr *1*, um welches die Filterscheibenschicht *2* gereiht ist, und 2 Preßplatten *3* und *9*, welche mittels einer Schraube *4* einander genähert werden können. In den oberen Teil des Sammlers *1* ist eine Schraubenmutter *5* fest eingepreßt, während der untere

Teil mit einem zylindrischen Rohrfortsatz von *9* fest verbunden ist. Die Schraube *4* wird durch einen vierkantigen Kopf mittels Schlüssels, Handrad oder dergleichen angezogen und dichtet auf dem zylindrischen Stutzen *8* mittels entsprechender kegelförmiger Sitzflächen am Bunde *6* bzw. Boden *7*.

Der Filterkörper ist mittels des unteren Fortsatzes *13* der Platte *3* an dem Boden des Filtergehäuses befestigt. Die Schraubenmutter *20* korrespondiert mit dem Zapfen *15* und dichtet mittels der Kegelfläche *19* auf der korrespondierenden Fläche *17*, in gleicher Weise wie die Flächen *16* und *18*. Das Filtrat läuft aus dem Sammelrohr in den unteren hohlen Stutzen und durch die Öffnungen *14* in das Gehäuse, um durch *21* in die Abflußleitung zu gelangen. Die Fig. 325 und 326 veranschaulichen den Einbau mehrerer Filter in ein gemeinsames Filtergefäß.

Gruppe 20. Filterapparate mit schalenförmigen Filterkörpern.

Nr. 112 282. Filter mit Schlammfang. Vom 15. 7. 98.
„ 127 504. Filter. Vom 23. 9. 00.
„ 134 916. Vorrichtung an Weinfiltern zum Befestigen der Filtertücher auf den Filterelementen. Vom 28. 2. 01.
„ 134 920. Vorrichtung zum Halten von Filterapparaten verschiedener Größe für Laboratoriumszwecke u. dgl. Vom 12. 2. 02.
„ 192 887. Filter. Vom 30. 5. 06.
„ 224 906. Kippbare Filterschale für Filterapparate, bei denen mehrere Filterschalen übereinander angeordnet sind. Vom 21. 12. 06.
„ 244 537. Vorrichtung zum Trennen der Lauge von Rückständen aus chemischen Prozessen z. B. der Kaliindustrie.
„ 274 118. Filtriervorrichtung.
„ 299 299. Filter mit frei in einem Zylinder übereinander gelagerten, in der Mitte durchlochten Scheiben.

Nr. 174 368. **Filter mit rahmenartigen, mittels muffenartiger, quergeschlitzter Ansätze nebeneinander über ein oder mehrere längsgeschlitzte Abflußrohre gesteckten Filterelementen.** Vom 9. 10. 40. Heinrich Lieberich in Neustadt a. d. H.

Bei dem nachstehend beschriebenen Filter, welches für Wein und ähnliche Flüssigkeiten bestimmt ist — dessen Anordnung aus den Fig. 327 und 328 hervorgeht — ist die Absicht verwirklicht, das Filter mit einer den jeweiligen Anforderungen entsprechenden Zahl von Filterelementen versehen zu können.

In dem Filtergehäuse *a* mit Deckel *b* sind die Filterelemente über den Abflußrohren *c* und *d* befestigt, welch letztere durch das Verbindungsrohr *e* und den Abflußhahn *f* mit dem äußeren Raume in Verbindung stehen. Die Filterelemente bestehen aus Rahmen *g*, den Siebplatten *h* und einem Schutzrahmen *i* zur Vermeidung des Zusammendrückens,

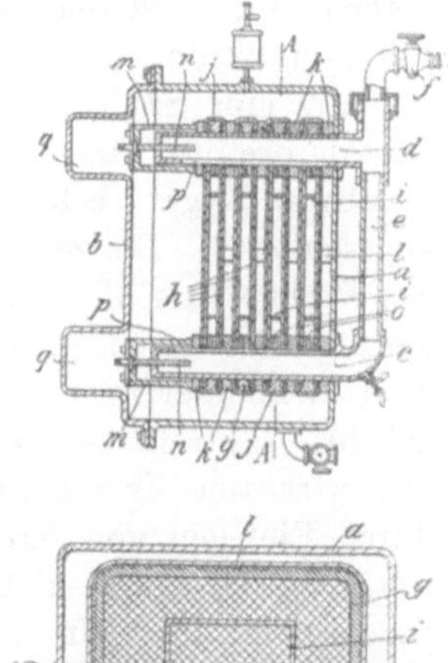

Fig. 327 u. 328. Pat. 174368.

endlich aus dem äußeren Filtersack *j*. Die Filterkammern werden durch Gummiringe k gebildet. Die Kanäle *o* korrespondieren mit Längsschlitzen *p* in den Abflußrohren und dienen zur Ableitung des Filtrats. Um bei variabler Anzahl der Filtertaschen einen zuverlässigen Abschluß der Abflußrohre zu ermöglichen, sind die Rohrenden durch Hülsen *m* abgedeckt, die mittels Preß schrauben die Filtertaschen auf einander pressen. Im Deckel *b* sind Ausbuchtungen *q* vorgesehen, um nicht unnützen toten Raum in *a* zu erhalten.

Gruppe 21. Filtertrichter und Filtertrichterschalter.

Nr. 207 356. Kippvorrichtung für die bei Laboratoriumsfiltern benutzten, die zu filtrierende Flüssigkeit enthaltenden Gefäße Vom 7. 9. 07.

„ 261 824. Trichter mit Filtriereinsatz.

„ 262 736. Filtertrichter.

„ 294 311. Schnellaufender Filtriertrichter, in dessen unterem, kegelförmigem Teil eine konische, dem einliegenden Filter ringsum parallel verlaufende schmale Erweiterung angebracht ist.

„ 295 221. Filtriervorrichtung zum Klären von trüben Flüssigkeiten, Getränken, Wein u. dgl., bei welcher die zu klärende Flüssigkeit dem Filter mittels Sturzflasche zugeführt und so dessen Überlaufen mittels konstanten Flüssigkeitsniveaus ausgeschlossen wird.

Nr. 229 066. **Ununterbrochen arbeitendes Filter mit mehreren um eine mittlere Säule drehbaren Filterkammern.** Vom 20. 2. 08. Paul Dehne in Halle a. S.

Das Bestreben, den Rückstand der Filterpressen bequem und schnell zu entleeren, führt zu den verschiedenartigsten Konstruktionen, und ein solcher Versuch ist in der Fig. 329 veranschaulicht. Es ist hierbei angestrebt, daß die Reinigung der aus mehreren Filterkammern bestehenden Filter einzeln vorgenommen werden kann, ohne daß Betriebsstörungen für die übrigen Filter eintreten.

Um eine Säule *b* sind vier gleiche Filterkammern *a* von kegelförmiger Gestalt drehbar angeordnet. Die Kammern *a* sind an dem auf der Säule *b* drehbaren Kegel *c* befestigt und an die mit dem Bock *d* drehbare Ringleitung *e* angeschlossen. Die gemeinsame Zuleitung *f*, die gleichzeitig als obere Führung des Drehgestells dient, ist in geeigneter Weise mit *a* verbunden. Die Ringleitung *e* ist durch Arme *g* mit *f* verbunden. Die Kammern *a* bestehen aus zwei ineinander gesteckten hohlen Kegeln a^1, a^2, die an den einander zugekehrten Flächen in bekannter Weise für Filterzwecke hergerichtet sind. Der wirksame Zwischenraum zwischen dem Innen- und Außenmantel kann durch Einlegen von Kreisringen a^5 beliebig groß gemacht werden. Die Befestigung der Kegel a^1 und a^2 erfolgt durch Handrad *k* und Spindelrad k^1, welches sich in einem Gewinde des inneren Kegels a^2 dreht und sich gegen eine in zwei Bügeln i^1 hängende Traverse *i* stützt, die durch die Bügel mit dem äußeren Kegel verbunden ist. Das Filtrat läuft in den Rinnen l^1, l^2 zusammen und durch die Hähne l^3, l^4 in eine um die Säule *b* konzentrisch angeordnete Kreisrinne *m*. In der Säule *b* befindet sich die Zuleitung b^1 für die Auslaugeflüssigkeit, von welcher nach jeder Filterkammer Abzweigungen b^2,

b^3, b^4 usw. abgehen. Das Gemenge wird von einer Druckpumpe den Kegelfiltern durch f, g, e und h zugeführt, tritt in den Zwischenraum zwischen a^3 und a^4 und verdrängt die im Apparat befindliche Luft, welche durch den Entlüftungshahn p entweicht. Der feste Rückstand sammelt sich zwischen a^3 und a^4 an, während das Filtrat, wie vorbeschrieben, nach m entweicht. Ist das Filter mit festem Rückstand gefüllt, so wird der Zufluß des Gemenges bei h geschlossen und die Auslaugeflüssigkeit durch Öffnen des Hahnes b^3 zugeführt. Die Flüssigkeit durchdringt den festen Rückstand gleichmäßig und sammelt sich in l^1 an, um durch l^3 abgezogen zu werden. Um die Presse bequem reinigen zu können, wird durch irgendeine mechanische Vorrichtung der nach Öffnen des Verschlusses herausnehmbare Kegel a^2 gesenkt und behufs Reinigung beiseite geschoben. Diese Vorrichtung zum Senken und Wiedereinbringen des Filterkegels kann in einer hydraulischen Einrichtung bestehen; sie kann auch elektrisch oder in irgendwelcher anderen Weise betätigt eingerichtet sein.

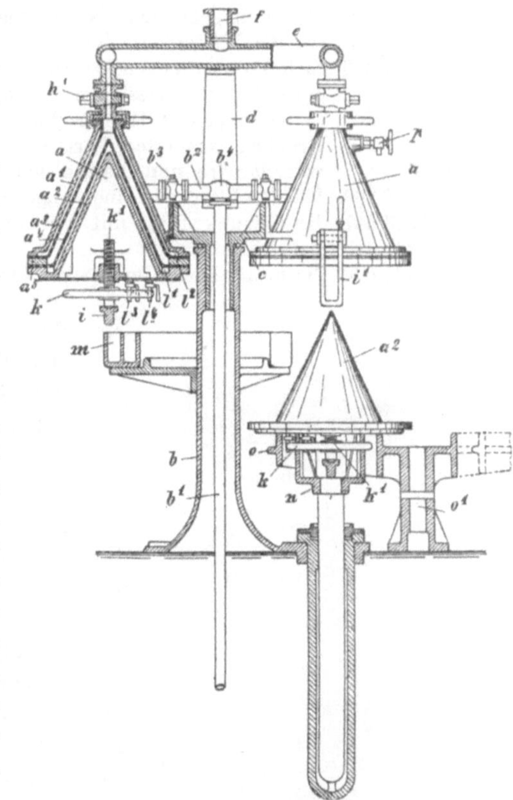

Fig. 329. Pat. 329766.

Gruppe 22. Filter für Rohrleitungen, Pumpen, Hähne u. dgl.

Nr. 121 930. Transportable Filtriervorrichtung. Vom 6. 11. 00.
„ 124 051. Filtrierapparat. Vom 4. 4. 00.
„ 126 958. Pumpe mit Filtereinrichtung. Vom 24. 8. 00.
„ 131 639. Vorrichtung zur Ein- und Ausschaltung von Filtern an Wasserleitungshähnen. Vom 16. 3. 01.
„ 142 504. Vorrichtung zur Regelung der Durchflußmenge und Ausscheidung von Unreinigkeiten bei Wasserleitungen u. dgl. Vom 8. 9. 01.
„ 146 994. Vorrichtung zur Reinigung von Filtern. Vom 6 2. 02.
„ 152 017. Filter mit Vorreinigung. Vom 13. 8. 03.
„ 162 393. Saugfilter, bei welchem die Filterkammern durch zwei nebeneinanderliegende Filterplatten von dazwischen angeordnetem Dichtungsring gebildet wird. Vom 10. 9. 03.
„ 174 369. Reinigungsvorrichtung für zum Motorbetrieb dienende Flüssigkeiten mit hintereinander geschalteten Filtern. Vom 17. 3. 05.
„ 188 136. Taschensaugfilter. Vom 3. 4. 06.
„ 190 449. Hausfilter, für Wasserleitungen mit Rückspülung unter dem Druck einer in einem als Vorratsbehälter dienenden Windkessel durch den Leitungsdruck zusammengepreßten Luftmenge. Vom 4. 2. 06.

Nr. 208 739. Kiesfilter für Brunnen mit zwei in Wechselwirkung zueinander stehenden Pumpen und Einrichtung zur Rückspeisung. Vom 11. 12. 06.

„ 223 886. Filter für Flüssigkeitsleitungen, insbesondere für Preßöl, mit einem das Filter umgebenden, bei Reinigung des Filters einschaltbaren Nebenweg für die Flüssigkeit. Vom 19. 12. 07.

„ 224 626. Sich selbst reinigendes Filter, durch welches aus der Hauptwasserleitung entweder filtriertes oder unfiltriertes Wasser abgeleitet werden kann und in welchem das Wasser durch einen durch den Eintritt des Wassers in Drehung versetzten Verteiler gleichmäßig über die ganze Filteroberfläche verteilt wird und diese gleichzeitig reinigt. Vom 21. 6. 08.

„ 242 569. Vakuumfilter mit einer ungestörten Filtrierung.

„ 243 647. Handpumpenfilter mit Windkessel.

„ 287 243. Druckfilter.

„ 281 670. Hahn mit einem im Kücken auswechselbar angeordneten Siebe.

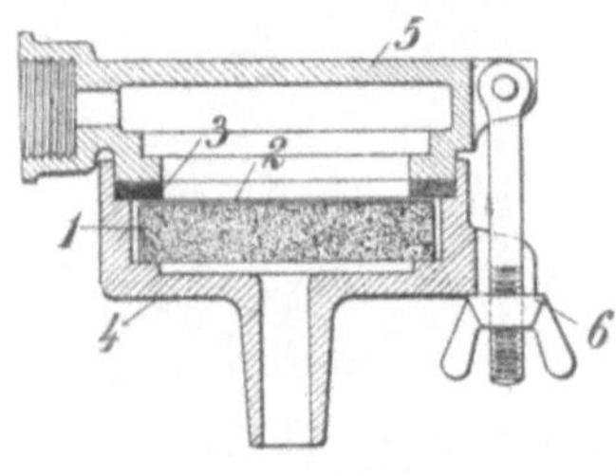

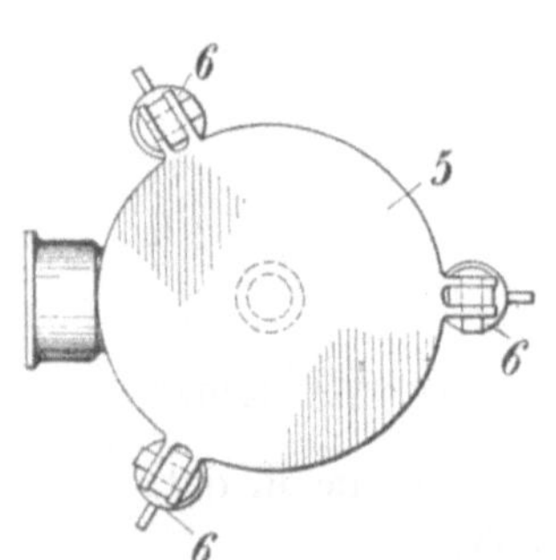

Fig. 330 u. 331. Pat. 163135.

Nr. 163 135. **Einrichtung zum Filtrieren von unter Druck stehenden Flüssigkeiten.** Vom 7. 11. 02. Samuel Groß und Ganz & Comp., Akt.-Ges., in Budapest.

Eine bei kleinen Druckfiltern für Laboratoriumszwecke, Haushalt- oder Genußzwecke vorteilhafte Verbesserung besteht darin, daß über die eigentliche Filterschicht *1*, siehe Fig. 330 und 331, ein loses Blatt aus Filtrierpapier *2* gelegt wird. Die Ausscheidungen häufen sich auf diesem Schutzblatte an, ohne den Filterstein *1* verschmutzen zu können. Die Reinigung des Filters erfolgt in einfacher Weise durch Lösen der Schrauben *6*, welche den Deckel *5* mit der Dichtung *3* auf den Unterteil *4* pressen, und Entfernen des Blattes *2*. Nachdem ein neues Blatt eingelegt ist, ist das Filter wieder betriebsfähig.

Gruppe 23. Filter für dickflüssige Flüssigkeiten (Öl und schmelzbare Stoffe, Harz, Wachs).

Nr. 122 435. Verfahren zur Verflüssigung und gleichzeitigen Filtration von Harzen, Wachs und ähnlichen Stoffen. Vom 6. 10. 00.

„ 125 428. Ölfilter. Vom 7. 8. 00.

„ 130 915. Vorrichtung zur Entölung von Flüssigkeiten unter gleichzeitiger Gewinnung des Öls. Vom 10. 6. 00.

„ 139 360. Ölfilter mit unterhalb der Zuflußkammer angeordneter Filterkammer. Vom 27. 11. 01.

„ 150 482. Verfahren zur Reinigung von Öl. Vom 5. 10. 01.

„ 159 141. Ölfilter mit durch beweglichen Boden zusammenzudrückendem Filtermaterial. Vom 9. 1. 04.

„ 171 145. Filter für Maschinenöle u. dgl. mit aufrecht stehendem Filterkörper. Vom 21. 2. 05.

„ 173 771. Zweiteiliger Ölreiniger mit schräger, über dem Filter der unteren Filterabteilung endigender Zuführungsrinne. Vom 1. 5. 04.

„ 177 693. Leinölfilter. Vom 28. 2. 06.

Nr. 190 787. Verfahren zur Trennung fester und flüssiger, besonders emulgierter Teile, z. B. des Stearins von Olein in Schwefeloleinlösung durch ein mit Luftpumpe verbundenes Filter. Vom 15. 5. 06.

„ 208 485. Verfahren zum Abscheiden von Öl aus mit diesem verunreinigten Flüssigkeiten, z. B. aus Kondenswasser. Vom 6. 3. 08.

„ 222 505. Ölreiniger mit übereinander angeordneten, von unten nach oben durchflossenen Filterschichten. Vom 26. 4. 08.

„ 222 506. Vorrichtung zum Reinigen von gebrauchtem Schmieröl durch Erhitzen und Filtrieren des gesammelten Öles. Vom 3. 8. 07.

„ 223 885. Rohölfilter für Feuerungen mit herausschwenkbarem Zerstäuber. Vom 3. 5. 08.

„ 245 440. Filter für dicke oder zähe Flüssigkeiten aus linsenförmigen, aufeinandergeschichteten Elementen mit radialen Rippen.

„ 245 837. Vorrichtung zum ununterbrochenen Filtrieren, insbesondere von Kollodium und eingedickten Zelluloselösungen.

„ 246 780. Filtriervorrichtung, insbesondere für Kunstseide-Spinnlösung.

„ 312 993. Vorrichtung zum Filtrieren unter Regelung des Druckgefälles.

Gruppe 24. Filter mit Anwendung der Elektrizität.

Nr. 122 018. **Elektrisches Wasserfilter.** Vom 3. 1. 00. William Luther Teter und John Allen Heany in Philadelphia.

Zur Erleichterung des Filterprozesses, insbesondere wenn organische Beimengungen abgeschieden werden sollen, bedient man sich zuweilen des elek-

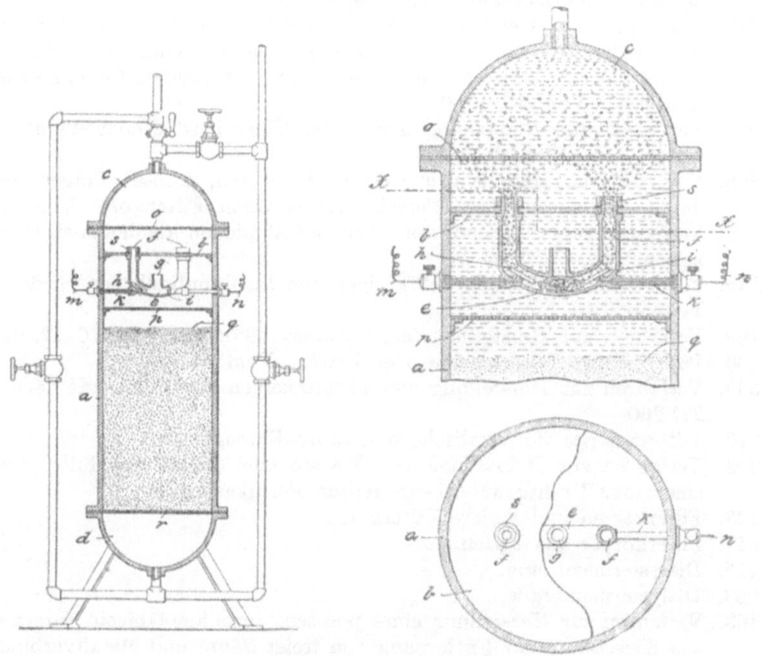

Fig. 332—334. Pat. 122018.

trischen Stromes, um die abzufiltrierenden Organismen — Bakterien und andere Lebewesen — zu beeinflussen oder abzutöten. Die Sterilisierung des

Wassers erfolgt dadurch, daß es, in zwei gegeneinander geführte Ströme zerlegt, am Treffpunkt der Einwirkung eines elektrischen Stromes ausgesetzt wird.

Wie die Fig. 332—334 zeigen, ist in der Scheidewand *b* ein U-förmiges Rohr mit den Schenkeln *f* eingesetzt, während der dritte Schenkel *g* unterhalb *b* ausmündet. Der elektrische Strom tritt aus den Leitungen *m*, *n* durch die Wandung *a* in den Apparat ein und gelangt durch die isolierenden Zuführungsrohre *k* zu den Elektroden *h*, *i*, zwischen denen der Strom übergeht. Das Wasser bildet an der Stelle *e* Wirbelungen, welche die Einwirkung des Stromes begünstigen, so daß die Keime und Bakterien sicher abgetötet werden. Das Wasser mit dem gebildeten Knallgasgemisch entweicht durch *g*, worauf es nach Passieren der Siebplatte *p* in die Filterschicht eintritt. Das Filter ist mit Rückströmeinrichtung behufs Reinigung der Filterschicht versehen.

Filtermaterial und seine Reinigung (Gruppe 25—27).

Gruppe 25. Filtermaterial.

Nr. 117 977. Verfahren zur Herstellung von Filterplatten. Vom 1. 2. 99.
„ 119 262. Verfahren zur Herstellung einer Filtermasse aus Kieselgur. Vom 15. 2. 00.
„ 119 861. Verfahren zur Verbesserung von Filtermaterial beliebiger Herkunft; Zus. z. Pat. 119 860. Vom 26. 4. 00.
„ 121 834. Verfahren zur Herstellung eines zum Filtrieren ätzender Flüssigkeiten geeigneten Filtermaterials. Vom 14. 12. 99.
„ 157 815. Verfahren zur Herstellung von Filterschichten aus Faserstoff mit zunehmender Dichtigkeit der Lagerungsschichten. Vom 13. 11. 03.
„ 158 218. Papierfilter für kleine Flüssigkeitsmengen, insbesondere für mikroskopische Analysen. Vom 16. 10. 03.
„ 168 034. Verfahren zur Herstellung gereinigter Tier- bzw. Knochenkohle mittels einer Säure. Vom 1. 12. 04.
„ 184 806. Filtermaterial, bestehend aus einem biegsamen, porösen Träger und einer damit fest verbundenen Schicht aus porösem Filterstoff. Vom 8. 8. 05.
„ 185 739. Verfahren zum Filtrieren von Bier und ähnlichen alkoholhaltigen Flüssigkeiten. Vom 9. 6. 05.
„ 190 145. Filter zum Abfiltrieren hellfarbiger und lichtempfindlicher Niederschläge. Vom 3. 1. 07.
„ 196 499. Verfahren zur Herstellung fester Filterhohlkörper. Vom 16. 12. 05.
„ 227 260. Pappenartige Filterscheibe oder Platte. Vom 14. 9. 06.
„ 236 339. Verfahren zur Herstellung von Filterscheiben aus Filterstoff nach Patent 227 260.
„ 241 710. Filtermaterial für alkalische und saure Flüssigkeiten.
„ 243 903. Verfahren zur Herstellung von Kästen oder Zellen aus Filtrierstoff mit einem aus Drahtgewebe hergestellten Formkasten.
„ 249 123. Filterkerzen und andere Filterkörper.
„ 260 611. Filterkörper aus Fäden.
„ 269 115. Dialysiermembrane.
„ 274 963. Dialysiermembrane.
„ 291 163. Verfahren zur Herstellung eines porösen, aufnahmefähigen Filtermaterials aus Kieselsäure zur Entfernung von freier Säure und Metallverbindungen.

Gruppe 26. Reinigungsvorrichtungen für loses Filtermaterial.

Nr. 115 167. Verfahren zum Auswaschen von Filtermassen; Zus. z. Pat. 97 438. Vom 20. 9. 98.

Nr. 116 534. Vorrichtung zur selbsttätigen Reinigung von Filtern und Entleerung von Rohren. Vom 8. 6. 99.

„ 122 715. Vorrichtung zum Reinigen und Auspressen von faserigem Filtermaterial. Vom 26. 5. 00.

„ 124 511. Apparat zum Waschen von Filtermassen u. dgl. Vom 11. 1. 01.

„ 124 974. Steuerapparat für Schnellfilter. Vom 8. 3. 00.

„ 127 675. Filter mit Schlammsack. Vom 23. 10. 00.

„ 127 832. Verfahren zur Reinigung von in fein zerteiltem Zustande befindlichen Filtermaterialien. Vom 3. 7. 00.

„ 131 466. Reinigungsvorrichtung für Filter mit körnigem Filtermaterial. Vom 25. 4.01.

„ 134 174. Verfahren und Vorrichtung zum Auswaschen von Filtermasse. Vom 16. 4. 01

„ 135 550. Sandfilter mit Auswaschvorrichtung. Vom 16. 3. 01.

„ 135 551. Selbsttätig wirkendes Absperrventil für das durch Patent 135 550 geschützte Sandfilter mit Auswaschvorrichtung; Zus. z. Pat. 135 550. Vom 16. 6. 01.

„ 138 385. Reinigungsvorrichtung für Sandfilter mit mehreren übereinander angeordneten Filterbetten. Vom 28. 4. 01.

„ 145 598. Waschvorrichtung für Flüssigkeitsfilter mit körnigem Filtermaterial. Vom 8. 7. 02.

„ 147 227. Reinigungsvorrichtung für Sandfilter u. dgl. Vom 2. 4. 02.

„ 148 047. Filter mit Reinigungsvorrichtung. Vom 24. 7. 01.

„ 154 083. Strahlwaschapparat für Filter mit körnigem Filtermaterial. Vom 13. 12. 02.

„ 160 314. Vorrichtung zum Reinigen von Sandfiltern. Vom 3. 6. 03.

„ 161 510. Verfahren und Einrichtung zur Unterstützung der Strahlwäsche körnigen Filtermaterials in Filtern. Vom 24. 6. 02.

„ 167 010. Verfahren und Apparat zum Auswaschen von Filtermasse Vom 16. 6. 03.

„ 167 597. Vorrichtung an Sandfiltern mit Strahlwaschvorrichtung zum selbsttätigen Schließen der Eintrittsöffnungen der Düsen oder Spülrohre Vom 14 6. 05.

„ 170 656. Hochdruck-Sandsäulenfilter mit Strahlwaschvorrichtung. Vom 5. 2. 05.

„ 177 766. Rührwerk oder Rechen mit senkrechten, kantigen oder runden Stäben für Sandfilter mit Rückspülung. Vom 12. 9. 05.

„ 177 922. Sandsäulenfilter mit innerer Rohflüssigkeitskammer und Strahlrohrwaschvorrichtung. Vom 25. 7. 05.

„ 182 214. Maschine zum Abheben der obersten Schicht von Filterbeeten mit Kratzmessern. Vom 29. 6. 04.

„ 183 990. Verfahren und Vorrichtung zur Reinigung von Sandfiltern. Vom 4. 2. 06.

„ 184 601. Waschbehälter für Filtermasse mit Rührwerk und eingelegtem Siebboden. Vom 4. 7. 05.

„ 185 737. Maschine zum Reinigen von Filterbetten mit Hilfe von das Filtergut aushebenden und in Waschtrommeln befördernden, quer zum Filterbett sich hin und her bewegenden Elevatoren. Vom 11. 11. 03.

„ 188 963. Vorrichtung zur Reinigung von Sandfiltern; Zus. z. Pat. 183 190. Vom 14. 7. 06.

„ 195 188. Verfahren zum Waschen und Reinigen von Knochenkohle. Vom 19. 4. 06.

„ 196 918. Verfahren zum Auswaschen loser und an einer Aufwärtsbewegung nicht behinderter Filtermassen durch von unten nach oben eindringendes Waschwasser. Vom 23. 5. 05.

„ 200 103. Vorrichtung zum Reinigen abgedeckter Filteranlagen, bei welchem eine Anzahl von Rührwerken mit in das Filterbett hineinragenden hohlen Rührarmen an einem auf Schienen verschiebbaren Gestell gelagert ist. Vom 16. 11. 05.

„ 200 875. Verfahren zum Fortschwemmen von zu feinkörnigen Bestandteilen aus der körnigen Filtermasse von Filteranlagen mit Kreislauf-Waschvorrichtung. Vom 18. 11. 06.

„ 202 402. Verfahren zum Auswaschen von Filtern; Zus. z. Pat. 196 918. Vom 9. 7. 05.

Nr. 206 097. Verfahren zur Reinigung von Filtern, bei welchen das Filtermaterial sich in einem mit Siebböden versehenen, in einer Ummantelung kolbenartig hin und her bewegbaren Zylinder befindet. Vom 24. 3. 07.

„ 207 592. Vorrichtung zur Ausführung des Verfahrens zur Reinigung von Filtern nach Patent 206 097; Zus. z. Pat. 206 097. Vom 12. 5. 07.

„ 210 165. Maschine zum Abkratzen und Reinigen von Sandfilteranlagen in Verbindung mit einer Vorrichtung zum Fortschaffen des abgekratzten Sandes Vom 28. 8. 07.

„ 215 047. Verfahren und Einrichtung zum Reinigen des Sandes in Sandfiltern mittels Druckwasser und Luft. Vom 26. 2. 07.

„ 219 958. Waschmaschine für Filtermasse mit zentrisch angeordnetem Steigrohr und Transportvorrichtung für das zu reinigende Gut. Vom 18. 6. 07.

„ 221 206. Apparat zum Abkratzen von Sandfilterbetten, bei welchem der von am unteren Ende eines fahrbaren Gestells angeordneten Schaufelwellen abgekratzte Sand einem Becherwerk zugeführt wird. Vom 30. 12. 06.

„ 229 458. Reinigungsvorrichtung für Filter unter Verwendung von Luft und Wasser und eines unterhalb des Filterstoffes rotierenden Zuführers. Vom 2. 4. 09.

„ 240 355. Von unten spülbares Sandfilter.

„ 241 091. Rührvorrichtung für Kies-, Sand- od. dgl. Filter.

„ 241 135. Waschvorrichtung für Filtersand.

„ 243 195. Verfahren zur Reinigung von Filtern mit körnigem Filtermaterial.

„ 245 003. Einrichtung zum Reinigen von Sandfiltern.

„ 247 143. Filter, bei welchem das Filtermaterial von einem Teile der Filtermaterialmasse nach einem anderen Teile derselben übergeführt und während der Überführung gewaschen wird.

„ 254 618. Filtermasse-Waschapparat mit Kreislaufführung der zu reinigenden Masse

„ 264 387. Reinigen von Filtern mit rotierendem Rührwerk.

„ 269 417. Filtermasse-Waschapparat mit einem rotierenden Siebzylinder und einer die aufgelöste Filtermasse in Umlauf versetzenden Vorrichtung.

„ 283 363. Rückspülbares Filter mit Sand oder ähnlichem körnigen Filtermaterial.

„ 283 595. Vorrichtung zum Waschen von Filtermasse.

„ 285 872. Schnellfilteranlage mit Rückspülung.

„ 290 373. Einrichtung an Kiesfiltern zum Auswaschen der Filtermasse.

„ 291 519. Filter für Flüssigkeiten, insbesondere Zuckersäfte.

„ 294 312. Rohrsystem zur Einführung von Preßluft, Gas, Dampf, Druckwasser od. dgl. in Filter jeder Art.

„ 296 715. Regenerierbares Filter.

„ 303 028. Vorrichtung zum Waschen von Filtermasse u. dgl.

„ 305 844. Waschapparat für Filtermassen.

„ 311 128. Starkstromspülung für Filter mit loser Filtermasse.

„ 311 593. Verfahren und Vorrichtung zum Auswaschen körniger Filtermaterialien mittels Druckluft und Wasser.

„ 311 895. Verfahren zum Auswaschen loser Filtermassen durch gleichzeitig zugeführte Wasser- und Luftmengen.

„ 311 900. Vorrichtung zum Reinigen von Sandschnellfiltern, denen gleichzeitig Waschwasser von oben und unten zugeführt wird.

„ 315 270. Verfahren zur Regelung der Luftzuführung zwecks Waschung körnigen Filtermaterials.

„ 317 036. Vorrichtung zum Reinigen von Filtermasse u. dgl.

Gruppe 27. Reinigungsvorrichtung für festes Filtermaterial.

„ 125 387. Verfahren und Vorrichtung zum Reinigen und Sterilisieren von Filtertüchern, Preßsäcken u. dgl. Vom 5. 8. 00.

„ 140 603. Verfahren und Vorrichtung zur Reinigung von Filtern mittels Rückströmung. Vom 14. 7. 00.

Nr. 177 765. Verfahren und Vorrichtung zur Rückspülung von Filteranlagen mit von Sandschüttung umgebenen Filterkerzen und das Leerlaufen dieser ver hinderndem, als Abflußrohr dienendem Standrohr. Vom 10. 7. 04.

„ 178 893. Filter mit übereinander gestellten, schalenförmigen und durch Filtertuch, Siebe mit angeschwemmtem Filtermaterial od. dgl. abgedeckten Filterkörpern. Vom 21. 2. 05.

„ 193 890. Verfahren zum Filtrieren und Reinigen des Filterkörpers oder der Filtermassen mittels Luftstromes bei Vakuumfiltern. Vom 25. 8. 05.

„ 217 188. Anschwemmfilter, bei dem das anzuschwemmende Filtermaterial durch die zu filtrierende Flüssigkeit in den Filterbehälter mitgenommen wird. Vom 6. 12. 07.

„ 224 075. Verfahren zur Reinigung von Filterkörpern, welche in größerer Anzahl in einem Gehäuse stehen und mit grobkörnigem, hartem Material umgeben sind, mittels Preßluft; Zus. z. Pat. 219 462. Vom 28. 7. 08.

„ 273 107. Vorrichtung zum ununterbrochenen Filtern bei gleichzeitiger Reinigung der Filterflächen.

„ 303 756. Trommelfilter.

Nr. 115 443. **Filtrierapparat mit rotierenden Bürsten.** Vom 20. 10. 99. David Black und James Mc Luckie Wright in Glasgow.

Zur Reinigung der Filter bei Filterapparaten mit fester Filterschicht bedient man sich sehr oft rotierender Bürsten. Dies hat bei neuen Bürsten den Übelstand, daß die Bürstenfasern zu hart am Filtertuch, der Filterplatte oder dem Filtrierzylinder anliegen und sich selbst und die Filterelemente rasch verschließen. Die abgenutzten Bürsten sind bald unwirksam. Um dies zu vermeiden, macht man die Bürsten verstellbar, siehe Fig. 335 und 336.

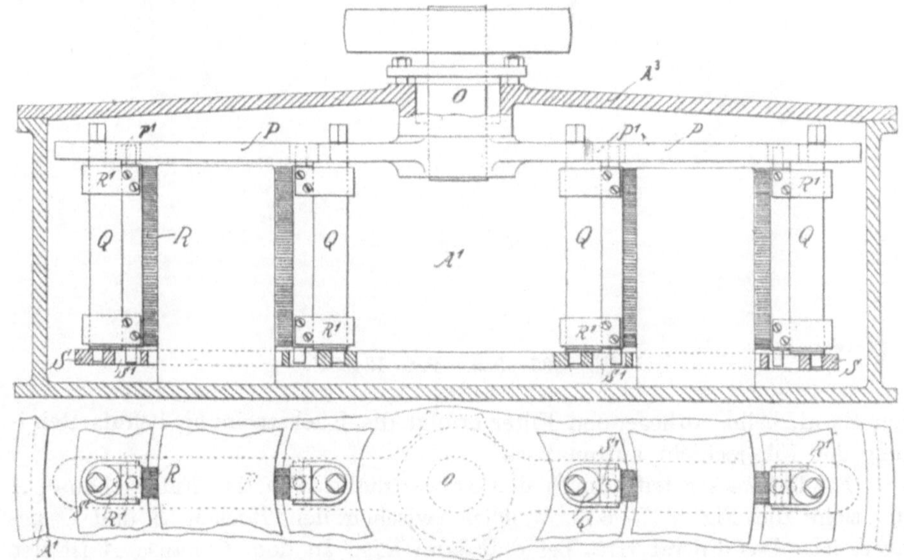

Fig. 335 und 336. Pat. 115443.

In den oberen Teil des Gehäuses des Filtrierapparates A_1 ragt die Welle *o* hinein, die eine Anzahl radialer Arme *P* trägt, an denen die senkrechten

Arme Q sitzen. Diese greifen zwischen die Filtrierzylinder und sind mit Bürsten, Schabern oder Kratzern R versehen. Die Arme Q sind unten durch Ringe S bzw. S_1 verbunden. Die Bürsten R werden durch Schellen R_1 festgehalten und die Bürstenhalter sind in den Schlitten P^1 und S^1 geführt. Die Zapfen der Arme Q sind exzentrisch zur Mittellinie angebracht. Wird Q um diese Zapfen gedreht, dann wird die Bürste mehr oder weniger R genähert. Die Bürsten lassen sich also entsprechend ihrer Abnutzung einstellen.

Nr. 134 554. **Filterapparat mit selbsttätigem Wechsel der Filter- und Spülperiode.** Vom 22. 2. 02. Max Richter in Hirschberg in Schlesien.

Bei den gewöhnlichen Druckfiltern muß die Reinigung der Filterschicht von Zeit zu Zeit durch das Rückströmen filtrierten Wassers erfolgen. Dies geschieht in den meisten Fällen durch Betätigung der entsprechenden Organe

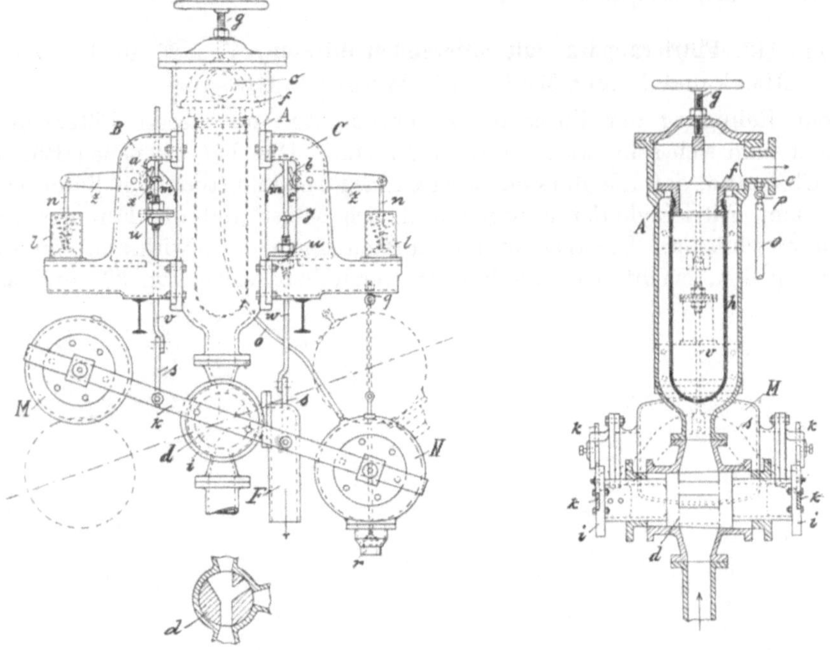

Fig. 337—339. Pat. 134534.

von Hand, beim vorliegenden Filter erfolgt die Rückströmung behufs Reinigung der Filterschicht automatisch.

Das Rohwasser tritt durch den Dreiweghahn d in das Filtergehäuse A ein, siehe die Fig. 337—339, welches zwischen den Böcken B und C gelagert ist. Das Filtrat tritt bei c alsdann aus. In dem Gehäuse A ist der Filterkörper h angeordnet. Der Dreiweghahn ist einerseits an das Gehäuse A, andererseits an die Zuflußleitung des Rohwassers bzw. an die Spülwasserabflußleitung angeschlossen.

Die beiden Zapfen des Hahnkükens endigen in Scheiben i, an denen je ein Doppelhebel k befestigt ist. An den beiden Enden von k sitzen zwei Hohlkörper M und N, deren Gewichte verschieden sind. Beim normalen Filterprozeß ist M in der unteren Stellung, so daß das Rohwasser nach A tritt. N ist mittels biegsamer Schlauchleitung mit der Reinwasserleitung e verbunden.

Während des Filterns tritt somit aus c fortwährend eine durch Hahn p regulierbare Wassermenge nach N und füllt allmählich an. Hierdurch wird das Gewicht von N größer wie dasjenige von M. N sinkt nach unten und steuert den Dreiweghahn so um, daß der Rohwasserzulauf abgesperrt wird. Das unter Druck stehende Reinwasser dringt zurück, spült das Filter aus und fließt durch F ab. Ist N in der tiefsten Stellung angelangt, öffnet sich ein Abflußventil r. Das Wasser fließt aus, das Gewicht von N vermindert sich und M sinkt alsdann wieder nach unten. Damit der Doppelhebel k sich nicht in eine Gleichgewichtslage einstellen kann, wodurch die Funktion des Hahnes illusorisch würde, sind an den beiden Hebelarmen Gesperre angebracht, die sich erst auslösen, wenn das Übergewicht des zugehörigen Schenkels des Doppelhebels eine bestimmte Größe erlangt hat.

Register.